Álgebra Linear

Volume 1

Álgebra Linear

Volume 1

F. T. Santana
H. L. Carrion

2024

1ª Edição

Direção editorial: Victor Pereira Marinho e José Roberto Marinho

Capa: Fabrício Ribeiro

Edição revisada segundo o Novo Acordo Ortográfico da Língua Portuguesa

Dados Internacionais de Catalogação na publicação (CIP)
(Câmara Brasileira do Livro, SP, Brasil)

Santana, F. T.
Álgebra linear: volume 1 / F. T. Santana, H. L. Carrion. – 1. ed. – São Paulo: LF Editorial, 2024.

ISBN 978-65-5563-459-4

1. Álgebra linear - Estudo e ensino I. Carrion, H. L. II. Título.

24-210727 CDD-512.507

Índices para catálogo sistemático:
1. Álgebra linear: Matemática: Estudo e ensino 512.507

Aline Graziele Benitez - Bibliotecária - CRB-1/3129

LF Editorial
www.livrariadafisica.com.br
www.lfeditorial.com.br
(11) 2648-6666 | Loja do Instituto de Física da USP
(11) 3936-3413 | Editora

PREFÁCIO

A Álgebra Linear é o assunto que iremos tratar nos volumes I e II desta coleção. Por ser uma importante teoria da Matemática, presente nas estruturas curriculares de distintos cursos de Ciências Exatas e Engenharias, nós, como professores da Escola de Ciências e Engenharias da Universidade Federal do Rio Grande do Norte (ECT-UFRN), temos a intenção de contribuir com a formação dos futuros profissionais proporcionando aos estudantes e professores um material didático com linguagem clara da teoria e ao mesmo tempo mantendo o rigor matemático necessário.

Neste volume I iremos estudar matrizes e sistemas lineares. As matrizes estão presentes em inúmeras situações, como: desenhos gráficos, teoria de grafos, criptografia de informação, mecânica quântica, técnicas de busca do Google, informação e computação quântica, etc. Já os sistemas lineares aparecem na resolução de diversos problemas, como: balanceamento de reações químicas, determinação de correntes em circuitos elétricos, controle de tráfego, sistemas GPS, etc.

Este livro contém muitos exemplos resolvidos e aplicações, sendo que alguns deles podem ser encontrados como exercícios propostos de [2]. O material que estamos oferecendo pode ser considerado uma importante fonte de consulta à matemática envolvida para ser utilizada por estudantes de Engenharias, Física e Matemática. Particularmente, em relação ao Bacharelado em Ciências e Tecnologia oferecido pela ECT-UFRN, o conteúdo deste volume I atende satisfatoriamente um terço do programa do componente curricular Vetores e Geometria Analítica e é requisito básico para compreensão do componente curricular Álgebra linear do atual projeto pedagógico do curso.

O presente livro está organizado da seguinte forma: Capítulo 1, onde trataremos das matrizes, operações com matrizes e propriedades; Capítulo 2, onde discutiremos detalhadamente operações elementares e apresentaremos os importantes algoritmos de escalonamento conhecidos por Eliminação de Gauss e Eliminação de Gauss-Jordan; Capítulo

3 com o estudo das matrizes inversas; Capítulo 4, onde iremos apresentar algumas maneiras de se obter o determinante de uma matriz, Capítulo 5, onde será apresentado um estudo aprofundado de análise e técnicas de solução de sistemas de equações lineares e, finalmente, Capítulo 6, onde traremos algumas aplicações envolvendo o conteúdo estudo tais como: criptografia, determinação de trajetória de asteroides tendo como dado alguns pontos da sua trajetória, análise de fluxo de tráfego, exponencial de matrizes e uma introdução a teoria de grafos.

Um diferencial deste livro é a atenção especial que damos ao conceito de *traço* de matrizes e a várias de suas propriedades. O *traço* é importante e útil na informação quântica que está sendo a linha de pesquisa de maior relevância na fronteira das ciências aplicadas. Hoje em dia, existe uma corrida tecnológica visando a construção de computadores quânticos e muitos dos conceitos físicos envolvidos nesse processo, como a *entropia*, que se relaciona com a informação quântica, estão vinculados ao conceito de *traço* de matrizes.

Outros conceitos relevantes na área de mecânica quântica são as matrizes hermitianas e a exponencial de matrizes que abordamos neste volume com o objetivo de despertar o interesse dos estudantes para o estudo de temas que extrapolam os objetivos deste livro.

Esperamos que a leitura seja satisfatória e, principalmente, que contribua com a formação matemática e desenvolvimento do raciocínio lógico dos estudantes.

Agradecemos aos colegas professores por suas sugestões e recomendações em relação ao conteúdo deste livro.

Héctor Leny Carrion Salazar
Fabiana Tristão de Santana

SUMÁRIO

1 Matrizes **7**

1.1 Definições iniciais 7

1.2 Exercícios 13

1.3 Matrizes quadradas especiais 14

1.4 Exercícios 17

1.5 Operações com matrizes 18

1.5.1 Adição de matrizes 18

1.5.2 Multiplicação de matriz por escalar 21

1.5.3 Multiplicação de matrizes 24

1.5.4 Transposta 35

1.5.5 Traço 40

1.6 Exercícios 45

1.7 Matrizes hermitianas 47

1.8 Exercícios 54

2 Operações Elementares e Escalonamento **55**

2.1 Operações elementares 55

2.2 Matrizes escalonadas 59

2.3 Exercícios 65

2.4 Matriz escalonada reduzida 65

2.5 Exercícios 71

2.6 Matrizes elementares 72

2.7 Exercícios 79

3 Matriz Inversa **81**

3.1 Matriz inversa 81

3.2 Exercícios 91

4 Determinante **93**

4.1 Introdução 93

4.2 Determinante por permutações 95

4.3 Determinante por expansão em cofatores 100

4.4 Exercícios 106

4.5 Propriedades dos determinantes 108

4.6 Exercícios 117

4.7 Determinante por escalonamento 118

4.8 Exercícios 121

4.9 Determinante pelo método combinado de operações elementares e cofatores 122

4.10 Exercícios 125

4.11 Determinante do produto e da inversa 126

4.12 Exercícios 130

4.13 Matriz adjunta e inversa 130

4.14 Exercícios 136

5 Sistema de Equações Lineares **137**

5.1 Introdução 137

5.2 Exercícios 149

5.3 Solução por matrizes escalonadas 150

5.4 Exercícios 160

5.5 Solução por matriz escalonada reduzida 161

5.6 Exercícios 165

5.7 Posto e solução de sistemas 166

5.8 Exercícios 184

5.9 Sistemas lineares homogêneos 186

5.10 Exercícios 195

5.11 Solução por matriz inversa 195

5.12 Exercícios 201

5.13 Solução por determinante 202

5.14 Exercícios 207

6 Aplicações **208**

6.1 Translação Rígida 208

6.2 Cálculo de custos 210
6.3 Criptografia 211
6.4 Equação da reta no plano $\mathbb{R}^2$ 213
6.5 Equação do plano no $\mathbb{R}^3$ 215
6.6 Trajetória de asteroide 216
6.7 Circuitos elétricos 218
6.8 Análise de fluxo de tráfego 223
6.9 Balanceamento de equações químicas 224
6.10 Exercícios 225
6.11 Exponencial de matrizes 227
6.12 Exercícios 236
6.13 Grafos 237
6.13.1 Redes sociais e grafos 245

Respostas **248**

Índice Remissivo **256**

Referências Bibliográficas **257**

CAPÍTULO 1

MATRIZES

1.1 Definições iniciais

Definição 1.1

Uma matriz de ordem $m \times n$ é um reticulado de m linhas e n colunas, formado por objetos denominados elementos, entradas ou termos. Os elementos da matriz $A \in M_{m\times n}$ serão representados por a_{ij}, onde $i = 1, 2, \ldots, m$ é a posição da linha e $j = 1, 2, \ldots, n$ é a posição da coluna na qual o elemento está localizado. Assim, $A \in M_{m\times n}$ é a matriz:

$$A = \begin{pmatrix} a_{11} & a_{12} & \ldots & a_{1j} & \ldots & a_{1n} \\ a_{21} & a_{22} & \ldots & a_{2j} & \ldots & a_{2n} \\ \vdots & \vdots & & \vdots & & \vdots \\ a_{i1} & a_{i2} & \ldots & a_{ij} & \ldots & a_{in} \\ \vdots & \vdots & & \vdots & & \vdots \\ a_{m1} & a_{m2} & \ldots & a_{mj} & \ldots & a_{mn} \end{pmatrix}. \tag{1.1}$$

Quando todos os elementos da matriz são números reais, tem-se uma matriz real. O conjunto das matrizes reais será denotado por $M_{m\times n}(\mathbb{R})$. Se pelo menos um elemento da matriz for um número complexo, então trata-se de uma matriz complexa e usaremos a notação $M_{m\times n}(\mathbb{C})$ para representar o conjunto dessas matrizes.

Quando não for necessário especificar se os elementos de A são reais ou complexos, basta dizer que $A \in M_{m\times n}$. Geralmente utiliza-se letras maiúsculas para representar as matrizes, dessa forma $A \in M_{m\times n}$ representa uma matriz de m linhas e n colunas.

Usaremos as notações $A^{(j)}$ e $A_{(i)}$ para representar a j-ésima coluna de A e a i-ésima linha de A, respectivamente. Assim, se $A \in M_{m \times n}$, então os elementos da coluna $A^{(j)}$ são $a_{1j}, a_{2j}, ..., a_{(m-1)j}$ e a_{mj} e os elementos da linha $A_{(i)}$ são $a_{i1}, a_{i2}, ..., a_{i(n-1)}$ e a_{in}.

Quando se tratar de uma matriz complexa, por exemplo $C \in M_{m \times n}(\mathbb{C})$, podemos denotar seus elementos por $c_{ij} = a_{ij} + (b_{ij})\iota$, onde ι é a unidade imaginária que satisfaz $(\iota)^2 = -1$.

Exemplo 1.1

A seguinte tabela:

	Altura	Peso	Idade
Pai	1.70	60	40
Mãe	1.72	50	30
Filha	1.50	60	15

é uma matriz de ordem 3 × 3 que informa a altura, o peso e a idade dos membros de uma família.

Exemplo 1.2

(a) $A = \begin{pmatrix} 1 & \sqrt{2} \\ 2/3 & -1 \\ 5 & 14 \end{pmatrix}$ é uma matriz de ordem 3 × 2.

(b) $B = \begin{pmatrix} cos(\theta) & -sen(\theta) \\ sen(\theta) & cos(\theta) \end{pmatrix}$ é uma matriz de ordem 2 × 2.

(c) $C = \begin{pmatrix} 6 & -1/5 & 1 & -\sqrt{3} \end{pmatrix}$ é uma matriz de ordem 1 × 4.

(d) $D = \begin{pmatrix} 2-2\iota & 4\iota \\ 3+2\iota & 0 \end{pmatrix}$ é uma matriz de ordem 2 × 2.

Exemplo 1.3

Determine a matriz $A \in M_{2\times3}(\mathbb{R})$ cujos elementos obedecem às condições:

$$a_{ij} = i^j \text{ se } i \geq j \text{ e } a_{ij} = j - i \text{ se } i < j.$$

Solução: Como $A \in M_{2\times 3}(\mathbb{R})$, devemos ter:

$$A = \begin{pmatrix} a_{11} & a_{12} & a_{13} \\ a_{21} & a_{22} & a_{23} \end{pmatrix},$$

onde $i = 1, 2$ e $j = 1, 2, 3$. Para os casos em que $i \geq j$, os elementos a_{ij} são obtidos substituindo i e j na equação $a_{ij} = i^j$. Por outro lado, se $i < j$ os elementos são encontrados substituindo i e j na equação $a_{ij} = j - i$. Assim, temos:

◇ $a_{11} = 1^1 = 1$, pois $i = j$

◇ $a_{21} = 2^1 = 2$, pois $i > j$

◇ $a_{12} = 2 - 1 = 1$, pois $i < j$

◇ $a_{22} = 2^2 = 4$, pois $i = j$

◇ $a_{13} = 3 - 1 = 2$, pois $i < j$

◇ $a_{23} = 3 - 2 = 1$, pois $i < j$

Logo,

$$A = \begin{pmatrix} 1 & 1 & 2 \\ 2 & 4 & 1 \end{pmatrix}.$$

■

Exemplo 1.4

Determine a matriz $C \in M_{2\times 2}(\mathbb{C})$ cujos elementos são definidos por:

$$c_{ij} = a_{ij} + (b_{ij})\iota \text{ onde } a_{ij} = i - j \text{ e } b_{ij} = i + j.$$

Solução: Como $C \in M_{2\times 2}(\mathbb{C})$, devemos ter:

$$C = \begin{pmatrix} c_{11} & c_{12} \\ c_{21} & c_{22} \end{pmatrix},$$

onde $i = j = 1, 2$. De acordo com a definição dos elementos de C, temos:

◇ $c_{11} = a_{11} + (b_{11})\iota = (1 - 1) + (1 + 1)\iota = 2\iota$

◇ $c_{21} = a_{21} + (b_{21})\iota = (2 - 1) + (2 + 1)\iota = 1 + 3\iota$

◇ $c_{12} = a_{12} + (b_{12})\iota = (1 - 2) + (1 + 2)\iota = -1 + 3\iota$

◇ $c_{22} = a_{22} + (b_{22})\iota = (2 - 2) + (2 + 2)\iota = 4\iota$

Logo,

$$C = \begin{pmatrix} 2\iota & -1 + 3\iota \\ 1 + 3\iota & 4\iota \end{pmatrix}.$$

■

Definição 1.2

Duas matrizes $A, B \in M_{m\times n}$ são iguais se, e somente se, possuem a mesma ordem e se seus elementos correspondentes são iguais, isto é, $a_{ij} = b_{ij}$ para todo $i = 1, 2, \ldots, m$ e todo $j = 1, 2, \ldots, n$.

Exemplo 1.5

Encontre os valores de x e y para que se tenha:

$$\begin{pmatrix} x+y & 5 \\ -2 & 2x-3y \end{pmatrix} = \begin{pmatrix} 0 & 5 \\ -2 & 1 \end{pmatrix}.$$

Solução: Estabelecendo a igualdade dos elementos correspondentes, temos o seguinte sistema:

$$\begin{cases} x + y = 0 & \times 3 \\ 2x - 3y = 1 \end{cases} \Rightarrow \begin{cases} 3x + 3y = 0 \\ 2x - 3y = 1 \end{cases}. \tag{1.2}$$

Somando as equações e isolando x, obtemos $x = \frac{1}{5}$. Substituindo $x = \frac{1}{5}$ em $x + y = 0$ e isolando y, obtemos $y = -\frac{1}{5}$. Logo, as matrizes são iguais se, e somente se, $x = \frac{1}{5}$ e $y = -\frac{1}{5}$.

■

Definição 1.3

Uma matriz $A \in M_{m\times n}$ é dita *retangular* quando o número de linhas é diferente do número de colunas, isto é, $m \neq n$. Por outro lado, quando o número de linhas é igual ao número de colunas, o que acontece quando $m = n$, diremos que a matriz A é *quadrada*.

No Exemplo 1.2 as matrizes A e C são retangulares e as matrizes B e D são quadradas.

Definição 1.4

A diagonal da matriz quadrada $A \in M_{n\times n}$ constituída pelos elementos $a_{11}, a_{22}, \ldots, a_{nn}$ é chamada de *diagonal principal*.

Exemplo 1.6

Nas seguintes matrizes, os elementos destacados correspondem à da diagonal principal:

(a) $\begin{pmatrix} \boxed{3} & 5 \\ 2 & \boxed{2} \end{pmatrix}$ (b) $\begin{pmatrix} \boxed{-1} & 1 & 0 \\ 5 & \boxed{0} & 4 \\ 2 & 1 & \boxed{3} \end{pmatrix}$ (c) $\begin{pmatrix} \boxed{2} & 1 & 0 & -1 \\ 5 & \boxed{-1} & 4 & -9 \\ 4 & 5 & \boxed{5} & 0 \\ 1 & -1 & 0 & \boxed{-4} \end{pmatrix}$

Definição 1.5

A diagonal da matriz quadrada $A \in M_{n\times n}$ constituída pelos elementos $a_{1n}, a_{2(n-1)}, \ldots, a_{n1}$, recebe o nome de *diagonal secundária*.

Exemplo 1.7

Nas seguintes matrizes, os elementos destacados correspondem à da diagonal secundária:

(a) $\begin{pmatrix} -3 & \boxed{4} \\ \boxed{1} & 4 \end{pmatrix}$ (b) $\begin{pmatrix} 2 & 1 & \boxed{-2} \\ 5 & \boxed{3} & 4 \\ \boxed{6} & 1 & 11 \end{pmatrix}$ (c) $\begin{pmatrix} -6 & 1 & 0 & \boxed{-1} \\ 5 & 3 & \boxed{4} & -9 \\ 4 & \boxed{3} & 8 & 0 \\ \boxed{2} & -1 & 0 & -4 \end{pmatrix}$

Definição 1.6

Uma matriz de ordem $m \times n$ recebe o nome de *matriz nula* quando seus elementos são todos nulos e, nesse caso, podemos denotá-la por $O_{m\times n}$. Para o caso particular, no qual a matriz nula é quadrada de ordem $n \times n$, podemos denotá-la por O_n.

Exemplo 1.8

Alguns exemplos de matrizes nulas são:

(a) $O_{2\times 3} = \begin{pmatrix} 0 & 0 & 0 \\ 0 & 0 & 0 \end{pmatrix}$ (b) $O_2 = \begin{pmatrix} 0 & 0 \\ 0 & 0 \end{pmatrix}$ (c) $O_3 = \begin{pmatrix} 0 & 0 & 0 \\ 0 & 0 & 0 \\ 0 & 0 & 0 \end{pmatrix}$

Quando não houver necessidade de especificar a ordem da matriz nula, podemos usar apenas a letra O para denotá-la.

Definição 1.7

Uma matriz de 1 linha e n colunas recebe o nome de *matriz linha*.

Exemplo 1.9

Alguns exemplos de matriz linha são:

(a) $A = \begin{pmatrix} 7 & 1 & 4 \end{pmatrix}$ (b) $B = \begin{pmatrix} 1 & -17 & 5 & 1 \end{pmatrix}$ (c) $C = \begin{pmatrix} 5 & 0 & 1 & -1 \end{pmatrix}$

Definição 1.8

Uma matriz de m linhas e 1 coluna é chamada de *matriz coluna*. Iremos representar as matrizes coluna com uma letra maiúscula em negrito.

Exemplo 1.10

Alguns exemplos de matrizes colunas são:

(a) $\mathbf{A} = \begin{pmatrix} 2 \\ -1 \end{pmatrix}$ (b) $\mathbf{B} = \begin{pmatrix} 5 \\ 7 \\ -19 \end{pmatrix}$ (c) $\mathbf{C} = \begin{pmatrix} 4 \\ 0 \\ 15 \\ 1 \end{pmatrix}$ (d) $\mathbf{X} = \begin{pmatrix} x_1 \\ x_2 \\ x_3 \end{pmatrix}$

Podemos particionar a matriz $A \in M_{m \times n}$ em linhas e colunas e considerá-las como os próprios elementos de A.

Exemplo 1.11

Escreva $A \in M_{m \times n}$ utilizando partições que atendam as seguintes condições:

(a) As partições são as linhas de A.

(b) As partições são as colunas de A.

(c) As partições são blocos que unidos tem ordem $m \times n$.

Solução:

(a) As matrizes linhas $A_{(1)}, A_{(2)}, \ldots, A_{(n)} \in M_{m \times 1}$ definem a seguinte partição para a matriz $A \in M_{m\times n}$:

$$A = \left(\begin{array}{cccc} a_{11} & a_{12} & \dots & a_{1n} \\ \hline a_{21} & a_{22} & \dots & a_{2n} \\ \hline \vdots & \vdots & & \vdots \\ \hline a_{m1} & a_{m2} & \dots & a_{mn} \end{array}\right) = \begin{pmatrix} A_{(1)} \\ A_{(2)} \\ \vdots \\ A_{(m)} \end{pmatrix}.$$

(b) As matrizes colunas $A^{(1)}, A^{(2)}, \dots, A^{(n)} \in M_{m\times 1}$ definem a seguinte partição para a matriz $A \in M_{m\times n}$:

$$A = \left(\begin{array}{c|c|c|c} a_{11} & a_{12} & \dots & a_{1n} \\ a_{21} & a_{22} & \dots & a_{2n} \\ \vdots & \vdots & & \vdots \\ a_{m1} & a_{m2} & \dots & a_{mn} \end{array}\right) = \left(\begin{array}{cccc} A^{(1)} & A^{(2)} & \dots & A^{(n)} \end{array}\right).$$

(c) Podemos considerar submatrizes de diferentes ordens para particionar $A \in M_{m\times n}$, desde que a "união" dessas submatrizes resulte em A e, nesse caso, dizemos que A está *particionada em blocos* ou é uma *matriz em blocos*. Por exemplo:

$$A = \left(\begin{array}{c|cc} a_{11} & a_{12} & a_{13} \\ \hline a_{21} & a_{22} & a_{23} \\ a_{31} & a_{32} & a_{33} \end{array}\right) = \begin{pmatrix} A_{11} & A_{12} \\ A_{21} & A_{22} \end{pmatrix},$$

é uma matriz em blocos cujos elementos são:

$$A_{11} = [a_{11}], A_{12} = \begin{pmatrix} a_{12} & a_{13} \end{pmatrix}, A_{21} = \begin{pmatrix} a_{21} \\ a_{31} \end{pmatrix} \text{ e } A_{22} = \begin{pmatrix} a_{22} & a_{23} \\ a_{32} & a_{33} \end{pmatrix}.$$

■

1.2 Exercícios

1. Encontre a matriz A de acordo com a definição de seus elementos:

   (a) $A \in M_{2\times 2}$, tal que $a_{ij} = (-1)^{i+j}$.

   (b) $A \in M_{2\times 3}$, tal que $a_{ij} = \begin{cases} -(i-j), & \text{se } i \leq j \\ -(i+j), & \text{se } i > j \end{cases}$.

   (c) $A \in M_{3\times 2}$, tal que $a_{ij} = \begin{cases} 1, & \text{se } |i-j| > 1 \\ -1, & \text{se } |i-j| \leq 1 \end{cases}$.

2. Encontre x_1, x_2, x_3 e x_4 para que as matrizes sejam iguais:

(a) $\begin{pmatrix} 2x_1 - 2 & x_1 + x_3 \\ 9 + x_4 & x_2 - x_3 + \frac{1}{2}x_1 \end{pmatrix} = \begin{pmatrix} 1 - x_3 & x_1 + x_2 + 2 \\ 3 & x_1 + 1 \end{pmatrix}$.

(b) $\begin{pmatrix} 2x_2 & x_2 - x_3 \\ 2x_4 + 1 & x_1 + x_3 + 1 \end{pmatrix} = \begin{pmatrix} x_4 + 1 & 2x_1 \\ -x_2 & 1 - x_4 \end{pmatrix}$.

(c) $\begin{pmatrix} x_1 + 2x_2 & x_2 - x_3 \\ 2x_4 - 2x_3 & 3x_1 + x_4 \end{pmatrix} = \begin{pmatrix} 6 & -2 \\ 1 & 3 \end{pmatrix}$.

1.3 Matrizes quadradas especiais

Definição 1.9

Uma matriz quadrada $A \in M_{n\times n}$, tal que $a_{ij} = 0$ para $i \neq j$, é chamada de matriz *diagonal*.

Exemplo 1.12

Alguns exemplos de matriz diagonal são:

(a) $A = \begin{pmatrix} 1 & 0 \\ 0 & 1 \end{pmatrix}$ (b) $B = \begin{pmatrix} 4 & 0 & 0 \\ 0 & -3 & 0 \\ 0 & 0 & 5 \end{pmatrix}$ (c) $C = \begin{pmatrix} 0 & 0 & 0 & 0 \\ 0 & 0 & 0 & 0 \\ 0 & 0 & 0 & 0 \\ 0 & 0 & 0 & 0 \end{pmatrix}$

Os elementos da diagonal principal de uma matriz diagonal podem assumir qualquer valor e os demais valores são todos nulos.

Definição 1.10

A matriz quadrada $A \in M_{n\times n}$, cujos elementos são $a_{ij} = 1$ para $i = j$ e $a_{ij} = 0$ para $i \neq j$, é chamada de matriz *identidade*.

Podemos denotar a matriz identidade de ordem $n \times n$ por I_n e quando não for necessário especificar a ordem, podemos denotá-la simplesmente por I.

Outra forma de representar a matriz identidade I_n é usando o delta de Kronecker, restrito à $i, j = \{1, 2, \cdots, n\}$, ou seja, os elementos de I_n são δ_{ij} definidos por:

$$\delta_{ij} = \begin{cases} 1, & \mathrm{i = j} \\ 0, & i \neq j \end{cases}.$$

Exemplo 1.13

Alguns exemplos de matriz identidade são:

(a) $I_2 = \begin{pmatrix} 1 & 0 \\ 0 & 1 \end{pmatrix}$ (b) $I_3 = \begin{pmatrix} 1 & 0 & 0 \\ 0 & 1 & 0 \\ 0 & 0 & 1 \end{pmatrix}$ (c) $I_4 = \begin{pmatrix} 1 & 0 & 0 & 0 \\ 0 & 1 & 0 & 0 \\ 0 & 0 & 1 & 0 \\ 0 & 0 & 0 & 1 \end{pmatrix}$

Definição 1.11

Uma matriz quadrada $A \in M_{n\times n}$, cujos elementos satisfazem $a_{ij} = a_{ji}$, é chamada de matriz *simétrica*.

Se $A \in M_{n\times n}$ é simétrica, então os elementos da linha $A_{(r)}$ e coluna $A^{(r)}$ possuem os mesmos valores para $r = 1, 2, \cdots, n$.

Exemplo 1.14

Alguns exemplos de matriz simétrica são:

(a) $A = \begin{pmatrix} 2 & 1 \\ 1 & 5 \end{pmatrix}$ (b) $B = \begin{pmatrix} 4 & 2 & 3 \\ 2 & 0 & 5 \\ 3 & 5 & -1 \end{pmatrix}$ (c) $C = \begin{pmatrix} 1 & 0 & 0 & 0 \\ 0 & 2 & 0 & 0 \\ 0 & 0 & 5 & 0 \\ 0 & 0 & 0 & 3 \end{pmatrix}$

Observe que a diagonal principal de uma matriz simétrica faz papel de espelho e os elementos que estão em posições simétricas em relação a ela, possuem o mesmo valor.

Definição 1.12

Uma matriz quadrada $A \in M_{n\times n}$ é dita *antissimétrica* se seus elementos satisfazem $a_{ij} = -a_{ji}$.

Teorema 1.1

Se $A \in M_{n\times n}$ é uma matriz antissimétrica, então todos os elementos de sua diagonal principal são nulos.

Demonstração: Como $A \in M_{n\times n}$ é antissimétrica, seus elementos satisfazem a condição $a_{ij} = -a_{ji}$ para todo $i = 1, 2, ..., n$ e $j = 1, 2, .., n$. Os elementos da diagonal principal são a_{ij} para $i = j$. Considerando $i = j$ na condição $a_{ij} = -a_{ji}$, obtemos:

$$a_{ii} = -a_{ii} \Rightarrow a_{ii} = 0,$$

para $i = 1, 2, ..., n$. Logo, se A é antissimétrica, então os elementos de sua diagonal principal são todos nulos.

■

Exemplo 1.15

Alguns exemplos de matriz antissimétrica são:

(a) $A = \begin{pmatrix} 0 & 3 \\ -3 & 0 \end{pmatrix}$ (b) $B = \begin{pmatrix} 0 & -2 & 3 \\ 2 & 0 & -5 \\ -3 & 5 & 0 \end{pmatrix}$ (c) $C = \begin{pmatrix} 0 & 0 & 0 & 0 \\ 0 & 0 & 0 & 0 \\ 0 & 0 & 0 & 0 \\ 0 & 0 & 0 & 0 \end{pmatrix}$

Definição 1.13

Uma matriz quadrada $A \in M_{n \times n}$ é chamada de *triangular superior* quando seus elementos satisfazem $a_{ij} = 0$, para $i > j$.

Os elementos a_{ij} com $i > j$ são aqueles localizados abaixo da diagonal principal. Dessa forma, se A é triangular superior, os elementos abaixo da diagonal principal são todos nulos, não importando como são os demais elementos.

Exemplo 1.16

Alguns exemplos de matriz triangular superior são:

(a) $A = \begin{pmatrix} -1 & 2 \\ 0 & 3 \end{pmatrix}$ (b) $B = \begin{pmatrix} 4 & 5 & 3 \\ 0 & -2 & 1 \\ 0 & 0 & 2 \end{pmatrix}$ (c) $C = \begin{pmatrix} -2 & 0 & 0 & 0 \\ 0 & 1 & 0 & 0 \\ 0 & 0 & 2 & 0 \\ 0 & 0 & 0 & 3 \end{pmatrix}$

Definição 1.14

Uma matriz quadrada $A \in M_{n \times n}$, que satisfaz $a_{ij} = 0$ para $i < j$, é chamada de matriz *triangular inferior*.

Os elementos a_{ij} com $i < j$ são aqueles localizados acima da diagonal principal. Dessa forma, se A é triangular inferior, todos os elementos acima de sua diagonal principal devem ser nulos e não importa como são os demais elementos.

Exemplo 1.17

Alguns exemplos de matriz triangular inferior são:

(a) $A = \begin{pmatrix} 1 & 0 \\ -2 & 3 \end{pmatrix}$ (b) $B = \begin{pmatrix} 2 & 0 & 0 \\ -3 & 1 & 0 \\ 5 & 4 & 1 \end{pmatrix}$ (c) $C = \begin{pmatrix} 0 & 0 & 0 & 0 \\ 0 & 0 & 0 & 0 \\ 0 & 0 & 0 & 0 \\ 0 & 0 & 0 & 0 \end{pmatrix}$

1.4 Exercícios

1. A matriz $A \in M_{3\times 3}$, definida por $a_{ij} = 2ij(i+j)$, $\forall\ i,j = 1,2,3$, é simétrica ou anti-simétrica?

2. Sejam $I = \{1,2,3,4\}$, $a : I \times I \to \mathbb{R}$ a função definida por $a(i,j) = (i-j)(i+j)$ e $A \in M_{4\times 4}$ a matriz definida pelos elementos $a_{ij} = a(i,j)$. A matriz A é simétrica ou antissimétrica?

3. Classifique as afirmações abaixo em verdadeiras (V) ou falsas (F).

   (a) A soma dos termos da diagonal principal da matriz $A \in M_{3\times 3}$, tal que $a_{ij} = (-1)^{i+j}$, é 3.

   (b) Toda matriz nula é também diagonal.

   (c) Uma matriz identidade é também diagonal, simétrica, triangular inferior e triangular superior.

   (d) A soma dos termos de uma matriz antissimétrica é sempre igual a 0.

   (e) Toda matriz triangular superior é também diagonal.

   (f) Se $A \in M_{n\times n}$ é simétrica, então $A \in M_{n\times n}$ não pode ser triangular inferior.

4. Determine $a, b,$ e c para que $A = \begin{pmatrix} \frac{2}{9} & 1 & -1 \\ \frac{1}{2}a - b + \frac{3}{2}c & \sqrt{2} & -2 \\ 2a + \frac{1}{2}b + c & a + c & 9 \end{pmatrix}$ seja simétrica.

5. Determine x, y e z para que $A = \begin{pmatrix} 0 & 4 & -2+y \\ x+y+3 & 0 & 1+z \\ 2x + \frac{z}{3} & \frac{x}{3} + \frac{2y}{3} & 0 \end{pmatrix}$ seja antissimétrica.

1.5 Operações com matrizes

1.5.1 Adição de matrizes

Definição 1.15

Dadas $A \in M_{m\times n}$ e $B \in M_{m\times n}$, a soma de A e B é a matriz $A+B \in M_{m\times n}$ cujos elementos são $(a+b)_{ij} = a_{ij} + b_{ij}$, ou seja, $A+B$ é obtida somando os elementos correspondentes de A e B.

Exemplo 1.18

Sejam $A = \begin{pmatrix} 1 & 2 & 1 \\ 0 & 1 & 2 \end{pmatrix}$ e $B = \begin{pmatrix} 0 & 1 & -2 \\ 2 & 4 & 7 \end{pmatrix}$. Calcule $A+B$.

Solução: Somando os elementos correspondentes de A e B, obtemos:

$$\begin{aligned} A+B &= \begin{pmatrix} 1 & 2 & 1 \\ 0 & 1 & 2 \end{pmatrix} + \begin{pmatrix} 0 & 1 & -2 \\ 2 & 4 & 7 \end{pmatrix} \\ &= \begin{pmatrix} 1+0 & 2+1 & 1+(-2) \\ 0+2 & 1+4 & 2+7 \end{pmatrix} \\ &= \begin{pmatrix} 1 & 3 & -1 \\ 2 & 5 & 9 \end{pmatrix}. \end{aligned}$$

■

Exemplo 1.19

Sejam $A = \begin{pmatrix} 2\iota & 1+\iota \\ 1-\iota & 6 \end{pmatrix}$ e $B = \begin{pmatrix} \iota & 0 \\ 3\iota & 2+\iota \end{pmatrix}$. Calcule $A+B$.

Solução: Somando os elementos correspondentes de A e B, obtemos:

$$\begin{aligned} A+B &= \begin{pmatrix} 2\iota & 1+\iota \\ 1-\iota & 6 \end{pmatrix} + \begin{pmatrix} \iota & 0 \\ 3\iota & 2+\iota \end{pmatrix} \\ &= \begin{pmatrix} 2\iota+\iota & 1+\iota+0 \\ 1-\iota+3\iota & 6+2+\iota \end{pmatrix} \\ &= \begin{pmatrix} 3\iota & 1+\iota \\ 1+2\iota & 8+\iota \end{pmatrix}. \end{aligned}$$

■

A operação de adição de matrizes possui algumas propriedades semelhantes às da adição de números reais e de números complexos. As principais delas são apresentadas a seguir.

Teorema 1.2

Para quaisquer matrizes $A, B, C \in M_{m\times n}$, temos:

(i) A adição é comutativa:
$A + B = B + A$.

(ii) A adição é associativa:
$A + (B + C) = (A + B) + C$.

(iii) A adição possui elemento neutro:
Existe $O \in M_{m\times n}$, tal que $A + O = A$, para toda $A \in M_{m\times n}$.

(iv) A adição possui oposta:
Para toda $A \in M_{m\times n}$, existe $-A \in M_{m\times n}$, tal que $A + (-A) = O$.

Demonstração:

(i) Sejam $a_{ij}, b_{ij} \in \mathbb{C}$ elementos de $A, B \in M_{m\times n}$, respectivamente, que, pelas propriedades de números complexos, satisfazem $a_{ij} + b_{ij} = b_{ij} + a_{ij}$. Os elementos de $A + B$ são $(a + b)_{ij} = a_{ij} + b_{ij}$ e os elementos de $B + A$ são $(b + a)_{ij} = b_{ij} + a_{ij}$. Como $a_{ij} + b_{ij} = b_{ij} + a_{ij}$ para todos os $i = 1, 2, \ldots m$ e $j = 1, 2, \cdots, n$, os elementos correspondentes de $A + B$ e $B + A$, são iguais, logo, pela Definição 1.2, concluímos que $A + B = B + A$.

(ii) Sejam $a_{ij}, b_{ij}, c_{ij} \in \mathbb{C}$ os elementos de $A, B, C \in M_{m\times n}$, respectivamente, os quais satisfazem $a_{ij}+(b_{ij}+c_{ij}) = (a_{ij}+b_{ij})+c_{ij}$, pelas propriedades de números complexos. Logo, para todo $i = 1, 2, \ldots m$ e $j = 1, 2, \cdots, n$ os elementos de $A + (B + C)$, dados por $a_{ij} + (b_{ij} + c_{ij})$, coincidem com os elementos correspondentes de $(A + B) + C$, os quais são $(a_{ij} + b_{ij}) + c_{ij}$, então, pela Definição 1.2, segue que $A + (B + C) = (A + B) + C$.

(iii) Seja $O \in M_{m\times n}$ a matriz de elementos $O_{ij} = 0$ para todo $i = 1, 2, \ldots, m$ e $j = 1, 2, \ldots, n$. Qualquer que seja a matriz $A \in M_{m\times n}$, onde $a_{ij} \in \mathbb{C}$, temos $a_{ij} + O_{ij} = a_{ij} + 0 = a_{ij}$, isto é, $A + O = A$, provando que O é o elemento neutro do conjunto $M_{m\times n}$.

(iv) Seja $A \in M_{m\times n}$ a matriz de elementos a_{ij}. A matriz $-A \in M_{m\times n}$ cujos elementos são $-a_{ij}$ satisfaz a condição $a_{ij} + (-a_{ij}) = 0$ para todo $i = 1, 2, \ldots, m$ e $j = 1, 2, \ldots, n$, isto é $A + (-A) = O_{m\times n}$ e, dessa forma, $-A \in M_{m\times n}$ é a matriz correspondente à A, chamada oposta de A.

■

De forma abreviada, para $A, B \in M_{m\times n}$, a soma $A + (-B)$ será representada por $A - B$ e será chamada de subtração entre A e B. Os elementos de $A - B$ são $a_{ij} - b_{ij}$, para $i = 1, 2, \ldots, m$ e $j = 1, 2, \ldots, n$. Em particular, $A - A$ tem todos os elementos nulos e dá origem à uma matriz nula, isto é, $A - A = O_{m\times n}$.

Observação 1.1

Se $A, B, X \in M_{m\times n}$, utilizando a matriz oposta e a subtração, podemos encontrar uma matriz X que satisfaz a equação $X + A = B$ da seguinte forma:

$$X + A = B \Leftrightarrow X + A + (-A) = B + (-A) \Leftrightarrow X + O = B - A \Leftrightarrow X = B - A.$$

Exemplo 1.20

Sejam $A = \begin{pmatrix} 1 & -2 \\ 3 & -4 \end{pmatrix}$, $B = \begin{pmatrix} 7 & 0 \\ 3 & -2 \end{pmatrix}$ e $C = \begin{pmatrix} -1 & 3 \\ 2 & 1 \end{pmatrix}$. Determine $X \in M_{2\times 2}$ que satisfaz $A + X + B = C$.

Solução: De $A + X + B = C$ segue que:

$$\begin{aligned} X &= C - A - B \\ &= \begin{pmatrix} -1 & 3 \\ 2 & 1 \end{pmatrix} - \begin{pmatrix} 1 & -2 \\ 3 & -4 \end{pmatrix} - \begin{pmatrix} 7 & 0 \\ 3 & -2 \end{pmatrix} \\ &= \begin{pmatrix} -1 - 1 - 7 & 3 - (-2) - 0 \\ 2 - 3 - 3 & 1 - (-4) - (-2) \end{pmatrix} \\ &= \begin{pmatrix} -9 & 5 \\ -4 & 7 \end{pmatrix}. \end{aligned}$$

■

Exemplo 1.21

Mostre que se $A \in M_{n\times n}$ é uma matriz quadrada, então existem $B \in M_{n\times n}$ simétrica e $C \in M_{n\times n}$ antissimétrica tal que $A = B + C$.

Solução: Para $a_{ij} \in A$, onde $a_{ij} \in \mathbb{C}$ para $i, j = 1, 2, \cdots, n$, temos:

$$\begin{aligned} a_{ij} &= \frac{a_{ij} + a_{ij}}{2} \\ &= \frac{a_{ij} + a_{ij} + a_{ji} - a_{ji}}{2} \\ &= \frac{(a_{ij} + a_{ji}) + (a_{ij} - a_{ji})}{2} \\ &= \frac{a_{ij} + a_{ji}}{2} + \frac{a_{ij} - a_{ji}}{2}. \end{aligned}$$

De acordo com a expressão obtida para a_{ij}, defina os seguintes elementos:

$$b_{ji} = \frac{a_{ji} + a_{ij}}{2} = \frac{a_{ij} + a_{ji}}{2} = b_{ij}$$

e

$$c_{ji} = \frac{a_{ji} - a_{ij}}{2} = -\frac{a_{ij} - a_{ji}}{2} = -c_{ij}.$$

Podemos concluir que $A = B + C$, onde $B \in M_{n\times n}$ é uma matriz simétrica constituída pelos elementos b_{ij} e $C \in M_{n\times n}$ é uma matriz antissimétrica constituída pelos elementos c_{ij}.

■

Observação 1.2

Com o exemplo anterior mostramos que se A é uma matriz quadrada, sempre é possível escrever A como soma de dua matriz quadradas de mesma ordem, sendo uma delas simétrica e a outra antissimétrica.

1.5.2 Multiplicação de matriz por escalar

Definição 1.16

Sejam $A \in M_{m\times n}$ e $k \in \mathbb{C}$. A multiplicação de k por A é a matriz $kA \in M_{m\times n}$ cujos elementos ka_{ij} são obtidos multiplicando k por todos os elementos de A.

Exemplo 1.22

Dada a matriz $A = \begin{pmatrix} 1 & 0 & 4 \\ 2 & -1 & 5 \end{pmatrix}$, calcule a matriz $3A$.

Solução: Multiplicando cada elemento de A por 3, temos:

$$3A = 3\begin{pmatrix} 1 & 0 & 4 \\ 2 & -1 & 5 \end{pmatrix} = \begin{pmatrix} 3(1) & 3(0) & 3(4) \\ 3(2) & 3(-1) & 3(5) \end{pmatrix} = \begin{pmatrix} 3 & 0 & 12 \\ 6 & -3 & 15 \end{pmatrix}.$$

■

Exemplo 1.23

Dada a matriz $A = \begin{pmatrix} 2 & 0 & 4 \\ 3 & 1 & 0 \\ 0 & 5 & 3 \end{pmatrix}$, calcule $-2A$.

Solução: Multiplicando os elementos de A por -2, temos:

$$-2A = -2\begin{pmatrix} 2 & 0 & 4 \\ 3 & 1 & 0 \\ 0 & 5 & 3 \end{pmatrix} = \begin{pmatrix} (-2)2 & (-2)0 & (-2)4 \\ (-2)3 & (-2)1 & (-2)0 \\ (-2)0 & (-2)5 & (-2)3 \end{pmatrix} = \begin{pmatrix} -4 & 0 & -8 \\ -6 & -2 & 0 \\ 0 & -10 & -6 \end{pmatrix}.$$

■

Definição 1.17

Dizemos que a matriz $A_{m\times n}$ é combinação linear das matrizes $A_1, A_2, \ldots, A_r \in M_{m\times n}$ se existirem escalares $k_1, k_2, \ldots, k_r \in \mathbb{R}$ satisfazendo a equação $A = k_1A_1 + k_2A_2 + \ldots + k_rA_r$.

Exemplo 1.24

Escreva a matriz $A = \begin{pmatrix} 2 \\ 1 \end{pmatrix}$ como combinação linear das matrizes $A_1 = \begin{pmatrix} 1 \\ 0 \end{pmatrix}$ e $A_2 = \begin{pmatrix} 1 \\ -3 \end{pmatrix}$.

Solução: Devemos encontrar escalares k_1 e k_2 que satisfazem a seguinte equação:

$$A = k_1A_1 + k_2A_2.$$

Substituindo as matrizes na equação, temos:

$$\begin{pmatrix} 2 \\ 1 \end{pmatrix} = k_1\begin{pmatrix} 1 \\ 0 \end{pmatrix} + k_2\begin{pmatrix} 1 \\ -3 \end{pmatrix}.$$

Desenvolvendo as operações, obtemos a seguinte igualdade de matrizes:

$$\begin{pmatrix} 2 \\ 1 \end{pmatrix} = \begin{pmatrix} k_1 + k_2 \\ -3k_2 \end{pmatrix}.$$

Igualando os termos correspondentes das matrizes, obtemos a seguinte sistema:

$$\begin{cases} k_1 + k_2 & = & 2 \\ -3k_2 & = & 1 \end{cases}$$

e concluímos que $k_2 = -\frac{1}{3}$ e $k_1 = \frac{7}{3}$. Logo, $A = \frac{7}{3}A_1 - \frac{1}{3}A_2$.

■

Teorema 1.3

Para quaisquer $A, B \in M_{m\times n}$ e $k_1, k_2 \in \mathbb{C}$, temos:

(i) $(k_1k_2)A = k_1(k_2A)$.

(ii) $(k_1 + k_2)A = k_1A + k_2A$.

(iii) $k_1(A + B) = k_1A + k_1B$.

(iv) $1A = A$.

Demonstração:

(i) Sejam $A \in M_{m\times n}$ e $k_1, k_2 \in \mathbb{C}$. Pela Definição 1.15, os elementos de $(k_1k_2)A$ são da forma $(k_1k_2)a_{ij}$ e pelas propriedades da multiplicação em $\mathbb{C}$, temos $(k_1k_2)a_{ij} = k_1(k_2a_{ij})$ que, por sua vez, é elemento de $k_1(k_2A) \in M_{m\times n}$. Como a igualdade $(k_1k_2)a_{ij} = k_1(k_2a_{ij})$ acontece para todo $i = 1, 2, \cdots, m$ e $j = 1, 2, \cdots, n$, cocluímos que $(k_1k_2)A = k_1(k_2A)$.

(ii) Sejam $A \in M_{m\times n}$ e $k_1, k_2 \in \mathbb{C}$. Pela Definição 1.15, os elementos de $(k_1 + k_2)A$ são da forma $(k_1 + k_2)a_{ij}$ e pelas propriedades multiplicação em $\mathbb{C}$, temos $(k_1 + k_2)a_{ij} = k_1a_{ij} + k_2a_{ij}$ que, por sua vez, é elemento de $k_1A + k_2A \in M_{m\times n}$. Como a igualdade acontece para todo $i = 1, 2, \cdots, m$ e $j = 1, 2, \cdots, n$, cocluímos que $(k_1 + k_2)A = k_1A + k_2A$.

(iii) Sejam $A, B \in M_{m\times n}$ e $k_1 \in \mathbb{C}$. Pelas Definições 1.14 e 1.15, os elementos de $k_1(A+B)$ são $k_1(a_{ij} + b_{ij})$. Pelas propriedades de números complexos temos $k_1(a_{ij} + b_{ij}) = k_1a_{ij} + k_1b_{ij}$ que, por sua vez é elemento de $k_1A + k_1B$. Como essa igualdade é válida para todos os $i = 1, 2, \cdots, m$ e $j = 1, 2, \cdots, n$, concluímos que $k_1(A + B) = k_1A + k_1B$.

(iv) Sejam $A \in M_{m \times n}$ e $1 \in \mathbb{C}$. Como os elementos de $1A$ são da forma $1a_{ij}$ e $1a_{ij} = a_{ij}$ para todo $i = 1, 2, \cdots, m$ e $j = 1, 2, \cdots, n$, concluímos que $1A = A$.

■

Observação 1.3

Observe que $-A \in M_{m \times n}$, tratada no Teorema 1.2, é equivalente à $(-1)A$. Dessa forma, estabelecemos que os elementos de $-A$ são $-a_{ij}$, os quais são obtidos multiplicando a_{ij} por -1, para $i = 1, 2, \cdots, m$ e $j = 1, 2, \cdots, n$.

As propriedades da adição e multiplicação por escalar de matrizes, demonstradas nos Teoremas 1.2 e 1.3, são características presentes em conjuntos conhecidos como espaços vetoriais. Portanto, podemos afirmar que $M_{m \times n}$, com as operações definidas, é um espaço vetorial. Esses espaços são fundamentais na Álgebra Linear e serão abordados no segundo volume desta coleção.

1.5.3 Multiplicação de matrizes

Definição 1.18

A multiplicação de $A \in M_{m \times r}$ por $B \in M_{r \times n}$ é a matriz $AB \in M_{m \times n}$, cujos elementos $(ab)_{ij}$ são definidos por:

$$(ab)_{ij} = a_{i1}b_{1j} + a_{i2}b_{2j} + \cdots + a_{ir}b_{rj} = \sum_{k=1}^{r} a_{ik}b_{kj}. \tag{1.3}$$

Observe que a multiplicação da matriz A pela matriz B só pode ser efetuada se o número de colunas de A for igual ao número de linhas de B. Se duas matrizes não atendem a essa condição, então elas não podem ser multiplicadas. O número de linhas do produto AB é igual ao número de linhas de A e o número de colunas de AB é igual ao número de colunas de B.

De uma forma prática, quando existir o produto AB, seu elemento $(ab)_{ij}$ é obtido somando as multiplicações dos elementos da linha $A_{(i)}$ pelos correspondentes elementos da coluna $B^{(j)}$, os quais estão destacados abaixo:

$$\begin{pmatrix} a_{11} & \dots & a_{1k} & \dots & a_{1r} \\ \vdots & & \vdots & & \vdots \\ \boxed{a_{i1}} & \dots & a_{ik} & \dots & a_{ir} \\ \vdots & & \vdots & & \vdots \\ a_{m1} & \dots & a_{mk} & \dots & a_{mr} \end{pmatrix} \begin{pmatrix} b_{11} & \dots & b_{1j} & \dots & b_{1n} \\ \vdots & & \vdots & & \vdots \\ b_{k1} & \dots & b_{kj} & \dots & b_{kn} \\ \vdots & & \vdots & & \vdots \\ b_{r1} & \dots & b_{rj} & \dots & b_{rn} \end{pmatrix}.$$

O cálculo que dá origem ao elemento $(ab)_{ij}$ pode ser chamado de *produto escalar* entre $A_{(i)}$ e $B^{(j)}$ e pode ser denotado por $A_{(i)} \cdot B^{(j)}$, ou seja:

$$A_{(i)} \cdot B^{(j)} = a_{i1}b_{1j} + \cdots + a_{ik}b_{kj} + \cdots + a_{1r}b_{rj}. \tag{1.4}$$

Das equações (1.3) e (1.4), concluímos que:

$$(ab)_{ij} = A_{(i)} \cdot B^{(j)}. \tag{1.5}$$

Exemplo 1.25

Obtenha a matriz AB onde $A = \begin{pmatrix} 2 & 0 & 4 \\ -3 & 1 & 0 \\ 0 & 5 & 3 \end{pmatrix}$ e $B = \begin{pmatrix} 2 & 0 \\ 1 & -1 \\ 4 & 1 \end{pmatrix}$.

Solução: Como o número de colunas de $A \in M_{3\times3}$ é igual ao número de linhas de $B \in M_{3\times2}$, o produto AB está definido e possui 3 linhas e 2 colunas, pois A possui 3 linhas e B possui 2 colunas. Assim, temos:

$$AB = \begin{pmatrix} (ab)_{11} & (ab)_{12} \\ (ab)_{21} & (ab)_{22} \\ (ab)_{31} & (ab)_{32} \end{pmatrix}.$$

O elemento $(ab)_{11}$ é o produto escalar da **primeira linha** de A pela **primeira coluna** de B, destacadas em (1.6). De acordo com equação (1.5) o elemento $(ab)_{11}$ e obtido da seguinte forma:

◊ $(ab)_{11} = A_{(1)} \cdot B^{(1)} = a_{11}b_{11} + a_{12}b_{21} + a_{13}b_{31} = 2(2) + 0(1) + 4(4) = 20.$

$$\begin{pmatrix} \mathbf{2} & \mathbf{0} & \mathbf{4} \\ -3 & 1 & 0 \\ 0 & 5 & 3 \end{pmatrix} \begin{pmatrix} \mathbf{2} & 0 \\ \mathbf{1} & -1 \\ \mathbf{4} & 1 \end{pmatrix} = \begin{pmatrix} \mathbf{20} & (ab)_{12} \\ (ab)_{21} & (ab)_{22} \\ (ab)_{31} & (ab)_{32} \end{pmatrix}. \tag{1.6}$$

O elemento $(ab)_{21}$ é o produto escalar da **segunda linha** de A pela **primeira coluna** de B, destacadas em (1.7), isto é:

◇ $(ab)_{21} = A_{(2)} \cdot B^{(1)} = a_{21}b_{11} + a_{22}b_{21} + a_{23}b_{31} = -3(2) + 1(1) + 0(4) = -5.$

$$\begin{pmatrix} 2 & 0 & 4 \\ \mathbf{-3} & \mathbf{1} & \mathbf{0} \\ 0 & 5 & 3 \end{pmatrix} \begin{pmatrix} \mathbf{2} & 0 \\ \mathbf{1} & -1 \\ \mathbf{4} & 1 \end{pmatrix} = \begin{pmatrix} (ab)_{11} & (ab)_{12} \\ \text{-5} & (ab)_{22} \\ (ab)_{31} & (ab)_{32} \end{pmatrix}. \qquad (1.7)$$

Procedendo de forma análoga, os demais elementos de AB são:

◇ $(ab)_{31} = A_{(3)} \cdot B^{(1)} = 0(2) + 5(1) + 3(4) = 17.$

◇ $(ab)_{12} = A_{(1)} \cdot B^{(2)} = 2(0) + 0(-1) + 4(1) = 4.$

◇ $(ab)_{22} = A_{(2)} \cdot B^{(2)} = -3(0) + 1(-1) + 0(1) = -1.$

◇ $(ab)_{32} = A_{(3)} \cdot B^{(2)} = 0(0) + 5(-1) + 3(1) = -2.$

Logo,

$$AB = \begin{pmatrix} 20 & 4 \\ -5 & -1 \\ 17 & -2 \end{pmatrix}.$$

■

Observação 1.4

No Exemplo 1.24 não é possível calcular a matriz BA. Verifique porque esse cálculo não pode ser efetuado.

O produto de matrizes com elementos complexos segue o mesmo procedimento descrito anteriormente e em cada multiplicação de elementos complexos consideraremos $\iota^2 = -1$.

Exemplo 1.26

Sejam $A = \begin{pmatrix} 2\iota & 1+\iota \\ 1-\iota & 6 \end{pmatrix}$ e $B = \begin{pmatrix} \iota & 0 \\ 3\iota & 2+\iota \end{pmatrix}$. Calcule AB.

Solução: Como a ordem de A e B é 2×2, o produto AB está definido e terá ordem 2×2. Utilizando a definição para encontrar os elementos de AB e as propriedades da multiplicação de números complexos, temos:

$$
\begin{aligned}
AB &= \begin{pmatrix} 2\iota & 1+\iota \\ 1-\iota & 6 \end{pmatrix} \begin{pmatrix} \iota & 0 \\ 3\iota & 2+\iota \end{pmatrix} \\
&= \begin{pmatrix} (2\iota)\iota + (1+\iota)3\iota & (2\iota)0 + (1+\iota)(2+\iota) \\ (1-\iota)\iota + 6(3\iota) & (\iota - 1)0 + 6(2+\iota) \end{pmatrix} \\
&= \begin{pmatrix} 2(-1) + 3\iota + 3(-1) & 2+\iota+2\iota+(-1) \\ \iota - (-1) + 18\iota & 12+6\iota \end{pmatrix}. \\
&= \begin{pmatrix} -5+3\iota & 1+3\iota \\ 1+19\iota & 12+6\iota \end{pmatrix}.
\end{aligned}
$$

■

Quando A e B são matrizes particionadas, o produto AB pode ser obtido seguindo as mesmas regras estabelecidas para o produto de matrizes ordinárias:

$$
\begin{pmatrix} A_1 & A_2 & A_3 \\ A_4 & A_5 & A_6 \end{pmatrix} \begin{pmatrix} B_1 & B_2 \\ B_3 & B_4 \\ B_5 & B_6 \end{pmatrix} = \begin{pmatrix} C_1 & C_2 \\ C_3 & C_4 \end{pmatrix}, \tag{1.8}
$$

onde:

$$
\begin{aligned}
C_1 &= A_1B_1 + A_2B_3 + A_3B_5 \\
C_2 &= A_1B_2 + A_2B_4 + A_3B_6 \\
C_3 &= A_4B_1 + A_5B_3 + A_6B_5 \\
C_4 &= A_4B_2 + A_5B_4 + A_6B_6
\end{aligned}
$$

O produto AB pode ser obtido de uma forma alternativa na qual considera-se a matriz B particionada em colunas. Esse método é útil na demonstração de alguns resultados que envolvem multiplicação de matrizes.

Definição 1.19

Sejam $A_{m\times n}$ uma matriz qualquer e $B_{n\times r}$ uma matriz particionada em colunas. O produto AB, obtido com o método *multiplicação de matriz por coluna* tem ordem $m \times r$ e é definido por:

$$
AB = A\begin{pmatrix} B^{(1)} & B^{(2)} & \cdots & B^{(r)} \end{pmatrix} = \begin{pmatrix} AB^{(1)} & AB^{(2)} & \cdots & AB^{(r)} \end{pmatrix}. \tag{1.9}
$$

Exemplo 1.27

Sejam $A = \begin{pmatrix} 2 & -1 & 3 \\ 5 & 1 & 2 \end{pmatrix}$ e $B = \begin{pmatrix} 1 & -1 \\ -2 & 1 \\ -1 & 0 \end{pmatrix}$. Calcule AB usando o produto de matriz por coluna.

Solução: Considere $B = (B^{(1)} \;\; B^{(2)})$, onde:

$$B^{(1)} = \begin{pmatrix} 1 \\ -2 \\ -1 \end{pmatrix} \quad \text{e} \quad B^{(2)} = \begin{pmatrix} -1 \\ 1 \\ 0 \end{pmatrix}.$$

O produto AB, calculado com o método de multiplicação de matriz por coluna é:

$$AB = (AB^{(1)} \;\; AB^{(2)}),$$

onde:

$$AB^{(1)} = \begin{pmatrix} 2 & -1 & 3 \\ 5 & 1 & 2 \end{pmatrix} \begin{pmatrix} 1 \\ -2 \\ -1 \end{pmatrix} = \begin{pmatrix} 2+2-3 \\ 5-2-2 \end{pmatrix} = \begin{pmatrix} 1 \\ 1 \end{pmatrix}$$

e

$$AB^{(2)} = \begin{pmatrix} 2 & -1 & 3 \\ 5 & 1 & 2 \end{pmatrix} \begin{pmatrix} -1 \\ 1 \\ 0 \end{pmatrix} = \begin{pmatrix} -2-1+0 \\ -5+1+0 \end{pmatrix} = \begin{pmatrix} -3 \\ -4 \end{pmatrix}.$$

Logo, concluímos que $AB = \begin{pmatrix} 1 & -3 \\ 1 & -4 \end{pmatrix}$.

■

Outra forma de obter o produto AB é particionando A em linhas.

Definição 1.20

Sejam $A \in M_{m \times n}$ uma matriz particionada em linhas e $B \in M_{n \times r}$ uma matriz ordinária. O produto AB tem ordem $m \times r$ e é definido por:

$$AB = \begin{pmatrix} A_{(1)} \\ A_{(2)} \\ \vdots \\ A_{(m)} \end{pmatrix} B = \begin{pmatrix} A_{(1)}B \\ A_{(2)}B \\ \vdots \\ A_{(m)}B \end{pmatrix}. \tag{1.10}$$

Veja abaixo as principais propriedades satisfeitas pela multiplicação de matrizes.

Teorema 1.4

(i) $A(BC) = (AB)C \in M_{m\times r}$, $\forall A \in M_{m\times n}, B \in M_{n\times p}$ e $C \in M_{p\times r}$.

(ii) $A(B + C) = AB + AC \in M_{m\times p}$, $\forall A \in M_{m\times n}$ e $B, C \in M_{n\times p}$.

(iii) $(A + B)C = AC + BC \in M_{m\times p}$, $\forall A, B \in M_{m\times n}$ e $C \in M_{n\times p}$.

(iv) $I_m A = A \in M_{m\times n}$ e $AI_n = A \in M_{m\times n}$, $\forall A$ e matrizes identidades $I_m \in M_{m\times m}$ e $I_n \in M_{n\times n}$.

(v) $O_1 A = O_2$ e $AO_3 = O_4$, $\forall A \in M_{m\times n}$ e matrizes nulas $O_1 \in M_{p\times m}$, $O_2 \in M_{p\times n}$, $O_3 \in M_{n\times q}$ e $O_4 \in M_{m\times q}$.

Demonstração:

(i) Sejam $a_{ij}, b_{ij}, c_{ij} \in \mathbb{C}$ os elementos de $A \in M_{m\times s}$, $B \in M_{s\times r}$ e $C \in M_{r\times n}$, respectivamente. Utilizando a equação (1.3), os elementos do produto $BC \in M_{s\times n}$ são:

$$(bc)_{ij} = \sum_{k=1}^{r} b_{ik}c_{kj}, \tag{1.11}$$

e os elementos do produto $A(BC) \in M_{m\times n}$ são:

$$(a(bc))_{ij} = \sum_{l=1}^{s} a_{il}(bc)_{lj}, \tag{1.12}$$

Substituindo (1.11) em (1.12) e usando a distributividade da multiplicação em $\mathbb{C}$, temos:

$$\begin{aligned}
(a(bc))_{ij} &= \sum_{l=1}^{s} a_{il}\left(\sum_{k=1}^{r} b_{lk}c_{kj}\right) \\
&= \sum_{l=1}^{s} a_{il}\left(b_{l1}c_{1j} + b_{l2}c_{2j} + \ldots + b_{lr}c_{rj}\right) \\
&= \sum_{l=1}^{s} \left(a_{il}b_{l1}c_{1j} + a_{il}b_{l2}c_{2j} + \ldots + a_{il}b_{lr}c_{rj}\right)
\end{aligned}$$

Agora, considerando a associatividade a adição, em seguida a distributividade da multiplicação, temos:

$$\begin{aligned}(a(bc))_{ij} &= \sum_{l=1}^{s} a_{il}b_{l1}c_{1j} + \sum_{l=1}^{s} a_{il}b_{l2}c_{2j} + \ldots + \sum_{l=1}^{s} a_{il}b_{lr}c_{rj} \\ &= \sum_{h=1}^{r}\left(\sum_{l=1}^{s} a_{il}b_{lh}\right)c_{hj} = \sum_{h=1}^{r}(ab)_{ih}c_{hj} = ((ab)c)_{ij},\end{aligned}$$

isto é, os elementos de $A(BC)$ coincidem com os elementos de $(AB)C$ para todos os $i = 1, 2, \cdots, m$ e $j = 1, 2, \cdots, r$, donde concluímos que $A(BC) = (AB)C$.

(ii) Sejam $a_{ij}, b_{ij}, c_{ij} \in \mathbb{C}$ elementos de $A \in M_{m\times r}$, $B \in M_{r\times n}$ e $C \in M_{r\times n}$, respectivamente. Pelas Definições 1.14 e 1.16, os elementos de $B + C \in M_{r\times n}$ e $A(B + C) \in M_{m\times n}$ são:

$$(b + c)_{ij} = b_{ij} + c_{ij}, \tag{1.13}$$

$$(a(b + c))_{ij} = \sum_{k=1}^{r} a_{ik}(b + c)_{kj}. \tag{1.14}$$

Substituindo (1.13) em (1.14) e usando as propriedades da adição e multiplicação em $\mathbb{C}$, temos:

$$\begin{aligned}(a(b + c))_{ij} &= \sum_{k=1}^{r} a_{ik}(b_{kj} + c_{kj}) \\ &= \sum_{k=1}^{r}(a_{ik}b_{kj} + a_{ik}c_{kj}) \\ &= \sum_{k=1}^{r} a_{ik}b_{kj} + \sum_{k=1}^{r} a_{ik}c_{kj} \\ &= (ab)_{ij} + (ac)_{ij}.\end{aligned}$$

Como os elementos de $A(B + C)$ e $AB + AC$ são iguais para todo $i = 1, 2, \cdots, m$ e $j = 1, 2, \cdots, n$ concluímos, pela Definição 1.1, que $A(B + C) = AB + AC$.

(iii) Sejam $a_{ij}, b_{ij}, c_{ij} \in \mathbb{C}$ os elementos de $A \in M_{m\times n}$, $B \in M_{m\times n}$ e $C \in M_{n\times p}$, respectivamente. Pelas Definições 1.14 e 1.16, os elementos de $A + B \in M_{m\times n}$ e $(A + B)C \in M_{m\times p}$ são:

$$(a + b)_{ij} = a_{ij} + b_{ij}, \tag{1.15}$$

$$((a+b)c)_{ij} = \sum_{k=1}^{n}(a+b)_{ik}c_{kj}. \tag{1.16}$$

Substituindo (1.15) em (1.16) e usando as propriedades da adição e multiplicação em $\mathbb{C}$, temos:

$$\begin{aligned} ((a+b)c)_{ij} &= \sum_{k=1}^{n}(a_{ik}+b_{ik})c_{kj} \\ &= \sum_{k=1}^{n}(a_{ik}c_{kj}+b_{ik}c_{kj}) \\ &= \sum_{k=1}^{n}a_{ik}c_{kj} + \sum_{k=1}^{n}b_{ik}c_{kj} \\ &= (ac)_{ij} + (bc)_{ij}. \end{aligned}$$

Como os elementos de $A(B+C)$ e $AB+AC$ são iguais para todo $i = 1, 2, \cdots, m$ e $j = 1, 2, \cdots, p$ concluímos, pela Definição 1.2, que $A(B+C) = AB + AC$.

(iv) Sejam a_{ij} e I_{ij} os elementos das matrizes $A \in M_{m \times n}$ e $I_m \in M_{m \times m}$, respectivamente, sendo que $I_{ij} = 0$ para $i \neq j$ e $I_{ij} = 1$ para $i = j$. Pela Definição 1.16, os elementos de $I_m A \in M_{m \times n}$ são:

$$\begin{aligned} (Ia)_{ij} &= \sum_{k=1}^{m} I_{ik}a_{kj} \\ &= I_{i1}a_{1j} + I_{i2}a_{2j} + \cdots + I_{ii}a_{ij} + \cdots + I_{im}a_{mj} \\ &= 0(a_{1j}) + 0(a_{2j}) + \cdots + 1(a_{ij}) + \cdots + 0(a_{mj}) = a_{ij}. \end{aligned}$$

Como os elementos de $I_m A$ são iguais aos elementos de A para todo $i = 1, 2, \cdots, m$ e $j = 1, 2, \cdots, n$ concluímos, pela Definição 1.2, que $I_m A = A$. Analogamente, mostra-se que $AI_n = A$.

(v) Sejam a_{ij} e 0_{ij} os elementos das matrizes $A \in M_{m \times n}$ e $O_1 \in M_{p \times m}$, respectivamente, sendo que $0_{ij} = 0$ para todos $i = 1, 2, \cdots, p$ e $j = 1, 2, \cdots, m$. Pela Definição 1.16, os elementos de $O_1 A \in M_{m \times n}$ são:

$$\begin{aligned} (0a)_{ij} &= \sum_{k=1}^{m} 0_{ik}a_{kj} \\ &= 0_{i1}a_{1j} + 0_{i2}a_{2j} + \cdots + 0_{ii}a_{ij} + \cdots + 0_{im}a_{mj} \\ &= 0(a_{1j}) + 0(a_{2j}) + \cdots + 0(a_{ij}) + \cdots + 0(a_{mj}) = 0, \end{aligned}$$

para todo $i = 1, 2, \cdots, p$ e $j = 1, 2, \cdots, n$, donde concluímos que $O_1 A = O_2$, onde

$O_2 \in M_{p\times n}$. De forma análoga, mostra-se que $AO_3 = O_4$.

■

Observação 1.5

Se $a, b \in \mathbb{R}$, é válido afirmar que tanto ab quanto ba pertencem a $\mathbb{R}$, e que $ab = ba$. Porém, no conjunto das matrizes $M_{m\times n}$, essa propriedade não se aplica. Para matrizes arbitrarias A e B, o produto AB pode não existir e, mesmo que exista, não é garantido que BA exista ou que $AB = BA$.

Definição 1.21

Quando AB e BA existem e são iguais, dizemos que A e B são comutativas.

Definição 1.22

Sejam $A, B \in M_{n\times n}$ duas matrizes tais que AB e BA existem. O comutador de A e B, denotado por $[A, B]$, é uma matriz de $M_{n\times n}$ definida por $[A, B] = AB - BA$.

É imediato que se $A, B \in M_{n\times n}$ são comutativas, então o comutador $[A, B]$ é a matriz nula de $M_{n\times n}$.

Exemplo 1.28

Sejam $A = \begin{pmatrix} 2 & 1 \\ 5 & 3 \end{pmatrix}$, $B = \begin{pmatrix} 3 & -1 \\ -5 & 2 \end{pmatrix}$ e $C = \begin{pmatrix} -1 & 0 \\ 2 & 3 \end{pmatrix}$. Calcule:

(a) AB.

(b) BA.

(c) AC.

(d) CA

Solução:

(a) $AB = \begin{pmatrix} 2 & 1 \\ 5 & 3 \end{pmatrix}\begin{pmatrix} 3 & -1 \\ -5 & 2 \end{pmatrix} = \begin{pmatrix} 1 & 0 \\ 0 & 1 \end{pmatrix}$.

(b) $BA = \begin{pmatrix} 3 & -1 \\ -5 & 2 \end{pmatrix}\begin{pmatrix} 2 & 1 \\ 5 & 3 \end{pmatrix} = \begin{pmatrix} 1 & 0 \\ 0 & 1 \end{pmatrix}$.

(c) $AC = \begin{pmatrix} 2 & 1 \\ 5 & 3 \end{pmatrix}\begin{pmatrix} -1 & 0 \\ 2 & 3 \end{pmatrix} = \begin{pmatrix} 0 & 3 \\ 1 & 9 \end{pmatrix}$.

(c) $CA = \begin{pmatrix} -1 & 0 \\ 2 & 3 \end{pmatrix}\begin{pmatrix} 2 & 1 \\ 5 & 3 \end{pmatrix} = \begin{pmatrix} -2 & -1 \\ 19 & 11 \end{pmatrix}$.

■

As matrizes $A = \begin{pmatrix} 2 & 1 \\ 5 & 3 \end{pmatrix}$ e $B = \begin{pmatrix} 3 & -1 \\ -5 & 2 \end{pmatrix}$ do Exemplo 1.23 são comutativas, pois $AB = BA$.

A Multiplicação de uma matriz por ela mesma é chamada de *potência de matriz* e será definida a seguir.

Definição 1.23

Seja $A \in M_{n\times n}$. Definimos as *potências* de A da seguinte forma:

(i) $A^0 = I_n$;

(ii) $A^k = AA\cdots A$ (k parcelas), com $k \in \mathbb{N}^*$.

Dizemos que A^k é uma potência de A de índice k. As potências de matriz obedecem propriedades semelhantes àquelas satisfeitas por potências de números reais.

Teorema 1.5

Sejam $A, B \in M_{n\times n}$ e $r, s \in \mathbb{N}$. Temos:

(a) $A^rA^s = A^{r+s}$;

(b) $(A^r)^s = A^{rs}$.

Demonstração:

(a) $A^rA^s = \underbrace{(AA\ldots A)}_{r \text{ parcelas}}\underbrace{(AA\ldots A)}_{s \text{ parcelas}} = \underbrace{AA\ldots A}_{r+s \text{ parcelas}} = A^{r+s}$.

(b) $(A^r)^s = \underbrace{A^rA^r\ldots A^r}_{s \text{ parcelas}} = \underbrace{\underbrace{(AA\ldots A)}_{r \text{ parcelas}}\underbrace{(AA\ldots A)}_{r \text{ parcelas}}\ldots\underbrace{(AA\ldots A)}_{r \text{ parcelas}}}_{s \text{ parcelas}} = A^{rs}$.

■

Em seguida vamos ver dois casos especiais envolvendo potências de matrizes.

Definição 1.24

Uma matriz $A \in M_{n\times n}$ é dita *involutiva* quando $A^2 = I_n$.

Exemplo 1.29

A matriz $A = \begin{pmatrix} 0 & -\iota \\ \iota & 0 \end{pmatrix}$, onde $\iota^2 = -1$, é involutiva, pois:

$$A^2 = \begin{pmatrix} 0 & -\iota \\ \iota & 0 \end{pmatrix}\begin{pmatrix} 0 & -\iota \\ \iota & 0 \end{pmatrix} = \begin{pmatrix} -\iota^2 & 0 \\ 0 & -\iota^2 \end{pmatrix} = \begin{pmatrix} 1 & 0 \\ 0 & 1 \end{pmatrix}.$$

■

Definição 1.25

Uma matriz quadrada $A \in M_{n\times n}$ é dita *nilpotente* quando $A^k = O_n$, para algum $k \in \mathbb{N}^*$, onde O_n é a matriz nula de ordem $n \times n$. O menor índice k que satisfaz $A^k = O_n$ é chamado de índice de nilpotência.

Observe que se A é nilpotente de índice k, então para $m < k$ a matriz A^m é não nula e para $m \geq k$ a matriz A^m é nula.

Exemplo 1.30

Mostre que $A = \begin{pmatrix} 2 & -1 \\ 4 & -2 \end{pmatrix}$ é nilpotente de índice 2.

Solução: Como $A^2 = \begin{pmatrix} 2 & -1 \\ 4 & -2 \end{pmatrix}\begin{pmatrix} 2 & -1 \\ 4 & -2 \end{pmatrix} = \begin{pmatrix} 0 & 0 \\ 0 & 0 \end{pmatrix}$, concluímos que A é nilpotente de índice 2.

■

Exemplo 1.31

Sejam $A, B \in M_{2\times 2}$ matrizes nilpotentes de índice k. Mostre que a matriz em bloco $D \in M_{4\times 4}$ definida por $D = \begin{pmatrix} A & O \\ O & B \end{pmatrix}$ é nilpotente de índice k.

Solução: Supondo que A e B são nilpotentes de índice 2, temos que $A^2 = B^2 = O \in M_{2\times 2}$. Usando a multiplicação de matrizes em bloco como na equação (1.8), temos:

$$D^2 = \begin{pmatrix} A & O \\ O & B \end{pmatrix}\begin{pmatrix} A & O \\ O & B \end{pmatrix} = \begin{pmatrix} A^2 & O \\ O & B^2 \end{pmatrix} = \begin{pmatrix} O & O \\ O & O \end{pmatrix} = O \in M_{4\times 4},$$

isto é, D é nilpotente de índice 2. Suponha que se A e B são nilpotentes de índice $k-1$, isto é, $A^{k-1} = B^{k-1} = O \in M_{2\times 2}$, então D é nilpotente de índice $k-1$, isto é $D^{k-1} = \begin{pmatrix} A^{k-1} & O \\ O & B^{k-1} \end{pmatrix} = \begin{pmatrix} O & O \\ O & O \end{pmatrix} \in M_{4\times4}$. Por fim, mostraremos que D^k é nilpotente de índice k, supondo que $A, B \in M_{2\times2}$ são nilpotentes de índice k, isto é, $A^k = B^k = O \in M_{2\times2}$. Usando as propriedades de potência, a multiplicação de matrizes em bloco e o fato de D^{k-1} ser nilpotente de índice 2, temos:

$$\begin{aligned} D^k &= DD^{k-1} \\ &= \begin{pmatrix} A & O \\ O & B \end{pmatrix} \begin{pmatrix} A^{k-1} & O \\ O & B^{k-1} \end{pmatrix} \\ &= \begin{pmatrix} A & O \\ O & B \end{pmatrix} \begin{pmatrix} O & O \\ O & O \end{pmatrix} \\ &= \begin{pmatrix} O & O \\ O & O \end{pmatrix} \in M_{4\times4}, \end{aligned}$$

isto é, D é nilpotente de índice k.

■

1.5.4 Transposta

Definição 1.26

Seja $A \in M_{m\times n}$ a matriz de elementos a_{ij}. A transposta de A, denotada por A^T, é a matriz de ordem $n \times m$ cujos elementos são $a^T_{ij} = a_{ji}$.

Observação 1.6

(a) Podemos usar a transposta para representar as matrizes colunas com a seguinte notação:

$$\mathbf{X} = (x_1\ x_2\ \cdots\ x_n)^T.$$

(b) É comum associarmos os elementos de $\mathbb{R}^n$ às matrizes coluna $\mathbf{X} = (x_1\ x_2\ \cdots\ x_n)^T$.

Exemplo 1.32

Determine a matriz A^T sabendo que os elementos de $A \in M_{4\times4}$ são definidos por:

$$a_{ij} = \begin{cases} 1, & i = j \text{ e } i \leq 2 \\ -1, & i = j \text{ e } i > 2 \\ 0, & i \neq j \text{ e } i, j = \{1, 2, 3, 4\} \end{cases} . \tag{1.17}$$

Solução: De acordo com a definição dos elementos a_{ij}, a matriz A é:

$$A = \begin{pmatrix} 1 & 0 & 0 & 0 \\ 0 & 1 & 0 & 0 \\ 0 & 0 & -1 & 0 \\ 0 & 0 & 0 & -1 \end{pmatrix}.$$

Como os elementos da matriz transposta satifazem $a_{ij}^T = a_{ji}$, temos:

$$A^T = \begin{pmatrix} 1 & 0 & 0 & 0 \\ 0 & 1 & 0 & 0 \\ 0 & 0 & -1 & 0 \\ 0 & 0 & 0 & -1 \end{pmatrix}.$$

■

A transposta da matriz do Exemplo 1.27 é igual a ela mesma, o que significa que ela é simétrica. O teorema a seguir afirma que as matrizes quadradas que são iguais às suas transpostas são simétricas, e que a recíproca também é verdadeira.

Teorema 1.6

Uma matriz quadrada $A \in M_{n\times n}$ é simétrica se, e somente se, $A^T = A$.

Demonstração: ($\Rightarrow$) Suponha que $A \in M_{n\times n}$ é simétrica e sejam a_{ij} os elementos de A os quais, pela Definição 1.10, satisfazem $a_{ij} = a_{ji}$. Como os elementos A^T são $a_{ij}^T = a_{ji}$, temos $a_{ij}^T = a_{ji} = a_{ij}$, para $i, j = 1, 2, \cdots, n$, ou seja, $A^T = A$. ($\Leftarrow$) Suponha que $A^T = A$ e sejam $a_{ij}^T = a_{ji}$ os elementos de A^T. Como $A^T = A$, segue que $a_{ji} = a_{ij}$, isto é, pela Definição 1.10, A é simétrica.

■

Geometricamente, se $A \in M_{n\times n}$ é uma matriz simétrica, então os elementos simétricos em relação à diagonal principal são idênticos e, dessa forma, ao transpor A a matriz obtida coincide com a própria A.

Observação 1.7

Se $A \in M_{n\times n}$ é uma matriz antissimétrica, ou seja, $a_{ii} = 0$ e $a_{ij} = -a_{ji}$ para $i \neq j$, então sua transposta é igual a $-A$, isto é, $A^T = -A$.

Exemplo 1.33

Obtenha a transposta das matrizes:

(a) $A = \begin{pmatrix} 2 & 1 & -6 \\ 1 & 3 & 4 \\ -6 & 4 & 5 \end{pmatrix}$. (b) $B = \begin{pmatrix} 0 & -1 & -6 \\ 1 & 0 & 4 \\ 6 & -4 & 0 \end{pmatrix}$.

Solução: Como A é simétrica e B antissimétrica, temos:

(a) $A^T = \begin{pmatrix} 2 & 1 & -6 \\ 1 & 3 & 4 \\ -6 & 4 & 5 \end{pmatrix} = A$. (b) $B^T = \begin{pmatrix} 0 & 1 & 6 \\ -1 & 0 & -4 \\ -6 & 4 & 0 \end{pmatrix} = -B$.

■

A seguir são apresentadas algumas propriedades da transposta satisfeitas por matrizes em geral.

Teorema 1.7

Para $A, B \in M_{m\times n}$ e $k \in \mathbb{R}$, temos:

(i) $(A+B)^T = A^T + B^T$.

(ii) $(kA)^T = kA^T$.

(iii) $(A^T)^T = A$.

(iv) $(AB)^T = B^T A^T$

Demonstração:

(i) Sejam a_{ij}, b_{ij} e $a_{ij} + b_{ij}$ os elementos de $A, B, A + B \in M_{m\times n}$, respectivamente. Pela Definição 1.24, os elementos de $A^T, B^T, (A+B)^T$, são a_{ji}, b_{ji} e $a_{ji} + b_{ji}$, para $i = 1, 2, \cdots, m$ e $j = 1, 2, \cdots, n$. Assim, pela Definição 1.24, os elementos de $A^T + B^T$ são $a_{ji} + b_{ji}$, os quais coincidem com os elementos de $(A+B)^T$ e, com isso, concluimos que $(A+B)^T = A^T + B^T$.

(ii) Sejam a_{ij} os elementos de $A \in M_{m\times n}$ e $k \in \mathbb{C}$. Para $i = 1, 2, \cdots, m$ e $j = 1, 2, \cdots, n$, segue da Definição 1.15 que os elementos de kA são ka_{ij} e, pela Definição 1.24, os elementos de $(kA)^T$ são ka_{ji} que, novamente pela Definição 1.24, coincidem com os elementos de kA^T. Logo, $(kA)^T = kA^T$.

(iii) Sejam a_{ij} os elementos de $A \in M_{m\times n}$. Pela Definição 1.24, os elementos de A^T são a_{ji} para $i = 1, 2, \cdots, m$ e $j = 1, 2, \cdots, n$. Como os elementos de A^T são a_{ji}, segue da Definição 1.24, que os elementos de $(A^T)^T$ são a_{ij}, isto é, os elementos de $(A^T)^T$ e A coincidem para $i = 1, 2, \cdots, m$ e $j = 1, 2, \cdots, n$. Logo, $(A^T)^T = A$.

(iv) Sejam $a_{ij}, b_{ij} \in \mathbb{C}$ os elementos de $A \in M_{m\times n}$ e $B \in M_{n\times p}$, respectivamente. Pela Definição 1.24, $a^T_{ij} = a_{ji}$ e $b^T_{ij} = b_{ji}$ são os elementos das matrizes transpostas $A^T \in M_{n\times m}$ e $B^T \in M_{p\times n}$. Agora, pela Definição 1.16, os elementos dos produtos $AB \in M_{m\times p}$ e $B^T A^T \in M_{p\times m}$ são:

$$(ab)_{ij} = \sum_{k=1}^{n} a_{ik}b_{kj} \tag{1.18}$$

e

$$(b^T a^T)_{ij} = \sum_{k=1}^{n} b^T_{ik}a^T_{kj} \tag{1.19}$$

Considerando $a^T_{ij} = a_{ji}$, $b^T_{ij} = b_{ji}$ e a comutatividade da multiplicação em $\mathbb{C}$, temos:

$$\begin{aligned}
(b^T a^T)_{ij} &= \sum_{k=1}^{n} b^T_{ik}a^T_{kj} \\
&= b^T_{i1}a^T_{1j} + b^T_{i2}a^T_{2j} + \cdots + b^T_{in}a^T_{nj} \\
&= b_{1i}a_{j1} + b_{2i}a_{j2} + \cdots + b_{ni}a_{jn} \\
&= a_{j1}b_{1i} + a_{j2}b_{2i} + \cdots + a_{jn}b_{ni} \\
&= \sum_{k=1}^{n} a_{jk}b_{ki} = (ab)_{ji} = (ab)^T_{ij},
\end{aligned}$$

isto é, os elementos das matrizes $(AB)^T \in M_{p\times m}$ e $B^T A^T \in M_{p\times m}$ são iguais, donde concluímos que $(AB)^T = B^T A^T$.

■

A transposta da matriz produto AB é a matriz $B^T A^T$, exatamente nessa ordem. Esse resultado pode ser generalizado para $(A_1 A_2 \cdots A_k)^T = A^T_k \cdots A^T_2 A^T_1$ e a demonstração pode ser feita por indução em k. Para isso, observe que se $k = 2$, então o resultado é válido pelo Teorema 1.7, isto é, $(A_1 A_2)^T = A^T_2 A^T_1$. Suponha que o resultado seja válido para o produto de $k - 1$ matrizes, ou seja, $(A_1 A_2 \cdots A_{k-1})^T = A^T_{k-1} \cdots A^T_2 A^T_1$. Por fim, deve-se mostrar a validade do resultado para o produto de k matrizes. Para isso, escreva o produto $A_1 A_2 \cdots A_{k-1} A_k$ como multiplicação das parcelas $(A_1 A_2 \cdots A_{k-1})$ e A_k

e use o resultado do Teorema 1.7. Assim, $(A_1A_2\cdots A_{k-1}A_k)^T = [(A_1A_2\cdots A_{k-1})A_k]^T = A_k^T(A_1A_2\cdots A_{k-1})^T = A_k^TA_{k-1}^T\cdots A_2^TA_1^T$, concluindo a demonstração.

Exemplo 1.34

Sejam $A = \begin{pmatrix} \iota & 0 \\ 0 & \iota \end{pmatrix}$ e $B = \begin{pmatrix} 0 & \iota \\ -\iota & 0 \end{pmatrix}$, onde $\iota^2 = -1$. Calcule $(AB)^T$ e B^TA^T e conclua que $(AB)^T = B^TA^T$.

Solução:

$$AB = \begin{pmatrix} \iota & 0 \\ 0 & \iota \end{pmatrix}\begin{pmatrix} 0 & \iota \\ -\iota & 0 \end{pmatrix} = \begin{pmatrix} 0 & \iota^2 \\ -\iota^2 & 0 \end{pmatrix} = \begin{pmatrix} 0 & -1 \\ 1 & 0 \end{pmatrix} \Rightarrow (AB)^T = \begin{pmatrix} 0 & 1 \\ -1 & 0 \end{pmatrix}$$

e

$$B^TA^T = \begin{pmatrix} 0 & -\iota \\ \iota & 0 \end{pmatrix}\begin{pmatrix} \iota & 0 \\ 0 & \iota \end{pmatrix} = \begin{pmatrix} 0 & -\iota^2 \\ \iota^2 & 0 \end{pmatrix} = \begin{pmatrix} 0 & 1 \\ -1 & 0 \end{pmatrix}.$$

Logo, $(AB)^T = B^TA^T$, como garante o Teorema 1.7.

■

Exemplo 1.35

Obtenha $(A^TA)^T$, onde os elementos de $A \in M_{4\times 4}$ são definidos por:

$$a_{ij} = \begin{cases} 1, & i = j \text{ e } i \leq 2 \\ -1, & i = j \text{ e } i > 2 \\ 0, & i \neq j \text{ e } i, j = \{1, 2, 3, 4\} \end{cases}.$$

Solução: Vimos no Exemplo 1.27 que $A^T = A$, onde

$$A = \begin{pmatrix} 1 & 0 & 0 & 0 \\ 0 & 1 & 0 & 0 \\ 0 & 0 & -1 & 0 \\ 0 & 0 & 0 & -1 \end{pmatrix}.$$

Pelo Teorema 1.7, temos:

$$(A^TA)^T = A^T(A^T)^T = A^TA = AA.$$

Logo,

$$(A^T A)^T = AA = \begin{pmatrix} 1 & 0 & 0 & 0 \\ 0 & 1 & 0 & 0 \\ 0 & 0 & -1 & 0 \\ 0 & 0 & 0 & -1 \end{pmatrix} \begin{pmatrix} 1 & 0 & 0 & 0 \\ 0 & 1 & 0 & 0 \\ 0 & 0 & -1 & 0 \\ 0 & 0 & 0 & -1 \end{pmatrix} = \begin{pmatrix} 1 & 0 & 0 & 0 \\ 0 & 1 & 0 & 0 \\ 0 & 0 & 1 & 0 \\ 0 & 0 & 0 & 1 \end{pmatrix}.$$

■

1.5.5 Traço

Definição 1.27

Seja $A \in M_{n\times n}$. O *traço* de A, denotado por traço(A), é definido como a soma dos elementos da diagonal principal da matriz, ou seja,

$$\text{traço}(A) = a_{11} + a_{22} + ... + a_{nn} = \sum_{k=1}^{n} a_{kk}.$$

Exemplo 1.36

O traço da matriz $A = \begin{pmatrix} 1 & 0 & -7 \\ -2 & 3 & 0 \\ 8 & 3 & -6 \end{pmatrix}$ é traço$(A) = 1 + 3 - 6 = -2$.

■

Teorema 1.8

Para $A, B, C \in M_{n\times n}(\mathbb{C})$ e $\alpha \in \mathbb{R}$, temos:

(i) traço$(A + B)$ = traço(A) + traço(B).

(ii) traço$(\alpha A) = \alpha\,$traço(A).

(iii) traço(A) = traço(A^T).

(iv) traço(AB) = traço(BA).

(v) traço(ABC) = traço(BCA) = traço(CAB).

Demonstração: Iremos demonstrar a seguir as propriedades (i) e (iv) e deixar as demais como exercício.

(i) Sejam $a_{ij}, b_{ij} \in \mathbb{C}$ os elementos de $A, B \in M_{n\times n}$ e traço$(A) = \sum_{k=1}^{n} a_{kk}$ e traço$(B) = \sum_{k=1}^{n} b_{kk}$ os traços de A e B, respectivamente. Como os elementos de $A + B \in M_{n\times n}$ são da forma $a_{ij} + b_{ij}$ para todo $i, j = 1, 2, \cdots, n$, pela associatividade da adição em $\mathbb{C}$, temos:

$$\begin{aligned}
\text{traço}(A+B) &= \sum_{k=1}^{n}(a_{kk}+b_{kk}) \\
&= (a_{11}+b_{11}) + (a_{22}+b_{22}) + \ldots + (a_{nn}+b_{nn}) \\
&= (a_{11}+a_{22}+\ldots+a_{nn}) + (b_{11}+b_{22}+\ldots+b_{nn}) \\
&= \sum_{k=1}^{n} a_{kk} + \sum_{k=1}^{n} b_{kk} = \text{traço}(A) + \text{traço}(B).
\end{aligned}$$

(iv) Sejam $a_{ij}, b_{ij} \in \mathbb{C}$ os elementos de $A, B \in M_{n\times n}$ e traço$(A) = \sum_{k=1}^{n} a_{kk}$, traço$(B) = \sum_{k=1}^{n} b_{kk}$ os traços de A e B, respectivamente. Como os elementos de $AB \in M_{n\times n}$ são da forma $(ab)_{ij} = \sum_{t=1}^{n} a_{it}b_{tj}, \forall\, i, j = 1, 2, \cdots, n$, temos que:

$$\begin{aligned}
\text{traço}(AB) &= \sum_{k=1}^{n}(ab)_{kk} = \sum_{k=1}^{n}\left(\sum_{t=1}^{n} a_{kt}b_{tk}\right) \\
&= (a_{11}b_{11} + a_{12}b_{21} + \cdots + a_{1n}b_{n1}) + \\
&\quad (a_{21}b_{12} + a_{22}b_{22} + \cdots + a_{2n}b_{n2}) + \cdots + \\
&\quad (a_{n1}b_{1n} + a_{n2}b_{2n} + \cdots + a_{nn}b_{nn}).
\end{aligned}$$

Pela associatividade da adição em $\mathbb{C}$, agrupando as parcelas correspondentes de cada parênteses, temos:

$$\begin{aligned}
\text{traço}(AB) &= (a_{11}b_{11} + a_{21}b_{12} + \cdots + a_{n1}b_{1n}) + \\
&\quad (a_{12}b_{21} + a_{22}b_{22} + \cdots + a_{n2}b_{2n}) + \cdots + \\
&\quad (a_{1n}b_{n1} + a_{2n}b_{n2} + \cdots + a_{nn}b_{nn}).
\end{aligned}$$

Como $a_{ij}b_{ij} = b_{ij}a_{ij}$, invertendo os termos de cada produto, temos:

$$\begin{aligned}\text{traço}(AB) &= (b_{11}a_{11} + b_{12}a_{21} + \cdots + b_{1n}a_{n1}) + \\ &\quad (b_{21}a_{12} + b_{22}a_{22} + \cdots + b_{2n}a_{n2}) + \cdots + \\ &\quad (b_{n1}a_{1n} + b_{n2}a_{2n} + \cdots + b_{nn}a_{nn}) \\ &= (ba)_{11} + (ba)_{22} + \cdots + (ba)_{nn} \\ &= \sum_{k=1}^{n} (ba)_{kk} = \text{traço}(BA).\end{aligned}$$

■

A propriedade (iv) do Teorema 1.8 garante que mesmo as matrizes AB e BA sendo diferentes, a soma dos elementos de suas diagonais principais coincidem, isto é, traço(AB) = traço(BA). A propriedade (v) é conhecida como *propriedade de ciclicidade* do traço, isto é, o traço do produto de três matrizes será o mesmo não importando a ordem da realização do produto. Esta propriedade pode ser facilmente estendida para um produto com um número maior de matrizes.

Exemplo 1.37

Determine traço$(A^T B)$ para as seguintes matrizes:

$$A = \begin{pmatrix} 2\iota & 0 \\ 2 & 2\iota \end{pmatrix} \text{ e } B = \begin{pmatrix} 6 & \iota \\ -\iota & 4 \end{pmatrix}.$$

Solução: Como $A^T = \begin{pmatrix} 2\iota & 2 \\ 0 & 2\iota \end{pmatrix}$, segue que $A^T B = \begin{pmatrix} 10\iota & 6 \\ 2 & 8\iota \end{pmatrix}$. Finalmente, traço$(A^T B) = 18\iota$.

■

Exemplo 1.38

Determine traço$(\sigma_y \sigma_z \sigma_y)$ em que:

$$\sigma_x = \begin{pmatrix} 0 & 1 \\ 1 & 0 \end{pmatrix}, \ \sigma_y = \begin{pmatrix} 0 & -i \\ i & 0 \end{pmatrix} \text{ e } \sigma_z = \begin{pmatrix} 1 & 0 \\ 0 & -1 \end{pmatrix}.$$

Solução: Pela propriedade da ciclicidade do Teorema 1.8, temos:

$$\text{traço}(\sigma_y \sigma_z \sigma_y) = \text{traço}(\sigma_y \sigma_y \sigma_z)$$

Agora, como $\sigma_y\sigma_y = I$, segue que:

$$\text{traço}(\sigma_y\sigma_z\sigma_y) = \text{traço}(I\sigma_z) = \text{traço}(\sigma_z) = 0.$$

∎

Observação 1.8: Matrizes de Pauli

As matrizes

$$\sigma_x = \begin{pmatrix} 0 & 1 \\ 1 & 0 \end{pmatrix}, \ \sigma_y = \begin{pmatrix} 0 & -\iota \\ \iota & 0 \end{pmatrix} \text{ e } \sigma_z = \begin{pmatrix} 1 & 0 \\ 0 & -1 \end{pmatrix},$$

são conhecidas como *matrizes de Pauli.* O austríaco Wolfgang Pauli (1900-1958) foi um físico e um dos precursores da mecânica quântica e recebeu prêmio Nobel de Física pelo famoso "Príncipio de exclusão de Pauli."

Exemplo 1.39

Considere as seguintes matrizes:

$$\rho_1 = \begin{pmatrix} \frac{1}{2} & 0 & 0 & -\frac{1}{2} \\ 0 & 0 & 0 & 0 \\ 0 & 0 & 0 & 0 \\ -\frac{1}{2} & 0 & 0 & \frac{1}{2} \end{pmatrix} \quad \text{e} \quad \rho_2 = \begin{pmatrix} \frac{1-x}{4} & 0 & 0 & 0 \\ 0 & \frac{1+x}{4} & -\frac{x}{2} & 0 \\ 0 & -\frac{x}{2} & \frac{1+x}{4} & 0 \\ 0 & 0 & 0 & \frac{1-x}{4} \end{pmatrix}$$

Verifique que:

(a) $\text{traço}(\rho_1) = 1$ e $\text{traço}(\rho_1^2) = 1$.

(b) $\text{traço}(\rho_2) = 1$ e $\text{traço}(\rho_2^2) < 1$, se $0 < x < 1$.

Solução:

(a) O cálculo de $\text{traço}(\rho_1)$ é imediato: $\text{traço}(\rho_1) = \frac{1}{2} + 0 + 0 + \frac{1}{2} = 1.$

Para obter $\text{traço}(\rho_1^2)$ considere o produto de matrizes $(\rho_1)(\rho_1) = A$, cujos elementos da diagonal principal são definidos por $a_{ii} = (\rho_1)_{(i)} \cdot (\rho_1)^{(i)}$. Dessa forma, temos:

$$\begin{aligned}
\text{traço}(\rho_1^2) &= a_{11} + a_{22} + a_{33} + a_{44} \\
&= (\rho_1)_{(1)} \cdot (\rho_1)^{(1)} + (\rho_1)_{(2)} \cdot (\rho_1)^{(2)} + (\rho_1)_{(3)} \cdot (\rho_1)^{(3)} + (\rho_1)_{(4)} \cdot (\rho_1)^{(4)} \\
&= \frac{1}{2} + 0 + 0 + \frac{1}{2} = 1.
\end{aligned}$$

(b) O cálculo de traço(ρ_2) é imediato:

$$\text{traço}(\rho_2) = \frac{1-x}{4} + \frac{1+x}{4} + \frac{1+x}{4} + \frac{1-x}{4} = \frac{4}{4} = 1.$$

Para calcular traço(ρ_2^2), suponha que $\rho_2^2 = B$. Assim, temos:

$$\begin{aligned}
\text{traço}(\rho_2^2) &= b_{11} + b_{22} + b_{33} + b_{44} \\
&= (\rho_2)_{(1)} \cdot (\rho_2)^{(1)} + (\rho_2)_{(2)} \cdot (\rho_2)^{(2)} + (\rho_2)_{(3)} \cdot (\rho_2)^{(3)} + (\rho_2)_{(4)} \cdot (\rho_2)^{(4)} \\
&= \left(\frac{(1-x)^2}{16}\right) + \left(\frac{(1+x)^2}{16} + \frac{x^2}{4}\right) + \left(\frac{x^2}{4} + \frac{(1+x)^2}{16}\right) + \left(\frac{(1-x)^2}{16}\right) \\
&= \frac{1}{4} + \frac{3}{4}x^2
\end{aligned}$$

Como $x > 0$ e $x < 1$, consequentemente, $x^2 > 0$ e $x^2 < 1$, concluímos que:

$$\frac{1}{4} < \text{traço}(\rho_2^2) < 1.$$

■

Exemplo 1.40

Considere duas matrizes ρ e σ tais que traço(ρ) = traço(σ) = 1 e se defina a matriz $\Omega = \lambda\rho + (1-\lambda)\sigma$, $0 < \lambda < 1$. Mostre que traço(Ω)=1[a].

[a]Na mecânica quântica as matrizes ρ e σ correspondem à chamada matriz densidade e a propriedade demonstrada diz que a soma convexa "$\lambda\rho + (1-\lambda)\sigma$" ainda é uma matriz densidade.

Solução: Como $\Omega = \lambda\rho + (1-\lambda)\sigma$, temos:

$$\text{traço}(\Omega) = \text{traço}(\lambda\rho + (1-\lambda)\sigma)$$

Pela linearidade do traço, segue que:

$$\begin{aligned} \text{traço}(\Omega) &= \text{traço}(\lambda\rho) + \text{traço}((1-\lambda)\sigma) \\ &= \lambda\text{traço}(\rho) + (1-\lambda)\text{traço}(\sigma) \\ &= \text{traço}(\sigma)[\lambda + 1 - \lambda] = 1.1 = 1. \end{aligned}$$

■

1.6 Exercícios

1. Classifique as afirmações em verdadeiras (V) ou falsas (F).

   (a) Se $A \in M_{6\times 4}, B \in M_{m\times n}$ e $B^T A^T \in M_{2\times 6}$, então $m = 4$ e $n = 6$.

   (b) Se A e B são matrizes quadradas de mesma ordem, então $(A+B)^2 = A^2 + 2AB + B^2$.

   (c) Se A, B e C são matrizes tais que AC e BC estão definidas, então A e B devem ter a mesma ordem.

   (d) Se A e B são matrizes quadradas e C é uma matriz qualquer, tais que AC e BC estão definidas, então A e B tem a mesma ordem.

   (e) Se A e B são matrizes tais que AB e BA estão definidas, então A e B devem ser quadradas de mesma ordem.

   (f) Se I é a matriz identidade de ordem 3, O é a matriz nula de ordem 3 e $A = \begin{pmatrix} 1 & 0 & -1 \\ 0 & 2 & 1 \\ 2 & 1 & -2 \end{pmatrix}$, então $I^4(A + O^2)I^3 = A$.

2. Sejam $A = \begin{pmatrix} 1 & 1 \\ 1 & 1 \end{pmatrix}$ e I_2 a identidade de ordem 2×2. Determine $X \in M_{2\times 2}$, tal que $-2(X - 2I_2) = 5X + \dfrac{2}{3}A$.

3. Encontre os escalares k_1, k_2 e k_3, tais que $k_1 \begin{pmatrix} 1 \\ 0 \\ 3 \end{pmatrix} + k_2 \begin{pmatrix} 0 \\ 1 \\ 2 \end{pmatrix} + k_3 \begin{pmatrix} 2 \\ 1 \\ 0 \end{pmatrix} = \begin{pmatrix} 4 \\ 8 \\ 4 \end{pmatrix}$.

4. Determine a matriz definida pelo produto $[D(A-2B)]C$, considerando $A = \begin{pmatrix} 1 & 2 & 3 \\ 2 & 1 & -1 \end{pmatrix}$,

   $B = \begin{pmatrix} -2 & 0 & 1 \\ 3 & 0 & 1 \end{pmatrix}$, $C = \begin{pmatrix} -1 \\ 2 \\ 4 \end{pmatrix}$ e $D = \begin{pmatrix} 2 & -1 \end{pmatrix}$.

5. Determine o valor de k para que se tenha $AB = BA$, onde $A, B \in M_{2\times 2}$ são definidas por $A = \begin{pmatrix} 3 & -4 \\ -5 & 6 \end{pmatrix}$ e $B = \begin{pmatrix} 7 & 4 \\ 5 & k \end{pmatrix}$.

6. Sejam $A, B \in M_{3\times 3}$. Mostre que $AB = [AB^{(1)} \ AB^{(2)} \ AB^{(3)}]$, onde $B^{(1)}, B^{(2)}, B^{(3)}$ são colunas de B.

7. Sejam $V = \begin{pmatrix} 3 \\ 0 \\ 1 \end{pmatrix}$ e $B = \begin{pmatrix} a & 0 & 3 \\ 1 & b & -3 \\ 2 & -1 & 0 \end{pmatrix}$. Determine os valores reais de a e b para que se tenha traço$(B^T B) = 53$ e $BV = 6V$.

8. Seja $P : M_{2\times 2} \to M_{2\times 2}$ a função definida por $P(X) = 2X + 2I$, para $X \in M_{2\times 2}$ e $I \in M_{2\times 2}$ a identidade de ordem 2×2. Determine os valores a, b, c tal que $P(A)$ seja uma matriz nilpotente de índice 2, onde $A = \begin{pmatrix} a & c \\ 0 & b \end{pmatrix} \in M_{2\times 2}$.

9. Mostre que a matriz $A = \begin{pmatrix} 0 & a & a \\ 0 & 0 & a \\ 0 & 0 & 0 \end{pmatrix}$ é nilpotente de índice 3.

10. Sejam $X, I, O \in M_{2\times 2}$, onde I é a matriz identidade, O é a matriz nula e ι é a unidade imaginaria de $\mathbb{C}$ que satisfaz $\iota^2 = -1$. Mostre que $X = \begin{pmatrix} \iota & 0 \\ 0 & \iota \end{pmatrix}$ satisfaz a equação matricial $X^2 + I = O$.

11. Seja $D \in M_{4\times 4}$, definida por $D = \begin{pmatrix} I & A \\ -A & I \end{pmatrix}$, onde $I \in M_{2\times 2}$ é a matriz identidade e $A \in M_{2\times 2}$ é a matriz $A = \begin{pmatrix} 0 & \iota \\ \iota & 0 \end{pmatrix}$, onde $\iota^2 = -1$. Mostre que $D^n = 2^{n-1}D$ para todo $n \in \mathbb{N}^*$.

12. Sejam $A, B \in M_{n\times n}$ duas matrizes simétricas.

    (a) Mostre que $AB - BA$ é antissimétrica.

    (b) Mostre que $AB + BA$ é simétrica.

    (c) Mostre que traço$(AB - BA) = 0$.

(d) O que acontece com $AB - BA$, $AB + BA$ e traço$(AB - BA)$ se as matrizes A e B forem antissimétrica?

13. Sejam $D \in M_{6\times 6}$ definida por $D = \begin{pmatrix} A & O & O \\ O & B & O \\ O & O & C \end{pmatrix}$, onde $A, B, C, O \in M_{2\times 2}$ sendo O a matriz nula.

(a) Mostre que $D^n = \begin{pmatrix} A^n & O & O \\ O & B^n & O \\ O & O & C^n \end{pmatrix}$, para $n \in \mathbb{N}^*$.

(b) Mostre que D é involutiva se A, B e C são involutivas.

(c) Mostre que D é nilpotente se A, B e C são nilpotentes.

14. Sejam $I = \{1, 2, 3, 4\}$, $a : I \times I \to \mathbb{R}$ a função definida por $a(i, j) = (i - j)(i + j)$ e $A \in M_{4\times 4}$ a matriz definida pelos elementos $a_{ij} = a(i, j)$. Obtenha o traço de A.

15. Mostre que $(A + B)^T = A^T + B^T$ para todas $A, B \in M_{m\times n}$.

16. Mostre que $(kA)^T = kA^T$ para toda $A \in M_{m\times n}$ e $k \in \mathbb{C}$.

17. Mostre que $(A^T)^T = A$ para toda $A \in M_{m\times n}$.

18. Mostre que traço(A)=traço(A^T) para toda $A \in M_{m\times n}$.

1.7 Matrizes hermitianas

As *matrizes hermitianas* são uma extensão das matrizes reais simétricas quadradas. Para defini-las, utiliza-se o conjugado dos números complexos e a transposição de matrizes. Faremos isso em etapas para facilitar a compreensão do conceito.

Definição 1.28

Seja $C \in M_{m\times n}(\mathbb{C})$ uma matriz complexa com elementos $c_{ij} = a_{ij} + (b_{ij})\iota$. A *conjugada* de C, denotada por $\overline{C}$, é a matriz $m \times n$ cujos elementos denotados por $\overline{c}_{ij}$ são os conjugados dos elementos de C, isto é, $\overline{c_{ij}} = a_{ij} - (b_{ij})\iota$ para todo $i = 1, .., m$ e todo $j = 1, .., n$, onde $\iota^2 = -1$.

Se C é uma matriz com elementos exclusivamente reais, então a conjugada de C coincide com C, isto é, $\overline{C} = C$.

Definição 1.29

Seja $C \in M_{m \times n}(\mathbb{C})$. A *conjugada transposta* de C, denotada por $C^\dagger$, é a transposta da conjugada de C, isto é, $C^\dagger = (\overline{C})^T$. A transposta da conjugada também pode ser denotada por $\overline{C^T}$, dessa forma, a conjugada transposta de C é $C^\dagger = \overline{C^T}$.

A matriz conjugada transposta da matriz C também é conhecida como *adjunta* de C, *hermitiana* de C e matriz *hermítica* de C.

Observe que, se $C \in M_{m \times n}$ for uma matriz real, então a conjugada transposta $C^\dagger$ coincide com C^T.

Exemplo 1.41

Obtenha a conjugada transposta da matriz $C = \begin{pmatrix} 3\imath & 2+\imath & 1 \\ 1-2\imath & 4 & 1+\imath \end{pmatrix}$.

Solução: Primeiramente, a conjugada de C é:

$$\overline{C} = \begin{pmatrix} -3\imath & 2-\imath & 1 \\ 1+2\imath & 4 & 1-\imath \end{pmatrix}.$$

A conjugada transposta de C é a transposta da conjugada de C, ou seja:

$$C^\dagger = (\overline{C})^T = \begin{pmatrix} -3\imath & 1+2\imath \\ 2-\imath & 4 \\ 1 & 1-\imath \end{pmatrix}.$$

■

Definição 1.30

Uma matriz quadrada $C \in M_{n \times n}(\mathbb{C})$ é chamada *matriz hermitiana* quando ela coincide com sua conjugada transposta, ou seja, $C = C^\dagger$.

A matriz hermitiana também é conhecida como *matriz autoadjunta* e *matriz hermítica*.

Em particular, se C é real e simétrica, então C é hermitiana, pois como $\overline{C} = C$ e $C = C^T$, temos:

$$C^\dagger = \overline{C^T} = \overline{C} = C.$$

Exemplo 1.42

As matrizes de Pauli

$$\sigma_x = \begin{pmatrix} 0 & 1 \\ 1 & 0 \end{pmatrix}, \ \sigma_y = \begin{pmatrix} 0 & -\iota \\ \iota & 0 \end{pmatrix} \text{ e } \sigma_z = \begin{pmatrix} 1 & 0 \\ 0 & -1 \end{pmatrix},$$

são hermitianas.

Exemplo 1.43

Obtenha as matrizes $C \in M_{2\times 2}(\mathbb{C})$ que são hermitianas.

Solução: Seja $C = \begin{pmatrix} a_{11} + (b_{11})\iota & a_{12} + (b_{12})\iota \\ a_{21} + (b_{21})\iota & a_{22} + (b_{22})\iota \end{pmatrix} \in M_{2\times 2}(\mathbb{C})$.

Para que C seja hermitiana, ela deve coincidir com sua conjugada transposta, isto é, $C = C^\dagger$. Como a conjugada transposta de C é:

$$C^\dagger = \overline{C^T} = \overline{\begin{pmatrix} a_{11} + (b_{11})\iota & a_{21} + (b_{21})\iota \\ a_{12} + (b_{12})\iota & a_{22} + (b_{22})\iota \end{pmatrix}} = \begin{pmatrix} a_{11} - (b_{11})\iota & a_{21} - (b_{21})\iota \\ a_{12} - (b_{12})\iota & a_{22} - (b_{22})\iota \end{pmatrix},$$

a igualdade $C = C^\dagger$, implica em:

$$\begin{cases} a_{11} + (b_{11})\iota = a_{11} - (b_{11})\iota \\ a_{12} + (b_{12})\iota = a_{21} - (b_{21})\iota \\ a_{21} + (b_{21})\iota = a_{12} - (b_{12})\iota \\ a_{22} + (b_{22})\iota = a_{22} - (b_{22})\iota \end{cases}.$$

Em cada equação, igualando a parte real do primeiro membro com a parte real do segundo membro e a parte complexa do primeiro membro com a parte complexa do segundo membro, temos:

$$\begin{cases} a_{11} = a_{11} \\ b_{11} = -b_{11} \Rightarrow b_{11} = 0 \\ a_{12} = a_{21} \\ b_{12} = -b_{21} \\ a_{22} = a_{22} \\ b_{22} = -b_{22} \Rightarrow b_{22} = 0 \end{cases}.$$

Logo, as matrizes hermitianas de ordem 2×2 são:

$$A = \begin{pmatrix} a_{11} & a_{12} + (b_{12})\iota \\ a_{12} - (b_{12})\iota & a_{22} \end{pmatrix}.$$

■

Observe que, segundo o Exemplo 1.38, se $C \in M_{n\times n}(\mathbb{C})$ é uma matriz hermitiana, então a componente imaginária dos elementos da diagonal principal da matriz deve ser nula.

Quando $C = -C^\dagger$, a matriz C recebe o nome de anti-hermitiana.

Definição 1.31

Uma matriz quadrada $C \in M_{n\times n}(\mathbb{C})$ é chamada *matriz anti-hermitiana* quando ela coincide com o negativo da sua conjugada transposta, ou seja, $C = -C^\dagger$, isto é, quando seus elementos satisfazem $c_{ij} = -\overline{c_{ji}}$ para todo $i, j = 1, 2, ..n$.

Exemplo 1.44

Mostre que a matriz $C = \begin{pmatrix} -\iota & 3+\iota \\ -3+\iota & 0 \end{pmatrix}$ é anti-hermitiana.

Solução: Calculando os conjugados dos elementos de C e em seguida aplicado a transposição, obtemos a conjugada transposta de C:

$$C^\dagger = \begin{pmatrix} \iota & -3-\iota \\ 3-\iota & 0 \end{pmatrix}.$$

Como $C = -C^\dagger$, concluímos que C é anti-hermitiana.

■

Se a matriz $C \in M_{n\times n}(\mathbb{R})$ for antissimétrica, então ela também será anti-hermitiana. Isto é, se C é real então $C = \overline{C}$ e se C for antissimétrica então $C = -C^T$. Assim

$$C^\dagger = \overline{C^T} = \overline{(-C)} = -\overline{C} = -C.$$

Teorema 1.9

Sejam $A, B \in M_{n\times n}(\mathbb{C})$ e $k \in \mathbb{C}$. Temos:

(i) $(A+B)^\dagger = A^\dagger + B^\dagger$.

(ii) $(kA)^\dagger = \bar{k}A^\dagger$.

(iii) $(A^\dagger)^\dagger = A$.

(iv) $(AB)^\dagger = B^\dagger A^\dagger$.

As demonstrações das propriedades do Teorema 1.9 são similares às do Teorema 1.7 e suas demonstrações serão omitidas.

A operação traço, assim como as matrizes hermitianas, aparecem com frequência no estudo das teorias de Mecânica Quântica. Dessa forma, apresentaremos em seguida algumas propriedades que são úteis no estudo desse assunto.

Teorema 1.10

Sejam $A, B \in M_{n\times n}(\mathbb{C})$ e $k \in \mathbb{C}$. Temos:

(i) $\text{traço}(A^\dagger) = \overline{\text{traço}(A)}$.

(ii) $\overline{\text{traço}(A^\dagger B)} = \text{traço}(AB^\dagger)$.

(iii) $\text{traço}(A^T B) = \text{traço}(AB^T) = \text{traço}(B^T A) = \text{traço}(BA^T)$.

Demonstração:

(i) De acordo com as definições de traço, matriz hermitiana e linearidade da operação de conjugação complexa, temos:

$$\begin{aligned}
\text{traço}(A^\dagger) &= \sum_{i=1}^{n} A^\dagger_{ii} \\
&= \sum_{i=1}^{n} \overline{A^T}_{ii} \\
&= \overline{\sum_{i=1}^{n} A^T{}_{ii}}.
\end{aligned}$$

Agora, como os elementos da diagonal principal de uma matriz coincidem com os elementos da diagonal principal de sua transposta, isto é, $A^T{}_{ii} = A_{ii}$ e dessa forma, concluímos que:

$$\text{traço}(A^\dagger) = \overline{\sum_{i=1}^{n} A_{ii}} = \overline{\text{traço} A}.$$

(ii) Como os elementos da diagonal principal de $A^\dagger B$ são da forma $A^\dagger_{ik} B_{ki}$, pela definição de traço, temos:

$$\overline{\text{traço}(A^\dagger B)} = \overline{\sum_{i=1}^{n} (A^\dagger B)_{ii}} = \overline{\sum_{i=1}^{n} \left(\sum_{k=1}^{n} A^\dagger_{ik} B_{ki} \right)}.$$

Pela linearidade da conjugação complexa, $\overline{\sum_{i=1}^n \left(\sum_{k=1}^n A^\dagger_{ik} B_{ki}\right)} = \sum_{i=1}^n \left(\sum_{k=1}^n \overline{A^\dagger_{ik} B_{ki}}\right) = \sum_{i=1}^n \left(\sum_{k=1}^n \overline{A^\dagger_{ik}}\,\overline{B_{ki}}\right)$ e como $A^\dagger = \overline{A^T}$, temos $\overline{A^\dagger_{ik}} = \overline{\overline{A^T}} = A^T$. Dessa forma, segue que:

$$\begin{aligned}
\overline{\text{traço}(A^\dagger B)} &= \sum_{i=1}^{n} \sum_{k=1}^{n} A^T_{ik} \overline{B}_{ki} = \sum_{i=1}^{n} \sum_{k=1}^{n} A_{ki} \overline{B}_{ki} = \sum_{i=1}^{n} \sum_{k=1}^{n} A_{ki} \overline{B^T}_{ik} \\
&= \sum_{i=1}^{n} \sum_{k=1}^{n} A_{ki} {B^\dagger}_{ik} = \sum_{i=1}^{n} \left(AB^\dagger\right)_{ii} = \text{traço}(AB^\dagger).
\end{aligned}$$

■

Exemplo 1.45

Verifique a validade do item (i) do Teorema 1.10 para a seguinte matriz:

$$A = \begin{pmatrix} 2+\iota & \iota \\ -\iota & 3+\iota \end{pmatrix}.$$

Solução: Como

$$A^\dagger = \overline{\begin{pmatrix} 2+\iota & \iota \\ -\iota & 3+\iota \end{pmatrix}^T} = \overline{\begin{pmatrix} 2+\iota & -\iota \\ \iota & 3+\iota \end{pmatrix}} = \begin{pmatrix} 2-\iota & \iota \\ -\iota & 3-\iota \end{pmatrix},$$

segue que:

$$\text{traço}(A^\dagger) = 5 - 2\iota.$$

Por outro lado,

$$\overline{\text{traço}(A)} = \overline{5+2\iota} = 5 - 2\iota,$$

verificando a validade da igualdade.

■

Exemplo 1.46

Seja $C = \begin{pmatrix} 3-\iota & 1 & 2\iota \\ -1 & 1+\iota & 4 \\ -2 & 1+3\iota & 2-\iota \end{pmatrix}$. Obtenha:

(a) $C^\dagger$

(b) traço$(C^\dagger)$

(c) $\overline{\text{traço}(C)}$

Solução:

(a) Calculando os conjugados dos elementos de C e em seguida aplicando a transposição, temos:

$$C^\dagger = \overline{(C^T)} = \begin{pmatrix} 3+\iota & -1 & -2 \\ 1 & 1-\iota & 1-3\iota \\ -2\iota & 4 & 2+\iota \end{pmatrix}.$$

(b) traço$(C^\dagger) = 6 + \iota$.

(c) traço$(C) = 6 + \iota$.

Observe que a matriz C satisfaz a propriedade traço$(C^\dagger) = \overline{\text{traço}(C)}$, como garantido no Teorema 1.10.

■

Exemplo 1.47

Mostre que as matrizes $A = \sigma_x + i\sigma_y$ e $B = \sigma_z$ satisfazem traço$((A\,B)^\dagger) = 0$.

Solução: Pelo Teorema 1.9, temos que:

$$(A\,B)^\dagger = B^\dagger A^\dagger = (\sigma_z)^\dagger(\sigma_x + \iota\sigma_y)^\dagger.$$

Utilizando as propriedades de traço dadas nos itens (i) e (ii) do Teorema 1.8, podemos escrever:

$$(A\,B)^\dagger = (\sigma_z)^\dagger(\sigma_x^\dagger + (\iota\sigma_y)^\dagger) = (\sigma_z)^\dagger(\sigma_x^\dagger + \bar{\iota}(\sigma_y)^\dagger).$$

Como as matrizes de Pauli são hermitianas, segue que:

$$(A\,B)^\dagger = (\sigma_z)(\sigma_x - \iota\sigma_y) = \sigma_z\sigma_x - \iota\sigma_z\sigma_y.$$

Por fim, substituindo $\sigma_z\sigma_x = \begin{pmatrix} 0 & 1 \\ -1 & 0 \end{pmatrix}$ e $\sigma_z\sigma_y = \begin{pmatrix} 0 & -\iota \\ -\iota & 0 \end{pmatrix}$, obtemos:

$$(A\,B)^\dagger = \begin{pmatrix} 0 & 1 \\ -1 & 0 \end{pmatrix} - \iota \begin{pmatrix} 0 & -\iota \\ -\iota & 0 \end{pmatrix} = \begin{pmatrix} 0 & 0 \\ -2 & 0 \end{pmatrix}$$

e concluímos que traço$((A\,B)^\dagger) = 0$.

■

1.8 Exercícios

1. Seja $A \in M_{n\times n}(\mathbb{C})$. Mostre que se $A = A^\dagger$, então traço(A) é real.

2. Seja $A \in M_{n\times n}(\mathbb{C})$. Mostre que se $A = -A^\dagger$, então traço(A) é imaginário puro.

3. Seja $A \in M_{n\times n}(\mathbb{C})$. Mostre que se A é anti-hermitiana e real, então traço$(A) = 0$.

4. Sejam a, b, c números reais arbitrários e $\rho = \dfrac{1}{2}(I + a\sigma_x + b\sigma_y + c\sigma_z)$ uma matriz de ordem 2×2, onde I é a identidade de ordem 2×2 e

$$\sigma_x = \begin{pmatrix} 0 & 1 \\ 1 & 0 \end{pmatrix},\ \sigma_y = \begin{pmatrix} 0 & -\iota \\ \iota & 0 \end{pmatrix} \text{ e } \sigma_z = \begin{pmatrix} 1 & 0 \\ 0 & -1 \end{pmatrix},$$

   são as *matrizes de Pauli*. Verifique que traço(ρ)=1.

5. Demonstrar o item (iii) do Teorema 1.10.

6. Prove que qualquer matriz hermitiana quadrada de ordem 2×2 de traço nulo pode ser escrita como soma combinada de matrizes de Pauli.

CAPÍTULO 2

OPERAÇÕES ELEMENTARES E ESCALONAMENTO

2.1 Operações elementares

Definição 2.1

As seguintes operações que se aplicam nas linhas de uma matriz são chamadas *operações elementares*:

1. Multiplicar a r-ésima linha por um escalar $\alpha \neq 0$. Notação: $L_r \to \alpha L_r$.

2. Permutar a r-ésima linha com a s-ésima linha. Notação: $L_r \leftrightarrow L_s$.

3. Somar à r-ésima linha um múltiplo da s-ésima linha. Notação: $L_r \to L_r + \alpha L_s$, $\alpha \neq 0$, onde $\alpha \in \mathbb{R}$ ou $\mathbb{C}$.

Observação 2.1

As operações elementares podem ser aplicadas tanto nas linhas quanto nas colunas de uma matriz. Quando aplicadas nas colunas elas serão indicadas com as seguintes notações: $C_r \to \alpha C_r$, $C_r \leftrightarrow C_s$ e $C_r \to C_r + \alpha C_s$.

Definição 2.2

Se $B \in M_{m\times n}$ é a matriz obtida da aplicação de uma operação elementar em uma linha ou coluna da matriz $A \in M_{m\times n}$, então diremos que A e B são *equivalentes por linha*, o que será denotado por $A \sim B$.

Exemplo 2.1

Obtenha a matriz equivalente por linhas à matriz $A = \begin{pmatrix} 0 & 3 & -1 & 2 \\ 3 & 0 & 1 & -3 \\ 1 & 4 & 6 & 9 \end{pmatrix}$ obtida com a operação elementar $L_1 \leftrightarrow L_3$.

Solução: A operação elementar $L_1 \leftrightarrow L_3$ permuta as linhas $A_{(1)}$ e $A_{(3)}$ dando origem à matriz equivalente:

$$B = \begin{pmatrix} 1 & 4 & 6 & 9 \\ 3 & 0 & 1 & -3 \\ 0 & 3 & -1 & 2 \end{pmatrix}.$$

Podemos escrever:

$$A = \begin{pmatrix} 0 & 3 & -1 & 2 \\ 3 & 0 & 1 & -3 \\ 1 & 4 & 6 & 9 \end{pmatrix} \sim \begin{pmatrix} 1 & 4 & 6 & 9 \\ 3 & 0 & 1 & -3 \\ 0 & 3 & -1 & 2 \end{pmatrix} = B$$

■

Exemplo 2.2

Obtenha a matriz equivalente por linhas à matriz $A = \begin{pmatrix} 2 & 4 & 1 & 6 \\ 3 & -2 & 1 & 6 \\ 3 & 8 & 0 & -1 \end{pmatrix}$ obtida com a operação elementar $L_1 \rightarrow \frac{1}{2}L_1$.

Solução: A operação elementar $L_1 \rightarrow \frac{1}{2}L_1$ divide por 2 os elementos da linha $A_{(1)}$ e dá origem à seguinte matriz equivalente:

$$B = \begin{pmatrix} 1 & 2 & \frac{1}{2} & 3 \\ 3 & -2 & 1 & 6 \\ 3 & 8 & 0 & -1 \end{pmatrix}.$$

Dessa forma, temos:

$$A = \begin{pmatrix} 2 & 4 & 1 & 6 \\ 3 & -2 & 1 & 6 \\ 3 & 8 & 0 & -1 \end{pmatrix} \sim \begin{pmatrix} 1 & 2 & \frac{1}{2} & 3 \\ 3 & -2 & 1 & 6 \\ 3 & 8 & 0 & -1 \end{pmatrix} = B$$

■

Exemplo 2.3

Obtenha a matriz equivalente por linhas à matriz $A = \begin{pmatrix} 1 & 2 & 0 & 1 \\ 0 & 1 & -1 & 3 \\ 2 & 1 & -2 & 1 \end{pmatrix}$ obtida com a operação elementar $L_3 \to L_3 - 2L_1$

Solução: A operação elementar $L_3 \to L_3 - 2L_1$ substitui a linha $A_{(3)}$ pela linha (matriz linha) obtida com o seguinte cálculo (utilizando as matrizes linhas):

$$A_{(3)} - 2A_{(1)} = [2 \ \ 1 \ \ -2 \ \ 1] - 2[1 \ \ 2 \ \ 0 \ \ 1] = [2 \ \ 1 \ \ -2 \ \ 1] - [2 \ \ 4 \ \ 0 \ \ 2] = [0 \ \ -3 \ \ -2 \ \ -1]$$

dando origem à seguinte matriz equivalente à A:

$$B = \begin{pmatrix} 1 & 2 & 0 & 1 \\ 0 & 1 & -1 & 3 \\ 0 & -3 & -2 & -1 \end{pmatrix}$$

e, portanto:

$$A = \begin{pmatrix} 1 & 2 & 0 & 1 \\ 0 & 1 & -1 & 3 \\ 2 & 1 & -2 & 1 \end{pmatrix} \sim \begin{pmatrix} 1 & 2 & 0 & 1 \\ 0 & 1 & -1 & 3 \\ 0 & -3 & -2 & -1 \end{pmatrix} = B$$

■

Exemplo 2.4

Obtenha a matriz equivalente por colunas à matriz $A = \begin{pmatrix} 1 & 2 & 0 & 1 \\ 0 & 1 & -1 & 3 \\ 2 & 1 & -2 & 1 \end{pmatrix}$ obtida com a operação elementar $C_2 \to C_2 - 2C_1$

Solução: A operação elementar $C_2 \to C_2 - 2C_1$ substitui a coluna $A^{(2)}$ pela coluna obtida com o seguinte cálculo (utilizando as matrizes colunas):

$$A^{(2)} - 2A^{(1)} = \begin{pmatrix} 2 \\ 1 \\ 1 \end{pmatrix} - 2\begin{pmatrix} 1 \\ 0 \\ 2 \end{pmatrix} = \begin{pmatrix} 2 \\ 1 \\ 1 \end{pmatrix} - \begin{pmatrix} 2 \\ 0 \\ 4 \end{pmatrix} = \begin{pmatrix} 0 \\ 1 \\ -3 \end{pmatrix}$$

dando origem à seguinte matriz equivalente à A:

$$B = \begin{pmatrix} 1 & 0 & 0 & 1 \\ 0 & 1 & -1 & 3 \\ 2 & -3 & -2 & 1 \end{pmatrix}$$

e, portanto:

$$A = \begin{pmatrix} 1 & 2 & 0 & 1 \\ 0 & 1 & -1 & 3 \\ 2 & 1 & -2 & 1 \end{pmatrix} \sim \begin{pmatrix} 1 & 0 & 0 & 1 \\ 0 & 1 & -1 & 3 \\ 2 & -3 & -2 & 1 \end{pmatrix} = B$$

■

Observação 2.2

Podemos usar a transposta e escrever o cálculo $A_{(3)} - 2A_{(1)}$ do Exemplo 2.3 da seguinte forma:

$$A_{(3)} - 2A_{(1)} = \begin{pmatrix} 2 \\ 1 \\ -2 \\ 1 \end{pmatrix}^T - 2\begin{pmatrix} 1 \\ 2 \\ 0 \\ 1 \end{pmatrix}^T = \begin{pmatrix} 2 \\ 1 \\ -2 \\ 1 \end{pmatrix}^T - \begin{pmatrix} 2 \\ 4 \\ 0 \\ 2 \end{pmatrix}^T = \begin{pmatrix} 0 \\ -3 \\ -2 \\ -1 \end{pmatrix}^T$$

Observação 2.3

A partir de uma matriz A podemos aplicar operações elementares de forma sucessiva, por exemplo, se $A \sim B_1$, $B_1 \sim B_2, \cdots$, $B_k \sim B$, então podemos dizer que A e B são equivalentes por linha, pois existe uma sequência de operações elementares que leva A em B.

Exemplo 2.5

Considere a matriz $A = \begin{pmatrix} 1 & -1 & 0 & 2 \\ 3 & 2 & -1 & 4 \\ -2 & 1 & 2 & 1 \end{pmatrix}$. Determine a matriz B obtida aplicando a operação elementar $L_2 \to L_2 - 3L_1$ em A. Em seguida, determine a matriz C obtida aplicando em B a operação elementar $L_3 \to L_3 + 2L_1$. Conclua que as matrizes A e C são equivalentes por linha.

Solução: A operação elementar $L_2 \to L_2 - 3L_1$ aplicada em A troca a linha $A_{(2)}$ pela seguinte linha:

$$A_{(2)} - 3A_{(3)} = [3\ \ 2\ \ -1\ \ 4] - 3[1\ \ -1\ \ 0\ \ 2] = [3\ \ 2\ \ -1\ \ 4] - [3\ \ -3\ \ 0\ \ 6] = [0\ \ 5\ \ -1\ \ -2],$$

com isso, temos:

$$A = \begin{pmatrix} 1 & -1 & 0 & 2 \\ 3 & 2 & -1 & 4 \\ -2 & 1 & 2 & 1 \end{pmatrix} \sim \begin{pmatrix} 1 & -1 & 0 & 2 \\ 0 & 5 & -1 & -2 \\ -2 & 1 & 2 & 1 \end{pmatrix} = B.$$

Agora, a operação $L_3 \to L_3 + 2L_1$ aplicada na matriz B troca a linha $B_{(3)}$ pela linha obtida com o seguinte cálculo:

$$B_{(3)} + 2B_{(1)} = [-2 \;\; 1 \;\; 2 \;\; 1] + 2[1 \;\; -1 \;\; 0 \;\; 2] = [-2 \;\; 1 \;\; 2 \;\; 1] + [2 \;\; -2 \;\; 0 \;\; 4] = [0 \;\; -1 \;\; 2 \;\; 5]$$

e dá origem à matriz:

$$C = \begin{pmatrix} 1 & -1 & 0 & 2 \\ 0 & 5 & -1 & -2 \\ 0 & -1 & 2 & 5 \end{pmatrix}.$$

Logo, temos:

$$A = \begin{pmatrix} 1 & -1 & 0 & 2 \\ 3 & 2 & -1 & 4 \\ -2 & 1 & 2 & 1 \end{pmatrix} \sim \begin{pmatrix} 1 & -1 & 0 & 2 \\ 0 & 5 & -1 & -2 \\ -2 & 1 & 2 & 1 \end{pmatrix} \sim \begin{pmatrix} 1 & -1 & 0 & 2 \\ 0 & 5 & -1 & -2 \\ 0 & -1 & 2 & 5 \end{pmatrix} = C.$$

■

2.2 Matrizes escalonadas

Definição 2.3

Seja $A \in M_{m \times n}$. O primeiro elemento não nulo da linha $A_{(i)}$ é chamado de *pivô* ou *elemento líder* da linha $A_{(i)}$. Se $A_{(i)}$ é uma linha nula, então ela não possui pivô.

Definição 2.4

Uma matriz $A \in M_{m \times n}$ é chamada de *matriz escalonada* ou *matriz escada* quando às seguintes condições são atendidas:

1. Se existir linhas nulas, então elas devem estar localizadas após linhas não nulas.
2. O pivô de uma linha está em uma coluna à direita do pivô de qualquer linha acima dela.

As condições 1 e 2 juntas garantem à matriz um formato de "escada".

Exemplo 2.6

As matrizes abaixo são escalonadas:

(a) $\begin{pmatrix} 1 & 4 & -3 & 7 \\ 0 & 3 & 6 & 2 \\ 0 & 0 & 5 & 2 \end{pmatrix}$ (c) $\begin{pmatrix} 1 & -4 & 2 & 6 & 0 \\ 0 & 0 & 1 & -1 & 6 \\ 0 & 0 & 0 & 0 & 0 \end{pmatrix}$

(b) $\begin{pmatrix} 3 & 1 & 0 \\ 0 & 5 & -2 \\ 0 & 0 & 0 \end{pmatrix}$ (d) $\begin{pmatrix} 1 & 0 & 0 \\ 0 & 1 & 0 \end{pmatrix}$

Exemplo 2.7

As matrizes abaixo não são escalonadas:

(a) $\begin{pmatrix} 2 & 4 & -3 & 7 \\ 0 & 0 & 0 & 0 \\ 0 & 0 & 3 & 5 \end{pmatrix}$ (c) $\begin{pmatrix} 0 & 1 & 2 & 6 & 0 \\ 1 & 0 & 1 & -1 & 0 \\ 0 & 0 & 0 & 0 & 1 \end{pmatrix}$

(b) $\begin{pmatrix} 1 & 2 & -5 \\ 1 & 1 & 0 \\ 0 & 0 & 0 \end{pmatrix}$ (d) $\begin{pmatrix} 0 & 0 & 0 \\ 0 & 3 & 0 \end{pmatrix}$

Teorema 2.1: Eliminação de Gauss

Toda matriz $A \in M_{m \times n}$ é equivalente por linhas a pelo menos uma matriz escalonada.

Se A é uma matriz nula, então A já está na forma escalonada. Suponha que A seja não nula. Dessa forma, existirá pelo menos uma matriz escalonada equivalente por linhas à A e os passos usados para obtê-la definem o algoritmo conhecido por *eliminação de Gauss* ou *eliminação gaussinana* e constituem a a demonstração do Teorema 2.1.

ELIMINAÇÃO DE GAUSS

Passo 1: Identifique a primeira coluna não nula A a partir da linha $A_{(1)}$. Suponha que seja $A^{(j)}$, $j \leq n$, isto é, existe $a_{ij} \neq 0$ para algum $i = 1, 2, \cdots, m$.

Passo 2: O elemento a_{1j} deve ser não nulo (pivô da primeira linha). Se $a_{1j} = 0$, então escolha $A_{(r)}$ com $a_{rj} \neq 0$ e permute as linhas $A_{(1)}$ e $A_{(r)}$ usando a operação:

$$L_1 \leftrightarrow L_r.$$

Passo 3: Os elementos da coluna $A^{(j)}$ (coluna do pivô) localizados abaixo de $a_{1j} \neq 0$ (pivô) devem ser nulos, então para $2 \leq s \leq m$, faça:

$$L_s \to L_s - \frac{a_{sj}}{a_{1j}} L_1.$$

O primerio ciclo do algoritmo é finalizado e seja B a matriz equivalente por linhas à A, obtida ao final do passo 3, isto é, $A \sim B$.

Passo 4: Para inciar o segundo ciclo, identifique a primeira coluna de B com elementos não nulos a partir da linha $B_{(2)}$. Suponha que seja $B^{(j)}$, $j \leq n$, isto é, existe $b_{ij} \neq 0$ para algum $i = 2, \cdots, m$.

Passo 5: O elemento b_{2j} deve ser não nulo (pivô da linha $B_{(2)}$). Se $b_{2j} = 0$, então escolha $B_{(r)}$ com $b_{rj} \neq 0$ e permute $B_{(2)}$ e $B_{(r)}$ usando a operação:

$$L_2 \leftrightarrow L_r.$$

Passo 6: Os elementos da coluna $B^{(j)}$ (coluna do pivô) localizados abaixo de b_{2j} (pivô) devem ser nulos, então para $3 \leq s \leq m$, faça:

$$L_s \to L_s - \frac{b_{sj}}{b_{2j}} L_2.$$

O segundo ciclo está finalizado. Seja C a matriz equivalente por linhas à B, obtida ao final do passo 6. Assim, $A \sim B \sim C$.

Continue esse processo até chegar no m-ésimo ciclo. No ciclo m, se existir coluna com elementos não nulos a partir da m-ésima linha, então o elemento a_{mj} será o pivô e, como não existem elementos abaixo dele, o algoritmo é finalizado. Caso contrário, se não existir coluna com elementos não nulos a partir da m-ésima linha, o algoritmo é finalizado.

Exemplo 2.8

Encontre uma matriz escalonada equivalente por linhas à matriz

$$A = \begin{pmatrix} 1 & 0 & -1 & 0 \\ 3 & 3 & 0 & 1 \\ 0 & -2 & -6 & 2 \end{pmatrix}.$$

Solução: Como A possui três linhas, o algoritmo eliminação de Gauss terá no máximo três ciclos.

$$A = \begin{pmatrix} 1 & 0 & -1 & 0 \\ 3 & 3 & 0 & 1 \\ 0 & -2 & -6 & 2 \end{pmatrix} \tag{2.1}$$

Para iniciar, observe que a primeira coluna de A possui elementos não nulos a partir da primeira linha e como o elemento a_{11} é não nulo, ele é o pivô da linha $A_{(1)}$. Em seguida, devemos zerar os elementos abaixo do pivô.

Operação aplicada em (2.1): $L_2 \to L_2 - 3L_1$

$$B = \begin{pmatrix} 1 & 0 & -1 & 0 \\ 0 & 3 & 3 & 1 \\ 0 & -2 & -6 & 2 \end{pmatrix} \tag{2.2}$$

O primeiro ciclo foi finalizado. Para iniciar o segundo ciclo, observe que $B^{(2)}$ é a primeira coluna com elementos não nulos a partir da linha $B_{(2)}$. Como o elemento $b_{22} = 3$ é diferente de zero, ele é o pivô desta linha e os elementos abaixo dele devem ser nulos.

Operação aplicada em (2.2): $L_3 \to L_3 + \dfrac{2}{3}L_2$

$$C = \begin{pmatrix} 1 & 0 & -1 & 0 \\ 0 & 3 & 3 & 1 \\ 0 & 0 & -4 & \frac{8}{3} \end{pmatrix}. \tag{2.3}$$

No último ciclo, observe que $C^{(3)}$ é a primeira coluna com elementos não nulos a partir da linha $C_{(3)}$ e como não existem elementos abaixo de $c_{33} = -4$, o algoritmo é finalizado.

Logo, C é uma matriz escalonada equivalente por linhas à A.

■

Exemplo 2.9

Encontre uma matriz escalonada equivalente por linhas à matriz

$$A = \begin{pmatrix} 0 & 0 & -2 & 0 & 7 & 12 \\ 2 & 4 & -10 & 6 & 12 & 28 \\ 2 & 4 & -5 & 6 & -5 & -1 \end{pmatrix}.$$

Solução: Como A possui três linhas, o algoritmo eliminação de Gauss terá no máximo três ciclos.

$$A = \begin{pmatrix} 0 & 0 & -2 & 0 & 7 & 12 \\ 2 & 4 & -10 & 6 & 12 & 28 \\ 2 & 4 & -5 & 6 & -5 & -1 \end{pmatrix}. \tag{2.4}$$

No primeiro ciclo, observe que $A^{(1)}$ é a primeira coluna com elementos não nulos a partir da linha $A_{(1)}$ e como $a_{11} = 0$, devemos fazer uma permutação de linhas.

Operação aplicada em (2.4): $L_1 \leftrightarrow L_2$

$$B = \begin{pmatrix} 2 & 4 & -10 & 6 & 12 & 28 \\ 0 & 0 & -2 & 0 & 7 & 12 \\ 2 & 4 & -5 & 6 & -5 & -1 \end{pmatrix} \tag{2.5}$$

Para finalizar o primeiro ciclo, devemos zerar os elementos abaixo do pivô.

Operação aplicada em (2.5): $L_3 \to L_3 - 2L_1$

$$C = \begin{pmatrix} 2 & 4 & -10 & 6 & 12 & 28 \\ 0 & 0 & -2 & 0 & 7 & 12 \\ 0 & 0 & 5 & 0 & -17 & -29 \end{pmatrix} \tag{2.6}$$

No segundo ciclo, observe que $C^{(3)}$ é a primeira coluna de C com elementos não nulos a partir da linha $C_{(2)}$ e como $c_{23} = -2 \neq 0$ ele é o pivô da linha $C_{(2)}$. Para finalizar o segundo ciclo, devemos zerar os elementos abaixo do pivô.

Operação aplicada em (2.6): $L_3 \to L_3 + \frac{5}{2}L_2$:

$$D = \begin{pmatrix} 2 & 4 & -10 & 6 & 12 & 28 \\ 0 & 0 & -2 & 0 & 7 & 12 \\ 0 & 0 & 0 & 0 & \frac{1}{2} & 1 \end{pmatrix}. \tag{2.7}$$

No terceiro ciclo, observe que $D^{(4)}$ é a primeira coluna com elementos não nulos a partir da linha $D_{(3)}$ e $d_{34} = \frac{1}{2}$ é o pivô da linha $D_{(3)}$. Como não existem elementos abaixo dele, o algoritmo está finalizado.

Logo, D é uma matriz escalonada equivalente por linhas à matriz A.

■

Exemplo 2.10

Encontre uma matriz escalonada equivalente por linhas à matriz

$$A = \begin{pmatrix} 1 & 2 & 0 & -3 & 1 & 0 & 2 \\ 1 & 2 & 1 & -3 & 1 & 2 & 3 \\ 1 & 2 & 0 & -3 & 2 & 1 & 4 \\ 3 & 6 & 1 & -9 & 4 & 3 & 9 \end{pmatrix}. \tag{2.8}$$

Solução: Como A possui quatro linhas, o algoritmo eliminação de Gauss terá no máximo quatro ciclos.

Para iniciar, observe que $A^{(1)}$ é a primeira coluna com elementos não nulos a partir da linha $A_{(1)}$. Como o elemento $a_{11} = 1 \neq 0$ ele é o pivô desta linha. Para concluir o primeiro ciclo, devemos zerar os elementos abaixo do pivô.

Operações aplicadas em (2.8): $L_2 \to L_2 - L_1$, $L_3 \to L_3 - L_1$ e $L_4 \to L_4 - 3L_1$

$$B = \begin{pmatrix} 1 & 2 & 0 & -3 & 1 & 0 & 2 \\ 0 & 0 & 1 & 0 & 0 & 2 & 1 \\ 0 & 0 & 0 & 0 & 1 & 1 & 2 \\ 0 & 0 & 1 & 0 & 1 & 3 & 3 \end{pmatrix} \tag{2.9}$$

No segundo ciclo, observe que $B^{(3)}$ é a primeira coluna de B com elementos não nulos a partir de $B_{(2)}$. Como $b_{23} = 1 \neq 0$ ele é o pivô da linha $B_{(2)}$. Para finalizar o segundo ciclo, devemos zerar os elementos abaixo do pivô.

Operação aplicada em (2.9): $L_4 \to L_4 - L_2$

$$C = \begin{pmatrix} 1 & 2 & 0 & -3 & 1 & 0 & 2 \\ 0 & 0 & 1 & 0 & 0 & 2 & 1 \\ 0 & 0 & 0 & 0 & 1 & 1 & 2 \\ 0 & 0 & 0 & 0 & 1 & 1 & 2 \end{pmatrix} \tag{2.10}$$

No terceiro ciclo, $C^{(5)}$ é a primeira coluna com elementos não nulos a partir da linha $C_{(3)}$. O elemento $c_{35} = 1 \neq 0$ é o pivô desta linha. O ciclo é finalizado zerando os elementos abaixo do pivô.

Operação aplicada em (2.10): $L_4 \to L_4 - L_3$

$$D = \begin{pmatrix} 1 & 2 & 0 & -3 & 1 & 0 & 2 \\ 0 & 0 & 1 & 0 & 0 & 2 & 1 \\ 0 & 0 & 0 & 0 & 1 & 1 & 2 \\ 0 & 0 & 0 & 0 & 0 & 0 & 0 \end{pmatrix}. \tag{2.11}$$

Como não existe coluna com elementos não nulos a partir da linha $D_{(4)}$, o processo está finalizado.

Logo, D é uma matriz escalonada equivalente por linhas à matriz A.

■

2.3 Exercícios

1. Qual das matrizes abaixo é escalonada?

$$A = \begin{pmatrix} -8 & 11 & 2 & 1 \\ 0 & 1 & 3 & 5 \\ 1 & 0 & 2 & -6 \end{pmatrix} \quad B = \begin{pmatrix} 2 & 1 & 0 & 6 \\ 0 & 0 & 1 & 4 \\ 0 & 0 & 0 & 3 \end{pmatrix} \quad C = \begin{pmatrix} 1 & -2 & 2 & 5 \\ 0 & 8 & 0 & 0 \\ 0 & 0 & 0 & 0 \\ 0 & 8 & 2 & 5 \end{pmatrix}$$

2. Encontre uma matriz escalonada equivalente por linhas às matrizes abaixo:

(a) $\begin{pmatrix} 1 & -2 & 1 & 0 \\ 0 & 2 & -8 & 8 \\ -4 & 5 & 9 & -9 \end{pmatrix}$.

(b) $\begin{pmatrix} 0 & 1 & -4 & 8 \\ 2 & -3 & 2 & 1 \\ 5 & -8 & 7 & 1 \end{pmatrix}$.

(c) $\begin{pmatrix} 1 & -2 & 3 & 0 \\ 3 & 6 & -3 & 0 \\ 6 & 6 & 3 & 0 \end{pmatrix}$.

(d) $\begin{pmatrix} 1 & 2 & 3 & 9 \\ 2 & -1 & 1 & 8 \\ 3 & 0 & -1 & 3 \end{pmatrix}$.

(e) $\begin{pmatrix} 1 & 1 & 2 & -5 & 3 \\ 1 & -3 & 2 & 7 & -5 \\ -1 & -5 & -2 & 17 & -11 \\ 2 & 2 & 4 & -10 & 6 \end{pmatrix}$.

(f) $\begin{pmatrix} 1 & 1 & 1 & 1 & 0 \\ 1 & 0 & 0 & 1 & 0 \\ 1 & 2 & 1 & 0 & 0 \end{pmatrix}$.

2.4 Matriz escalonada reduzida

Quando uma matriz escalonada $A \in M_{m \times n}$ atende mais algumas condições específicas, ela é chamada de *escalonada reduzida*.

Definição 2.5

Uma matriz $A \in M_{m \times n}$ é escalonada reduzida se as seguintes condições são satisfeitas:

1. $A \in M_{m \times n}$ é uma matriz escalonada.
2. O pivô de cada linha é igual a 1.
3. Se $A^{(k)}$ possui pivô, então os demais alementos de $A^{(k)}$ são nulos.

Observação 2.4

Enquanto os pivôs da matriz escalonada podem ser qualquer número não nulo, os da matriz escalonada reduzida devem ser todos iguais a 1.

Exemplo 2.11

As matrizes abaixo são escalonadas reduzidas:

(a) $\begin{pmatrix} 1 & 0 & 0 & 7 \\ 0 & 1 & 0 & 2 \\ 0 & 0 & 1 & 0 \end{pmatrix}$ (c) $\begin{pmatrix} 1 & -4 & 0 & 0 & 0 \\ 0 & 0 & 1 & -1 & 4 \\ 0 & 0 & 0 & 0 & 0 \end{pmatrix}$

(b) $\begin{pmatrix} 1 & 0 & 0 \\ 0 & 1 & -1 \\ 0 & 0 & 0 \end{pmatrix}$ (d) $\begin{pmatrix} 1 & 0 & 0 \\ 0 & 1 & 0 \end{pmatrix}$

Exemplo 2.12

As matrizes abaixo não são escalonadas reduzidas:

(a) $\begin{pmatrix} 6 & 3 & 0 & 7 \\ 0 & 3 & 0 & 2 \\ 0 & 0 & 5 & 0 \end{pmatrix}$ (c) $\begin{pmatrix} 1 & -4 & 2 & 0 & 0 \\ 0 & 0 & 1 & -1 & 4 \\ 0 & 0 & 1 & 0 & 0 \end{pmatrix}$

(b) $\begin{pmatrix} 3 & 1 & 4 \\ 0 & 5 & -1 \\ 0 & 0 & 0 \end{pmatrix}$ (d) $\begin{pmatrix} 1 & 2 & 0 \\ 0 & 1 & 0 \end{pmatrix}$

Teorema 2.2: Eliminação de Gauss-Jordan

Toda matriz $A \in M_{m \times n}$ é equivalente por linhas a apenas uma matriz escalonada reduzida.

A demonstração do Teorema 2.2 consiste no próprio algoritmo usado para obter a matriz escalonada reduzida equivalente por linhas à matriz dada. Esse algoritmo recebe o nome de *eliminação de Gauss-Jordan* e possui passos semelhantes aos passos do algoritmo eliminação de Gauss.

ELIMINAÇÃO DE GAUSS-JORDAN

Passo 1: Identifique, a partir da linha $A_{(1)}$, a primeira coluna não nula de coeficientes de A. Suponha que seja $A^{(j)}$, $j \leq n$, isto é, $a_{ij} \neq 0$ para algum $i = 1, 2, \cdots, m$.

Passo 2: O elemento a_{1j} deve ser não nulo. Se $a_{1j} = 0$, escolha uma linha $A_{(r)}$ com $a_{rj} \neq 0$ e permute $A_{(1)}$ e $A_{(r)}$ usando a operação:

$$L_1 \leftrightarrow L_r.$$

Passo 3: O elemento a_{1j} deve igual a 1. Se $a_{1j} \neq 1$ realize a operação:

$$L_1 \leftrightarrow \frac{1}{a_{1j}} L_1.$$

Passo 4: Os elementos da coluna $A^{(j)}$ (coluna do pivô) diferentes de a_{1j} (pivô) devem ser nulos. Então, para $s \neq 1$, faça:

$$L_s \to L_s - a_{sj} L_1.$$

Seja B a matriz obtida ao final do passo 4, isto é, $A \sim B$.

Passo 5: Identifique a primeira coluna não nula a partir da linha $B_{(2)}$. Suponha que seja $B^{(j)}$, $j \leq n$, isto é, $b_{ij} \neq 0$ para algum $i = 2, 3, \cdots, m$.

Passo 6: O elemento b_{2j} deve ser não nulo. Se $b_{2j} = 0$, escolha uma linha $B_{(r)}$ com $b_{rj} \neq 0$, $3 \leq r \leq m$, e permute $B_{(2)}$ e $B_{(r)}$ usando a operação:

$$L_2 \leftrightarrow L_r.$$

Passo 7: O elemento b_{2j} deve igual a 1. Se $b_{2j} \neq 1$ realize a operação:

$$L_2 \leftrightarrow \frac{1}{b_{2j}} L_2.$$

Passo 8: Os elementos da coluna $B^{(j)}$ (coluna do pivô) localizados abaixo e acima de b_{2j} (pivô) devem ser nulos. Então, para $s \neq 2$, faça:

$$L_s \to L_s - b_{sj} L_1.$$

Seja C a matriz escalonada obtida ao final do passo 8, tal que $A \sim B \sim C$.

Passo 9: Reaplique os passos 1, 2, 3 e 4 na matriz C. Continue esse processo até aplicar esses passos por m vezes.

Observação 2.5

Dependendo da sequência de operações elementares aplicadas em A, podemos encontrar diferentes matrizes escalonadas equivalentes por linhas à $A \in M_{m \times n}$. Mas, ao aplicar o algoritmo eliminação de Gauss-Jordan, independente das operações aplicadas, a matriz escalonada reduzida equivalente por linhas à A é sempre a mesma.

Veja nos exemplos a seguir como aplicar o algoritmo de Gauss-Jordan.

Exemplo 2.13

Obtenha a matriz escalonada reduzida equivalente por linhas à matriz:

$$A = \begin{pmatrix} 1 & 1 & 1 & 10 \\ 2 & 1 & 4 & 20 \\ 2 & 3 & 5 & 25 \end{pmatrix}. \tag{2.12}$$

Solução: Observe que $A^{(1)}$ é a primeira coluna com elementos não nulos a partir da primeira linha e como $a_{11} = 1$, ele é o pivô desta linha. Para concluir o primeiro ciclo, devemos zerar os elementos abaixo do pivô.

Operações aplicadas em (2.12): $L_2 \to L_2 - 2L_1$ e $L_3 \to L_3 - 2L_1$

$$\begin{pmatrix} 1 & 1 & 1 & 10 \\ 0 & -1 & 2 & 0 \\ 0 & 1 & 3 & 5 \end{pmatrix} = B \tag{2.13}$$

No segundo ciclo, observe que $B^{(2)}$ é a primeira coluna com elementos não nulos a partir da linha $B_{(2)}$ e como $b_{22} = -1$ devemos transformá-lo em 1.

Operação aplicada em (2.13): $L_2 \to -L_2$

$$\begin{pmatrix} 1 & 1 & 1 & 10 \\ 0 & 1 & -2 & 0 \\ 0 & 1 & 3 & 5 \end{pmatrix} = C \tag{2.14}$$

Para finalizar o segundo ciclo, devemos zerar os elementos abaixo e acima do pivô $c_{22} = 1$.

Operações aplicadas em (2.14): $L_1 \to L_1 - L_2$ e $L_3 \to L_3 - L_2$

$$\begin{pmatrix} 1 & 0 & 3 & 10 \\ 0 & 1 & -2 & 0 \\ 0 & 0 & 5 & 5 \end{pmatrix} = D \tag{2.15}$$

No terceiro ciclo, observe que $D^{(3)}$ é a primeira coluna de D com elementos não nulos a partir da linha $D_{(3)}$ e como $d_{33} = 5$, devemos transformá-lo em 1.

Operações aplicadas em (2.15): $L_3 \to \frac{1}{5}L_3$

$$\begin{pmatrix} 1 & 0 & 3 & 10 \\ 0 & 1 & -2 & 0 \\ 0 & 0 & 1 & 1 \end{pmatrix} = E \tag{2.16}$$

Para finalizar o terceiro ciclo, devemos zerar os elementos acima do pivô.

Operações aplicadas em (2.16): $L_1 \to L_1 - 3L_3$ e $L_2 \to L_2 + 2L_3$

$$\begin{pmatrix} 1 & 0 & 0 & 7 \\ 0 & 1 & 0 & 2 \\ 0 & 0 & 1 & 1 \end{pmatrix} = F \tag{2.17}$$

O algoritmo é finalizado com o terceiro ciclo e a matriz escalonada reduzida equivalentes por linhas à matriz A a matriz F.

■

Exemplo 2.14

Obtenha a matriz escalonada reduzida equivalente por linhas à matriz

$$A = \begin{pmatrix} 0 & 0 & -2 & 0 & 7 & 12 \\ 2 & 4 & -10 & 6 & 12 & 28 \\ 2 & 4 & -5 & 6 & -5 & -1 \end{pmatrix}. \tag{2.18}$$

Solução: Observe que $A^{(1)}$ é a primeira coluna de A com elementos não nulos a partir da linha $A_{(1)}$ e como $a_{11} = 0$, devemos fazer uma permutação de linhas.

Operação aplicada em (2.18): $L_1 \leftrightarrow L_2$

$$\begin{pmatrix} 2 & 4 & -10 & 6 & 12 & 28 \\ 0 & 0 & -2 & 0 & 7 & 12 \\ 2 & 4 & -5 & 6 & -5 & -1 \end{pmatrix} = B \tag{2.19}$$

Em seguida, devemos transformar o elemento $b_{11} = 2$ em 1.

Operação aplicada em (2.19): $L_1 \to \frac{1}{2}L_1$

$$\begin{pmatrix} 1 & 2 & -5 & 3 & 6 & 14 \\ 0 & 0 & -2 & 0 & 7 & 12 \\ 2 & 4 & -5 & 6 & -5 & -1 \end{pmatrix} = C \tag{2.20}$$

Para concluir o primeiro ciclo, devemos zerar os elementos abaixo do pivô.

Operação aplicada em (2.20): $L_3 \to L_3 - 2L_1$

$$\begin{pmatrix} 1 & 2 & -5 & 3 & 6 & 14 \\ 0 & 0 & -2 & 0 & 7 & 12 \\ 0 & 0 & 5 & 0 & -17 & -29 \end{pmatrix} = D \tag{2.21}$$

No segundo ciclo, observe que $D^{(3)}$ é a primeira coluna de D com elementos não nulos a partir da linha $D_{(2)}$ e como $d_{23} = -2$ devemos transformá-lo em 1.

Operação aplicada em (2.21): $L_2 \to -\frac{1}{2}L_2$

$$\begin{pmatrix} 1 & 2 & -5 & 3 & 6 & 14 \\ 0 & 0 & 1 & 0 & -\frac{7}{2} & -6 \\ 0 & 0 & 5 & 0 & -17 & -29 \end{pmatrix} = E \tag{2.22}$$

Para finalizar o segundo ciclo, devemos zerar os elementos abaixo e acima do pivô.

Operações aplicadas em (2.22): $L_1 \to L_1 + 5L_2$ e $L_3 \to L_3 - 5L_2$

$$\begin{pmatrix} 1 & 2 & 0 & 3 & -\frac{23}{2} & -16 \\ 0 & 0 & 1 & 0 & -\frac{7}{2} & -6 \\ 0 & 0 & 0 & 0 & \frac{1}{2} & 1 \end{pmatrix} = F \tag{2.23}$$

No terceiro ciclo, observe que $F^{(4)}$ é a primeira coluna com elementos não nulos a partir da linha $F_{(3)}$ e como $f_{34} = \frac{1}{2}$, deve transformá-lo em 1.

Operação aplicada em (2.23): $L_3 \to 2L_3$

$$\begin{pmatrix} 1 & 2 & 0 & 3 & -\frac{23}{2} & -16 \\ 0 & 0 & 1 & 0 & -\frac{7}{2} & -6 \\ 0 & 0 & 0 & 0 & 1 & 2 \end{pmatrix} = G \tag{2.24}$$

Para finalizar o terceiro ciclo, devemos zerar os elementos acima do pivô.

Operações aplicadas em (2.24): $L_1 \to L_1 + \frac{23}{2}L_3$ e $L_2 \to L_2 + \frac{7}{2}L_3$

$$\begin{pmatrix} 1 & 2 & 0 & 3 & 0 & 7 \\ 0 & 0 & 1 & 0 & 0 & 1 \\ 0 & 0 & 0 & 0 & 1 & 2 \end{pmatrix} = H. \tag{2.25}$$

O algoritmo é finalizado no terceiro ciclo e a matriz escalonada reduzida equivalente por linhas à matriz A é a matriz H.

■

2.5 Exercícios

1. Classifique as matrizes abaixo em escalonada, escalonada reduzida, ambas ou nenhuma.

(a) $\begin{pmatrix} 1 & 2 & 0 \\ 0 & 1 & 0 \\ 0 & 0 & 0 \end{pmatrix}$

(b) $\begin{pmatrix} 1 & 0 & 0 \\ 0 & 1 & 0 \\ 0 & 2 & 0 \end{pmatrix}$

(c) $\begin{pmatrix} 1 & 3 & 0 & 0 \\ 0 & 0 & 1 & 2 \\ 0 & 0 & 0 & 0 \end{pmatrix}$

(d) $\begin{pmatrix} 0 & 0 \\ 0 & 0 \\ 0 & 0 \end{pmatrix}$

(e) $\begin{pmatrix} 1 & -3 & 4 & 7 \\ 0 & 1 & 2 & 2 \\ 0 & 0 & 1 & 5 \end{pmatrix}$

(f) $\begin{pmatrix} 1 & 0 & 0 & 1 \\ 1 & 1 & 0 & 0 \end{pmatrix}$

(g) $\begin{pmatrix} 1 & -1 & 0 & 1 \\ 0 & 1 & 0 & 1 \\ 0 & 0 & 1 & 0 \end{pmatrix}$

(h) $\begin{pmatrix} 1 & 0 & 0 \\ 1 & 1 & 0 \\ 0 & 2 & 1 \end{pmatrix}$

2. Quais das matrizes abaixo são escalonadas reduzidas?

$$A = \begin{pmatrix} 1 & 0 & 0 & 1 \\ 0 & 1 & 0 & 5 \\ 0 & 0 & 1 & -6 \end{pmatrix} \quad B = \begin{pmatrix} 2 & 0 & 0 & 6 \\ 0 & 1 & -2 & 4 \\ 0 & 0 & 0 & 0 \end{pmatrix} \quad C = \begin{pmatrix} 1 & 0 & 2 & 5 \\ 0 & 1 & 4 & -1 \\ 0 & 0 & 0 & 0 \\ 0 & 0 & 0 & 0 \end{pmatrix}$$

3. Encontre uma matriz escalonada equivalente por linhas às matrizes abaixo:

(a) $\begin{pmatrix} 1 & 0 & -1 & 0 \\ 3 & 3 & 0 & 1 \\ 0 & -2 & -6 & 2 \end{pmatrix}$ (b) $\begin{pmatrix} 3 & 6 & 3 & 3 \\ 2 & 4 & -3 & 2 \\ 1 & 2 & 1 & -1 \end{pmatrix}$ (c) $\begin{pmatrix} -1 & -1 & 1 & -10 \\ 3 & 3 & 5 & 6 \\ 1 & 1 & 2 & 1 \end{pmatrix}$

4. Classifique cada afirmação em verdadeira (V) ou falsa (F):

   (a) Toda matriz escalonada reduzida é também escalonada.

   (b) Toda matriz escalonada é também escalonada reduzida.

   (c) $A \in M_{m\times n}$ é equivalente por linhas a apenas uma matriz escalonada.

   (d) $A \in M_{m\times n}$ é equivalente por linhas a apenas uma matriz escalonada reduzida.

5. Encontre uma matriz escalonada reduzida equivalente por linhas às matrizes abaixo:

(a) $\begin{pmatrix} 1 & 2 & 3 \\ 2 & -1 & 1 \\ 3 & 0 & -1 \end{pmatrix}$ (b) $\begin{pmatrix} 1 & 1 & 1 & 1 \\ 1 & 0 & 0 & 1 \\ 1 & 2 & 1 & 0 \end{pmatrix}$ (c) $\begin{pmatrix} 0 & 1 & -4 & 8 \\ 2 & -3 & 2 & 1 \\ 5 & -8 & 7 & 1 \end{pmatrix}$

2.6 Matrizes elementares

Definição 2.6

As matrizes equivalentes à identidade, obtidas com uma única operação elementar, são chamadas de *matrizes elementares* e podemos classificá-las em:

(a) Matriz elementar do tipo I: são obtidas permutando duas linhas da matriz identidade.

(b) Matriz elementar do tipo II: são obtidas multiplicando uma linha da matriz identidade por uma constante não nula.

(c) Matriz elementar do tipo III: são obtidas somando a uma linha da matriz identidade um múltiplo de outra linha.

Veja a seguir alguns exemplos de matrizes elementares.

Exemplo 2.15: Matriz elementar do tipo I

A matriz elementar

$$E_1 = \begin{pmatrix} 0 & 0 & 1 \\ 0 & 1 & 0 \\ 1 & 0 & 0 \end{pmatrix}$$

foi obtida através da operação elementar $L_1 \leftrightarrow L_3$ aplicada sobre as linhas da matriz identidade

$$I_3 = \begin{pmatrix} 1 & 0 & 0 \\ 0 & 1 & 0 \\ 0 & 0 & 1 \end{pmatrix}.$$

Chamaremos as matrizes elementares obtidas com permutação de linhas de *matrizes elementares do tipo I.*

Exemplo 2.16: Matriz elementar do tipo II

A matriz elementar

$$E_2 = \begin{pmatrix} 1 & 0 & 0 \\ 0 & \beta & 0 \\ 0 & 0 & 1 \end{pmatrix}$$

foi obtida aplicando a operação elementar $L_2 \to \beta L_2$, onde $\beta \in \mathbb{R}^*$ ou $\beta \in \mathbb{C}^*$, sobre as linhas da matriz identidade

$$I_3 = \begin{pmatrix} 1 & 0 & 0 \\ 0 & 1 & 0 \\ 0 & 0 & 1 \end{pmatrix}.$$

As matrizes elementares obtidas multiplicando uma linha da identidade por uma constante não nula serão chamadas de *matrizes elementares do tipo II.*

Exemplo 2.17: Matriz elementar do tipo III

A matriz elementar

$$E_3 = \begin{pmatrix} 1 & 0 & 0 \\ 0 & 1 & \beta \\ 0 & 0 & 1 \end{pmatrix}$$

foi obtida aplicando a operação elementar $L_2 \to L_2 + \beta L_3$, onde $\beta \in \mathbb{R}^*$ ou $\beta \in \mathbb{C}^*$, na matriz identidade

$$I_3 = \begin{pmatrix} 1 & 0 & 0 \\ 0 & 1 & 0 \\ 0 & 0 & 1 \end{pmatrix}.$$

Chamaremos as matrizes elementares obtidas somando um múltiplo de uma linha à outra linha da identidade de *matrizes elementares do tipo III.*

Dada uma matriz elementar, podemos chegar à matriz identidade aplicando uma operação inversa àquela utilizada para obter a matriz elementar. Para tornar isso mais compreensível, vejamos os exemplos a seguir.

Exemplo 2.18

Explique como obter a matriz identidade a partir das seguintes matrizes elementares:

(a) $E_1 = \begin{pmatrix} 0 & 0 & 1 \\ 0 & 1 & 0 \\ 1 & 0 & 0 \end{pmatrix}$ (b) $E_2 = \begin{pmatrix} 1 & 0 & 0 \\ 0 & \beta & 0 \\ 0 & 0 & 1 \end{pmatrix}$ (c) $E_3 = \begin{pmatrix} 1 & 0 & 0 \\ 0 & 1 & \beta \\ 0 & 0 & 1 \end{pmatrix}$

Solução:

(a) Aplicando a operação $L_3 \leftrightarrow L_1$ sobre as linhas de

$$E_1 = \begin{pmatrix} 0 & 0 & 1 \\ 0 & 1 & 0 \\ 1 & 0 & 0 \end{pmatrix}$$

obtemos

$$I_3 = \begin{pmatrix} 1 & 0 & 0 \\ 0 & 1 & 0 \\ 0 & 0 & 1 \end{pmatrix}.$$

Assim, $L_3 \leftrightarrow L_1$ é a operação inversa à $L_1 \leftrightarrow L_3$, usada para obter E_1.

(b) Aplicando a operação $L_2 \to \dfrac{1}{\beta} L_2$ em

$$E_2 = \begin{pmatrix} 1 & 0 & 0 \\ 0 & \beta & 0 \\ 0 & 0 & 1 \end{pmatrix}$$

obtemos

$$I_3 = \begin{pmatrix} 1 & 0 & 0 \\ 0 & 1 & 0 \\ 0 & 0 & 1 \end{pmatrix}.$$

Assim, $L_2 \to \dfrac{1}{\beta} L_2$ é a operação inversa à $L_2 \to \beta L_2$, usada para obter E_2.

(c) Aplicando a operação $L_2 \to L_2 - \beta L_3$ em

$$E_3 = \begin{pmatrix} 1 & 0 & 0 \\ 0 & 1 & \beta \\ 0 & 0 & 1 \end{pmatrix}$$

obtemos

$$I_3 = \begin{pmatrix} 1 & 0 & 0 \\ 0 & 1 & 0 \\ 0 & 0 & 1 \end{pmatrix}.$$

Assim, $L_2 \to L_2 - \beta L_3$ é a operação inversa à $L_2 \to L_2 + \beta L_3$, usada para obter E_3.

■

O exemplo abaixo corresponde ao exercício 39 da Seção 1.5 de [2].

Exemplo 2.19

Sabendo que $a, b, c \in \mathbb{R}$, em que condições a matriz $A = \begin{pmatrix} 1 & 0 & 0 \\ 0 & 1 & 0 \\ a & b & c \end{pmatrix}$ é elementar?

Solução: Levando em consideração que a matriz elementar é linha equivalente com a identidade por meio de uma única operação elementar, vamos fazer o processo inverso aplicando operações elementares em A para retornarmos à identidade. Para isso, temos as seguintes possibilidades:

(a) Suponha $a \neq 0$.
Aplicando a operação elementar $L_3 \to L_3 - aL_1$ nas linhas de A, obtemos:

$$A = \begin{pmatrix} 1 & 0 & 0 \\ 0 & 1 & 0 \\ a & b & c \end{pmatrix} \sim \begin{pmatrix} 1 & 0 & 0 \\ 0 & 1 & 0 \\ 0 & b & c \end{pmatrix} = B$$

Para que B seja a matriz identidade, devemos ter $b = 0$ e $c = 1$. Logo, A é uma matriz elementar se $a \neq 0, b = 0$ e $c = 1$.

(b) Suponha $b \neq 0$.
Aplicando a operação elementar $L_3 \to L_3 - 2L_1$ nas linhas de A, obtemos:

$$A = \begin{pmatrix} 1 & 0 & 0 \\ 0 & 1 & 0 \\ a & b & c \end{pmatrix} \sim \begin{pmatrix} 1 & 0 & 0 \\ 0 & 1 & 0 \\ a & 0 & c \end{pmatrix} = B$$

Para que B seja a matriz identidade, devemos ter $a = 0$ e $c = 1$. Logo, A é uma matriz elementar se $a = 0$, $b \neq 0$ e $c = 1$.

(c) Suponha $c \neq 0$.
Aplicando a operação elementar $L_3 \to \frac{1}{c}L_3$ nas linhas de A, temos:

$$A = \begin{pmatrix} 1 & 0 & 0 \\ 0 & 1 & 0 \\ a & b & c \end{pmatrix} \sim \begin{pmatrix} 1 & 0 & 0 \\ 0 & 1 & 0 \\ a & b & 1 \end{pmatrix} = B$$

Para que B seja matriz identidade, devemos ter $a = 0$ e $b = 1$. Logo, A é uma matriz elementar se $a = 0$, $b = 1$ e $c \neq 0$.

■

Se A e B são equivalentes por linhas, é possível expressar a matriz B como o resultado da multiplicação das matrizes elementares correspondentes às operações elementares utilizadas para transformar a matriz A em B.

Teorema 2.3

Sejam $A, B \in M_{m\times n}$. Se A e B são matrizes equivalentes por linhas por meio de uma única operação elementar, então podemos afirmar que $B = EA$, onde $E \in M_{n\times n}$ é a matriz elementar correspondente à operação que transforma A em B.

Demonstração: Primeiramente, note que se $I_{(i)}$ é uma linha da matriz identidade I_m e $\alpha \in \mathbb{R}$, então $\alpha I_{(i)}A = \alpha A_{(i)}$. Além disso, usando a multiplicação com matrizes particionadas (ver equação (1.10)), temos os seguintes casos a considerar:

(1) E é uma matriz elementar do tipo I.

Suponha que E foi obtida de I_m com a operação $L_{(i)} \leftrightarrow L_{(j)}$. Nesse caso, considerando $I_m = \begin{pmatrix} \vdots \\ I_{(i)} \\ \vdots \\ I_{(j)} \\ \vdots \end{pmatrix}$, temos: $E = \begin{pmatrix} \vdots \\ I_{(j)} \\ \vdots \\ I_{(i)} \\ \vdots \end{pmatrix}$ e $B = \begin{pmatrix} \vdots \\ A_{(j)} \\ \vdots \\ A_{(i)} \\ \vdots \end{pmatrix}$.

Logo,

$$EA = \begin{pmatrix} \vdots \\ I_{(j)} \\ \vdots \\ I_{(i)} \\ \vdots \end{pmatrix} A = \begin{pmatrix} \vdots \\ I_{(j)}A \\ \vdots \\ I_{(i)}A \\ \vdots \end{pmatrix} = \begin{pmatrix} \vdots \\ A_{(j)} \\ \vdots \\ A_{(i)} \\ \vdots \end{pmatrix} = B.$$

(2) E é uma matriz elementar do tipo II.

Suponha que E é obtida de I_m pela operação $L_{(i)} \to \alpha L_{(i)}$. Nesse caso, considerando $I_m = \begin{pmatrix} \vdots \\ I_{(i)} \\ \vdots \end{pmatrix}$, temos: $E = \begin{pmatrix} \vdots \\ \alpha I_{(i)} \\ \vdots \end{pmatrix}$ e $B = \begin{pmatrix} \vdots \\ \alpha A_{(i)} \\ \vdots \end{pmatrix}$.

Logo,

$$EA = \begin{pmatrix} \vdots \\ \alpha I_{(i)} \\ \vdots \end{pmatrix} A = \begin{pmatrix} \vdots \\ \alpha I_{(i)}A \\ \vdots \end{pmatrix} = \begin{pmatrix} \vdots \\ \alpha A_{(i)} \\ \vdots \end{pmatrix} = B.$$

(3) E é uma matriz elementar do tipo III.

Suponha que E é obtida de I_m pela operação $L_{(i)} \to L_{(i)} + \alpha L_{(j)}$.

Nesse caso, considerando $I_m = \begin{pmatrix} \vdots \\ I_{(i)} \\ \vdots \end{pmatrix}$, temos:

$$E = \begin{pmatrix} \vdots \\ I_{(i)} + \alpha I_{(j)} \\ \vdots \end{pmatrix} \text{ e } B = \begin{pmatrix} \vdots \\ A_{(i)} + \alpha A_{(j)} \\ \vdots \end{pmatrix}.$$

Portanto,

$$EA = \begin{pmatrix} \vdots \\ I_{(i)} + \alpha I_{(j)} \\ \vdots \end{pmatrix} A = \begin{pmatrix} \vdots \\ (I_{(i)} + \alpha I_{(j)})A \\ \vdots \end{pmatrix} = \begin{pmatrix} \vdots \\ A_{(i)} + \alpha A_{(j)} \\ \vdots \end{pmatrix} = B.$$

■

Corolário 2.1

Sejam $A, B \in M_{m \times n}$. As matrizes A e B são equivalentes por linha se, e somente se, existe uma sequência finita de matrizes elementares $E_1, E_2, \cdots, E_k$, tal que $B = E_k\, E_{k-1} ... E_2\, E_1\, A$.

Demonstração: Sejam $e_1, e_2, \ldots, e_k$ as operações elementares que levam A em B e $E_1, E_2, \cdots, E_k$ as correspondentes matrizes elementares.

Se A_1 é obtida aplicando a operação e_1 em A, então, pelo Teorema 2.3, $E_1 A = A_1$.

Seja E_2 a matriz elementar correspondente à operação elementar e_2. Se A_2 é obtida aplicando a operação e_2 em A_1, então, pelo Teorema 2.3, $E_2 A_1 = A_2$ e como $E_1 A = A_1$, temos $E_2 E_1 A = A_2$.

Continuando esse processo, na k-ésima operação elementar aplicada em $E_{K-1} \ldots E_2 E_1 A$, obteremos a matriz equivalente por linhas B, e se E_k é a matriz elementar correspondente à operação e_k, então temos $E_k \ldots E_2 E_1 A = B$.

■

Se aplicarmos as operações elementares nas colunas de A, o resultado do Teorema 2.3 sofre uma pequena alteração.

Teorema 2.4

Sejam $A, B \in M_{m\times n}$. Se A e B são equivalentes através de uma única operação elementar aplicada nas colunas de A, então podemos afirmar que $B = AE$, onde $E \in M_{n\times n}$ é a matriz elementar correspondente à operação que transforma A em B.

Corolário 2.2

Se as operações elementares que levam A em B forem aplicadas nas colunas de A, então $B = AE_1E_2 \cdots E_{k-1}E_k$, onde E_i são as matrizes elementares correspondentes às operações aplicadas.

Exemplo 2.20

Sejam $A \in M_{3\times 2}$ e $L_1 \leftrightarrow L_3$ uma operação elementar que leva A em B.

(a) Obtenha $B \in M_{3\times 2}$, tal que $A \sim B$.

(b) Obtenha a matriz elementar $E \in M_{3\times 3}$ correspondente à operação $L_1 \leftrightarrow L_3$.

(c) Calcule $EA \in M_{3\times 2}$ e mostre que $B = EA$.

Solução:

(a)

$$A = \begin{pmatrix} a_{11} & a_{12} \\ a_{21} & a_{22} \\ a_{31} & a_{32} \end{pmatrix} \; (L_1 \leftrightarrow L_3) \begin{pmatrix} a_{31} & a_{32} \\ a_{21} & a_{22} \\ a_{11} & a_{12} \end{pmatrix} = B.$$

(b)

$$I = \begin{pmatrix} 1 & 0 & 0 \\ 0 & 1 & 0 \\ 0 & 0 & 1 \end{pmatrix} \; (L_1 \leftrightarrow L_3) \begin{pmatrix} 0 & 0 & 1 \\ 0 & 1 & 0 \\ 1 & 0 & 0 \end{pmatrix} = E.$$

(c)

$$EA = \begin{pmatrix} 0 & 0 & 1 \\ 0 & 1 & 0 \\ 1 & 0 & 0 \end{pmatrix} \begin{pmatrix} a_{11} & a_{12} \\ a_{21} & a_{22} \\ a_{31} & a_{32} \end{pmatrix} = \begin{pmatrix} a_{31} & a_{32} \\ a_{21} & a_{22} \\ a_{11} & a_{12} \end{pmatrix} = B.$$

■

Exemplo 2.21

Seja $A = \begin{pmatrix} 1 & 0 & -1 & 0 \\ 3 & 1 & 2 & 4 \\ -2 & -1 & 0 & 1 \end{pmatrix}$.

(a) Obtenha uma matriz a matriz B equivalente por linhas à A obtida com a sequência de operações elementares: $e_1 : L_2 \to L_2 - 3L_1$, $e_2 : L_3 \to L_3 + 2L_1$

(b) Obtenha as matrizes elementares correspondentes às operações elementares do item anterior.

(c) Obtenha a matriz B utilizando o produto das matrizes elementares.

Solução:

(a) Aplicando as operações elementares e_1 e e_2 a partir de A, temos:

$$A = \begin{pmatrix} 1 & 0 & -1 & 0 \\ 3 & 1 & 2 & 4 \\ -2 & -1 & 0 & 1 \end{pmatrix} \overset{e_1}{\sim} \begin{pmatrix} 1 & 0 & -1 & 0 \\ 0 & 1 & 5 & 4 \\ -2 & -1 & 0 & 1 \end{pmatrix} \overset{e_2}{\sim} \begin{pmatrix} 1 & 0 & -1 & 0 \\ 0 & 1 & 5 & 4 \\ 0 & -1 & -2 & 1 \end{pmatrix} = B$$

(b) Aplicando as operações elementares e_1 e e_2 na matriz identidade, temos:

$$\begin{pmatrix} 1 & 0 & 0 \\ 0 & 1 & 0 \\ 0 & 0 & 1 \end{pmatrix} \overset{e_1}{\sim} \begin{pmatrix} 1 & 0 & 0 \\ -3 & 1 & 0 \\ 0 & 0 & 1 \end{pmatrix} = E_1 \quad \text{e} \quad \begin{pmatrix} 1 & 0 & 0 \\ 0 & 1 & 0 \\ 0 & 0 & 1 \end{pmatrix} \overset{e_2}{\sim} \begin{pmatrix} 1 & 0 & 0 \\ 0 & 1 & 0 \\ 2 & 0 & 1 \end{pmatrix} = E_2.$$

(c) Efetuando a multiplicação E_2E_1A, obtemos:

$$\begin{pmatrix} 1 & 0 & 0 \\ 0 & 1 & 0 \\ 2 & 0 & 1 \end{pmatrix} \begin{pmatrix} 1 & 0 & 0 \\ -3 & 1 & 0 \\ 0 & 0 & 1 \end{pmatrix} \begin{pmatrix} 1 & 0 & -1 & 0 \\ 3 & 1 & 2 & 4 \\ -2 & -1 & 0 & 1 \end{pmatrix} = \begin{pmatrix} 1 & 0 & -1 & 0 \\ 0 & 1 & 5 & 4 \\ 0 & -1 & -2 & 1 \end{pmatrix} = B.$$

∎

2.7 Exercícios

1. Seja $A = \begin{pmatrix} -1 & 0 & 0 \\ 0 & 1 & 0 \\ 2 & 0 & 1 \end{pmatrix}$ uma matriz equivalente por linhas à matriz identidade I_3.

(a) Identifique duas operações elementares que levam I_3 em A.

(b) Determine as matrizes elementares E_1 e E_2 correspondentes às operações elementares do item anterior.

(c) Mostre que $E_2 E_1 I_3 = A$.

2. Considere a sequência de operações elementares $e_1 : L_1 \to L_1 + 2L_2$, $e_2 : L_3 \to 2L_3$, $e_3 : L_1 \leftrightarrow L_3$ que levam $A = \begin{pmatrix} 1 & 0 & 3 \\ -1 & 3 & 2 \\ 0 & 2 & 4 \end{pmatrix}$ em $B \in M_{3\times 3}$.

(a) Obtenha a matriz B.

(b) Obtenha as matrizes elementares E_1, E_2 e E_3 correspondente às respectivas operações elementares e_1, e_2 e e_3.

(a) Mostre que $B = E_3 E_2 E_1 A$.

3. Sejam $\beta \in \mathbb{R}$, I_4 a matriz identidade de ordem 4×4 e $E_1, E_2 \in M_{4\times 4}$ as matrizes elementares correspondentes às respectivas operações elementares $e_1 : L_1 \to L_1 + \beta L_2$ e $e_2 : L_1 \to L_1 - \beta L_2$. Obtenha E_1 e E_2 e mostre que $E_1 E_2 = E_2 E_1 = I_4$.

CAPÍTULO 3

MATRIZ INVERSA

3.1 Matriz inversa

A multiplicação de números reais possui uma propriedade importante que é a existência do inverso multiplicativo para todos os elementos não nulos $x \in \mathbb{R}$. Isso significa que há um outro elemento, comumente representado por x^{-1}, que satisfaz as equações $xx^{-1} = 1$ e $x^{-1}x = 1$, onde 1 é o elemento neutro da multiplicação em $\mathbb{R}$.

Já no conjunto das matrizes, a propriedade do inverso multiplicativo é mais restrita e se aplica apenas às matrizes quadradas não nulas A, quando existe uma matriz B que satisfaça as equações $AB = I$ e $BA = I$, sendo I a matriz identidade, que é o elemento neutro da multiplicação.

Definição 3.1

Sejam $A \in M_{n\times n}$ e $I_n \in M_{n\times n}$ a matriz identidade de ordem $n \times n$. Se existir $B \in M_{n\times n}$ satisfazendo as equações

$$AB = I \quad \text{e} \quad BA = I,$$

então dizemos que A é *inversível* e que B é a inversa de A, e vice-versa.

Observação 3.1

Dada uma matriz $A \in M_{n\times n}$, se não houver uma matriz B tal que $AB = BA = I_n$, dizemos que A é *singular*.

Exemplo 3.1

Mostre que $B = \begin{pmatrix} 3 & -1 \\ -5 & 2 \end{pmatrix}$ é inversa de $A = \begin{pmatrix} 2 & 1 \\ 5 & 3 \end{pmatrix}$.

Solução: Calculando AB e BA, temos:

$$AB = \begin{pmatrix} 1 & 0 \\ 0 & 1 \end{pmatrix} = I_2 \text{ e } BA = \begin{pmatrix} 1 & 0 \\ 0 & 1 \end{pmatrix} = I_2.$$

Como $AB = BA = I_2$, concluímos que A é inversível e que B é inversa de A, e vice-versa, isto é, A é inversa de B.

■

Teorema 3.1

Se $A \in M_{n \times n}$ é inversível, então sua inversa é única.

Demonstração: Por contradição, suponha que $A \in M_{n \times n}$ possui duas inversas diferentes, digamos $A_1 \in M_{n \times n}$ e $A_2 \in M_{n \times n}$, com $A_1 \neq A_2$. Pela Definição 3.1, temos:

$$AA_1 = A_1A = I_n. \quad (3.1)$$

$$AA_2 = A_2A = I_n. \quad (3.2)$$

Da equação (3.1), $AA_1 = I_n$. Multiplicando essa equação por A_2, temos:

$$A_2AA_1 = A_2I_n \Rightarrow (A_2A)A_1 = A_2. \quad (3.3)$$

Pela equação (3.2), $A_2A = I_n$. Substituindo essa informação na equação (3.3), temos:

$$I_nA_1 = A_2 \Rightarrow A_1 = A_2,$$

contradizendo a afirmação inicial. Isto quer dizer que a suposição inicial ($A_1 \neq A_2$) é falsa e, portanto, a inversa de A é única.

■

Observação 3.2

Agora que sabemos que só existe uma inversa para cada matriz A, quando ela existir, iremos denotá-la por A^{-1} e teremos:

$$AA^{-1} = A^{-1}A = I_n.$$

Teorema 3.2

Se $A, B \in M_{n\times n}$ são inversíveis e $0 \neq k \in \mathbb{R}$, então:

(i) $(kA)^{-1} = \frac{1}{k}A^{-1}$.

(ii) $(A^{-1})^{-1} = A$.

(iii) $(A^T)^{-1} = (A^{-1})^T$, onde A^T é transposta de A.

(iv) $(AB)^{-1} = B^{-1}A^{-1}$.

Demonstração:

(i) Como A é inversível, temos $AA^{-1} = I_n$. Logo, $(kA)\left(\frac{1}{k}A^{-1}\right) = k\left(\frac{1}{k}\right)(AA^{-1}) = \left(\frac{k}{k}\right)I_n = (1)I_n = I_n$. Logo, $(kA)^{-1} = \frac{1}{k}A^{-1}$.

(ii) Como $(A^{-1})A = I_n$ e $A(A^{-1}) = I_n$, segue que $(A^{-1})^{-1} = A$.

(iii) Pelo Teorema 1.7, $A^T(A^{-1})^T = (A^{-1}A)^T = (I_n)^T = I_n$. Analogamente, $(A^{-1})^T A^T = (AA^{-1})^T = (I_n)^T = I_n$. Logo, $(A^T)^{-1} = (A^{-1})^T$.

(iv) $(AB)(B^{-1}A^{-1}) = A(BB^{-1})A^{-1} = AIA^{-1} = AA^{-1} = I_n$. Analogamente, $B^1A^{-1}(AB)^{-1} = I_n$. Logo, $(AB)^{-1} = B^{-1}A^{-1}$.

■

Exemplo 3.2

Sejam $A, B, C, D \in M_{n\times n}$ inversíveis. Mostre que $(ABCD)^{-1} = D^{-1}C^{-1}B^{-1}A^{-1}$.

Solução: Como $A, B, C, D \in M_{n\times n}$ são inversíveis, pelo Teorema 3.2, AB e CD são inversíveis e satisfazem:

$$(AB)^{-1} = B^{-1}A^{-1} \tag{3.4}$$

$$(CD)^{-1} = D^{-1}C^{-1} \tag{3.5}$$

Como AB e CD são inversíveis, pelo Teorema 3.2, $ABCD = (AB)(CD)$ é inversível e satisfaz:

$$(ABCD)^{-1} = [(AB)(CD)]^{-1} = (CD)^{-1}(AB)^{-1} \tag{3.6}$$

Substituindo (3.4) e (3.5) em (3.6), concluímos que:

$$(ABCD)^{-1} = D^{-1}C^{-1}B^{-1}A^{-1}.$$

■

Exemplo 3.3

Sejam $A, B \in M_{n\times n}$ inversíveis e $C \in M_{n\times n}$ arbitrária. Obtenha a matriz $X \in M_{n\times n}$ que satisfaz a equação $(AX - B)B^{-1} = C + AB$.

Solução: A ideia principal é realizar operações de soma e multiplicação de matrizes na equação com intuito de isolar X. Como B é inversível a condição $BB^{-1} = I_n$ é satisfeita e, por isso, começaremos multiplicando B à direita dos dois membros da equação. Em seguida, utilizaremos propriedades de soma e multiplicação de matrizes apresentadas nos Teoremas 1.2 e 1.3.

$$\begin{aligned}
(AX - B)B^{-1}B &= (C + AB)B \\
(AX - B)I_n &= CB + ABB \\
AX - B &= CB + AB^2 \\
AX - B + B &= CB + AB^2 + B \\
AX + O &= CB + AB^2 + B \\
AX &= CB + AB^2 + B.
\end{aligned}$$

Como A também é inversível, para isolar X multiplicaremos A^{-1} à esquerda dos dois membros da última equação e considerando $AA^{-1} = I_n$, temos:

$$\begin{aligned}
A^{-1}AX &= A^{-1}(CB + AB^2 + B) \\
X &= A^{-1}CB + B^2 + A^{-1}B.
\end{aligned}$$

■

A seguir, daremos os primeiros passos para obter a inversa de uma matriz inversível. Começaremos determinando a inversa das matrizes elementares dos tipos I, II e III.

Generalizando os resultados dos Exemplos 2.15, 2.16 e 2.17 para matrizes de ordem $n \times n$, é fácil ver que independente da operação elementar usada para obter a matriz elementar E, sempre existe uma operação reversa que leva E de volta à identidade I_n. Supondo que E' seja a matriz elementar correspondente à respectiva operação reversa aplicada em E, pelo Teorema 2.3, podemos escrever:

$$E'E = I_n. \tag{3.7}$$

Por outro lado, a matriz elementar correspondente à operação que leva E' em I_n é exatamente E e, pelo Teorema 2.3, podemos escrever:

$$EE' = I_n. \tag{3.8}$$

Das equações (3.7) e (3.8), concluímos que E é inversível e $E^{-1} = E'$.

Teorema 3.3

Se E é uma matriz elementar, então E é inversível e E^{-1} também é uma matriz elementar do mesmo tipo.

A equação $E'E = I_n$ mostra que uma operação elementar (correspondente à E') leva a matriz inversível E em I_n. Esse resultado pode ser generalizado para matrizes quaisquer que sejam inversíveis, isto é, se A é uma matriz inversível, então existirá uma sequência finita de operações elementares que leva A em I_n, como garante o teorema abaixo.

Teorema 3.4

Se $A \in M_{n\times n}$, então A é equivalente por linhas à identidade I_n se, e somente se, A é inversível.

Demonstração: ($\Rightarrow$) Suponha que A é equivalente por linhas à I_n. Pelo Corolário 2.1, existem matrizes elementares $E_1, E_2, ..., E_k$, correspondentes às operações elementares que levam A em I_n, satisfazendo a equação:

$$E_k\, E_{k-1} ..., E_2\, E_1\, A = I_n. \tag{3.9}$$

Pelo Teorema 3.3, as matrizes elementares E_i são inversíveis. Logo, multiplicando à esquerda ambos os membros da equação (3.9) por $(E_k)^{-1}, \cdots, (E_2)^{-1}$ e, finalmente, por $(E_1)^{-1}$, obtemos:

$$(E_1)^{-1}(E_2)^{-1}\cdots(E_{k-1})^{-1}\underbrace{(E_k)^{-1}E_k}_{I_n}\, E_{k-1} ..., E_2\, E_1 A = (E_1)^{-1}(E_2)^{-1}\cdots(E_{k-1})^{-1}(E_k)^{-1}I_n.$$

Como $(E_i)^{-1}E_i = I_n$, a expressão anterior resulta em:

$$A = (E_1)^{-1}(E_2)^{-1}\cdots(E_{k-1})^{-1}(E_k)^{-1}I_n. \tag{3.10}$$

Pelo item (iii) do Teorema 3.2, o produto de matrizes inversíveis é inversível, logo, podemos concluir que A é inversível por ser produto das matrizes inversíveis $(E_1)^{-1}$,

$(E_2)^{-1}, \cdots, (E_k)^{-1}$ e I_n.

A demonstração da recíproca (se A é inversível, então A é linha equivalente à matriz identidade) utiliza resultados de sistemas lineares que serão vistos no Capítulo 5. Dessa forma, iremos apresentá-la no final Seção 5.11, que trata de soluções de sistemas lineares por matrizes inversas.

■

Observação 3.3

Utilizaremos o fato de que a matriz inversível A é equivalente por linhas à matriz identidade e a sequência de operações elementares que transformam A em I, a fim de estabelecer um método prático para obter a inversa de A.

Suponha que $A \in M_{n\times n}$ é uma matriz inversível e sejam $E_1, E_2, \cdots, E_k$ as matrizes elementares correspondentes às operações elementares que levam A em I_n. Logo, temos a seguinte equação:

$$E_k\, E_{k-1} \ldots, E_2\, E_1\, A = I_n. \tag{3.11}$$

As matrizes elementares são inversíveis, então existem $E_1^{-1}, E_2^{-1}, \cdots, E_k^{-1}$. Multiplicando sucessivamente $E_k^{-1}, E_{k-1}^{-1}, \cdots E_1^{-1}$ à esquerda dos dois membros da equação (3.11), como $E_iE_i^{-1} = I_n$, chegaremos na seguinte equação:

$$A = (E_1)^{-1}(E_2)^{-1} \cdots (E_{k-1})^{-1}(E_k)^{-1} I_n. \tag{3.12}$$

Como A é inversível, existe A^{-1}. Então, multiplicando A^{-1} à direita dos dois membros da equação (3.12), temos:

$$AA^{-1} = (E_1)^{-1}(E_2)^{-1} \cdots (E_{k-1})^{-1}(E_k)^{-1} I_n A^{-1},$$

isto é:

$$I_n = (E_1)^{-1}(E_2)^{-1} \cdots (E_{k-1})^{-1}(E_k)^{-1} A^{-1}. \tag{3.13}$$

Agora, multiplicando E_1 à esquerda dos dois membros da equação (3.13), obtemos:

$$E_1 I_n \;=\; (E_2)^{-1} \cdots (E_{k-1})^{-1}(E_k)^{-1} A^{-1}. \tag{3.14}$$

Em seguida, a multiplicando E_2 à esquerda dos ambos os membros da equação

(3.14), temos:

$$E_2 E_1 I_n = (E_3)^{-1} \cdots (E_{k-1})^{-1} (E_k)^{-1} A^{-1}.$$

Continuando esse processo, finalmente obtemos:

$$E_k E_{k-1} \cdots E_2 E_1 I_n = A^{-1}. \tag{3.15}$$

Comparando as equações (3.11) e (3.15), podemos notar que as mesmas operações elementares que levam A em I_n também levam I_n em A^{-1} e, este fato, estabelece o método para obtermos a inversa da matriz A.

Definição 3.2: Método para obter a inversa de uma matriz

1. Considere a matriz $(A \ I_n)$ definida acrescentando as colunas da identidade após as colunas de A.
2. Aplique na matriz $(A \ I_n)$ as operações elementares necessárias para levar A em I_n.
3. Se $A \sim I_n$, então A será inversível e, nesse caso, $(A \ I_n) \sim (I_n \ A^{-1})$, ou seja, $I_n \sim A^{-1}$.
4. Se A não é equivalente por linhas à I_n, então não existe A^{-1}, ou seja, A é singular.

Observe que se A é inversível, então a matriz escalonada reduzida equivalente por linhas à A é a matriz identidade. Portanto, o método descrito acima envolve a aplicação do algoritmo de Gauss-Jordan na matriz ampliada $(A \ I_n)$ para obter a forma escalonada reduzida por linhas de A.

Exemplo 3.4

Encontre a inversa da matriz $A = \begin{pmatrix} 0 & 0 & 3 \\ 0 & 1 & 0 \\ 1 & 3 & 0 \end{pmatrix}$.

Solução: Aplicaremos algoritmo de Gauss-Jordan na matriz $(A \ I_3)$ com o objetivo de obter a matriz escalonada reduzida de A, que deve ser a matriz identidade se A for inversível.

$$\left(\begin{array}{ccc|ccc} 0 & 0 & 3 & 1 & 0 & 0 \\ 0 & 1 & 0 & 0 & 1 & 0 \\ 1 & 3 & 0 & 0 & 0 & 1 \end{array}\right)$$

Para começar, observe que a primeira coluna de A possui elemento não nulo a partir da primeira linha. Então permutando a primeira com a terceira linha para colocar um elemento não nulo no topo desta coluna, temos:

$$\left(\begin{array}{ccc|ccc} 0 & 0 & 3 & 1 & 0 & 0 \\ 0 & 1 & 0 & 0 & 1 & 0 \\ 1 & 3 & 0 & 0 & 0 & 1 \end{array}\right) (L_3 \leftrightarrow L_1) \left(\begin{array}{ccc|ccc} 1 & 3 & 0 & 0 & 0 & 1 \\ 0 & 1 & 0 & 0 & 1 & 0 \\ 0 & 0 & 3 & 1 & 0 & 0 \end{array}\right).$$

Como os elementos abaixo do pivô da primeira linha da matriz equivalente à A são nulos, passamos para o próximo passo. A primeira coluna com elementos não nulos a partir da segunda linha é a segunda coluna da matriz equivalente à A, cujo elemento do topo (considerar a partir da segunda linha) já é igual a 1 (pivô). Seguindo os passos do algoritmo, os elementos acima e abaixo deste 1 devem ser nulos.

$$\left(\begin{array}{ccc|ccc} 1 & 3 & 0 & 0 & 0 & 1 \\ 0 & 1 & 0 & 0 & 1 & 0 \\ 0 & 0 & 3 & 1 & 0 & 0 \end{array}\right) (L_1 \rightarrow L_1 - 3L_2) \left(\begin{array}{ccc|ccc} 1 & 0 & 0 & 0 & -3 & 1 \\ 0 & 1 & 0 & 0 & 1 & 0 \\ 0 & 0 & 3 & 1 & 0 & 0 \end{array}\right).$$

Por fim, no terceiro ciclo do algoritmo, a primeira coluna não nula, da matriz equivalente à A, a partir da terceira linha é a terceira coluna, cujo elemento do topo (considerar a partir da terceira linha) é o 3. Iremos aplicar uma operação para transformar 3 em 1 e, como os elementos acima dele já são nulos, o processo será encerrado.

$$\left(\begin{array}{ccc|ccc} 1 & 3 & 0 & 0 & 0 & 1 \\ 0 & 1 & 0 & 0 & 1 & 0 \\ 0 & 0 & 1 & \frac{1}{3} & 0 & 0 \end{array}\right) (L_3 \rightarrow \frac{1}{3}L_3) \left(\begin{array}{ccc|ccc} 1 & 0 & 0 & 0 & -3 & 1 \\ 0 & 1 & 0 & 0 & 1 & 0 \\ 0 & 0 & 1 & \frac{1}{3} & 0 & 0 \end{array}\right).$$

Como $A \sim I_3$, temos que $(A \quad I_3) \sim (I_3 \quad A^{-1})$, ou seja, A é inversível e sua inversa é:

$$A^{-1} = \begin{pmatrix} 0 & -3 & 1 \\ 0 & 1 & 0 \\ \frac{1}{3} & 0 & 0 \end{pmatrix}.$$

■

Exemplo 3.5

Verifique se a matriz $B = \begin{pmatrix} 0 & 1 & 2 \\ 1 & 0 & 3 \\ 1 & 1 & 5 \end{pmatrix}$ é inversível.

Solução: Aplicaremos algoritmo de Gauss-Jordan na matriz $(B\ I_3)$ com o objetivo de obter a matriz escalonada reduzida de B, que deve ser a matriz identidade se B for inversível.

$$\left(\begin{array}{ccc|ccc} 0 & 1 & 2 & 1 & 0 & 0 \\ 1 & 0 & 3 & 0 & 1 & 0 \\ 1 & 1 & 5 & 0 & 0 & 1 \end{array}\right)$$

Observe que a primeira coluna de B possui elementos não nulos a partir da primeira linha, mas como o elemento do topo desta coluna é nulo, devemos fazer uma permutação de linhas.

$$\left(\begin{array}{ccc|ccc} 0 & 1 & 2 & 1 & 0 & 0 \\ 1 & 0 & 3 & 0 & 1 & 0 \\ 1 & 1 & 5 & 0 & 0 & 1 \end{array}\right) (L_1 \leftrightarrow L_2) \left(\begin{array}{ccc|ccc} 1 & 0 & 3 & 0 & 1 & 0 \\ 0 & 1 & 2 & 1 & 0 & 0 \\ 1 & 1 & 5 & 0 & 0 & 1 \end{array}\right)$$

Em seguida, vamos zerar o elemento não nulo localizado abaixo do pivô da primeira linha e primeira coluna.

$$\left(\begin{array}{ccc|ccc} 1 & 0 & 3 & 0 & 1 & 0 \\ 0 & 1 & 2 & 1 & 0 & 0 \\ 1 & 1 & 5 & 0 & 0 & 1 \end{array}\right) (L_3 \to L_3 - L_1) \left(\begin{array}{ccc|ccc} 1 & 0 & 3 & 0 & 1 & 0 \\ 0 & 1 & 2 & 1 & 0 & 0 \\ 0 & 1 & 2 & 0 & -1 & 1 \end{array}\right).$$

Seguindo com o algoritmo, observe que a primeira coluna, da matriz equivalente à B, com elementos não nulos a partir da segunda linha é a segunda coluna e o topo (a partir da segunda linha) já está com elemento igual a 1 (pivô). Passando para o próximo passo, devemos garantir que os elementos abaixo e acima deste pivô sejam nulos.

$$\left(\begin{array}{ccc|ccc} 1 & 0 & 3 & 0 & 1 & 0 \\ 0 & 1 & 2 & 1 & 0 & 0 \\ 0 & 1 & 2 & 0 & 1 & 1 \end{array}\right) (L_3 \to L_3 - L_2) \left(\begin{array}{ccc|ccc} 1 & 0 & 3 & 0 & 1 & 0 \\ 0 & 1 & 2 & 1 & 0 & 0 \\ 0 & 0 & 0 & -1 & 1 & 1 \end{array}\right).$$

Como a matriz equivalente à B não possui coluna com elementos não nulos a partir da terceira linha, o algoritmo é finalizado. Podemos perceber que B não é equivalente por linhas à matriz identidade I_3 e, dessa forma, concluímos que a matriz B é singular, isto é, B não possui inversa.

∎

Uma matriz quadrada de ordem 2×2 possui inversa se ela satisfaz uma condição específica e essa inversa, assim como tal condição, serão apresentadas no teorema a seguir.

Teorema 3.5: Inversa de uma matriz de ordem 2×2

Se $ad - bc \neq 0$, então a matriz $A = \begin{pmatrix} a & b \\ c & d \end{pmatrix}$ é inversível e sua inversa é

$$A^{-1} = \frac{1}{ad - bc} \begin{pmatrix} d & -b \\ -c & a \end{pmatrix}.$$

Exemplo 3.6

Sejam $A = \begin{pmatrix} 3 & 2 \\ k & 4 \end{pmatrix}$ e $B = \begin{pmatrix} 1 & 0 \\ 0 & 2 \end{pmatrix}$. Determine o valor de k para que se tenha Traço$(A^{-1}B) = 1$.

Solução: Do Teorema 3.5, temos:

$$A^{-1} = \frac{1}{12 - 2k} \begin{pmatrix} 4 & -2 \\ -k & 3 \end{pmatrix}.$$

Multiplicando as matrizes A^{-1} e B, obtemos:

$$A^{-1}B = \frac{1}{12 - 2k} \begin{pmatrix} 4 & -2 \\ -k & 6 \end{pmatrix}.$$

O traço é a soma dos elementos da diagonal, então:

$$\text{Traço}(A^{-1}B) = \frac{10}{12 - 2k}.$$

Dessa forma, para que Traço$(A^{-1}B) = 1$, devemos ter $\frac{10}{12 - 2k} = 1$ e concluímos que $k = 1$.

∎

Exemplo 3.7

Seja $A \in M_{n \times n}$ não singular. Mostre que $(A^T)^{-1} = (A^{-1})^T$, onde A^T é a transposta de A.

Solução: Como A é não singular, existe A^{-1} satisfazendo a equação

$$AA^{-1} = I. \tag{3.16}$$

Aplicando a transposta em ambos os membros da equação (3.16), temos:

$$(AA^{-1})^T = I^T \Rightarrow (A^{-1})^T A^T = I. \tag{3.17}$$

Por outro lado, como A é não singular, A^T também é não singular, assim:

$$(A^T)^{-1} A^T = I \Rightarrow I = (A^T)^{-1} A^T. \tag{3.18}$$

Substituindo (3.18) em (3.17), temos:

$$((A^{-1})^T - (A^T)^{-1})A^T = 0.$$

Como A é uma matriz arbitrária, concluímos que: $(A^{-1})^T = (A^T)^{-1}$.

■

3.2 Exercícios

1. Mostre que se $ad - bc \neq 0$, então a matriz $A = \begin{pmatrix} a & b \\ c & d \end{pmatrix}$ é invertível e sua inversa é $A^{-1} = \dfrac{1}{ad - bc}\begin{pmatrix} d & -b \\ -c & a \end{pmatrix}$.

2. Encontre a inversa da matriz $A = \begin{pmatrix} \cos(\theta) & sen(\theta) \\ -sen(\theta) & \cos(\theta) \end{pmatrix}$ sendo θ um número real arbitrário.

3. Seja $A = \begin{pmatrix} 2 & 1 \\ 1 & 4 \end{pmatrix}$. Calcule $(A^{-1})^2$.

4. Calcule a inversa de $2AA^T$ sabendo que A é inversível.

5. Encontre a inversa das matrizes abaixo usando o algoritmo de Gauss-Jordan:

   (a) $A = \begin{pmatrix} 1 & 0 \\ 0 & -1 \end{pmatrix}$ (a) $B = \begin{pmatrix} 1 & 0 & 0 \\ 0 & -2 & 0 \\ 0 & 0 & -3 \end{pmatrix}$ (c) $C = \begin{pmatrix} 1 & 4 & 2 \\ 0 & 4 & 0 \\ 0 & 2 & 1 \end{pmatrix}$

6. Encontre a inversa das matrizes abaixo usando o algoritmo de Gauss-Jordan:

   (a) $A = \begin{pmatrix} 0 & 1 & 2 \\ 1 & 4 & -2 \\ 2 & -2 & 8 \end{pmatrix}$ (b) $B = \begin{pmatrix} 0 & 1 & 2 \\ -1 & 0 & -2 \\ -2 & 2 & 0 \end{pmatrix}$ (c) $C = \begin{pmatrix} 1 & 2 & 0 & 0 \\ 2 & -1 & 0 & 0 \\ 0 & 0 & 0 & 1 \\ 0 & 0 & -1 & 0 \end{pmatrix}$

7. Seja $B = \begin{pmatrix} 1 & 0 & 0 \\ 0 & \cos(\theta) & -sen(\theta) \\ 0 & sen(\theta) & \cos(\theta) \end{pmatrix}$. Encontre B^{-1} e B^T, sendo θ um número real arbitrário.

8. Mostre que $A = \begin{pmatrix} sen^2(\alpha) & sen^2(\beta) & sen^2(\gamma) \\ cos^2(\alpha) & cos^2(\alpha) & cos^2(\alpha) \\ a & a & a \end{pmatrix}$ é singular, onde a, α, β e γ são números reais.

9. Seja $A \in M_{n\times n}$. Mostre que $(A^{-1})^{-1} = A$.

10. Sejam $A, B \in M_{n\times n}$ não singulares. Mostre que $(AB)^{-1} = B^{-1}A^{-1}$. Em geral, $(A_1A_2 \cdots A_{n-1}A_n)^{-1} = A_n^{-1}A_{n-1}^{-1} \cdots A_2^{-1}A_1^{-1}$, o que se prova por indução.

11. Sejam $A, B \in M_{n\times n}$ não singulares. Mostre que $(ABA^{-1})^n = AB^nA^{-1}$, para todo $n \in \mathbb{N}$.

12. Sejam $X \in M_{n\times n}$ e I a identidade de ordem $n \times n$. Mostre que se $(X - I)$ tem inversa, então $I + X + X^2 + \cdots + X^n = (X^{n+1} - I)(X - I)^{-1}, \forall n \in \mathbb{N}$.

13. Seja $A \in M_{n\times n}$ uma matriz simétrica (antissimétrica). Mostre que A^{-1} é simétrica (antissimétrica).

14. Seja $A \in M_{n\times n}$ uma matriz inversível. Mostre que $(A^n)^{-1} = (A^{-1})^n$ para todo $n \in \mathbb{N}$.

15. Seja $A \in M_{n\times n}$ uma matriz inversível e $\alpha \in \mathbb{C} - \{0\}$. Mostre que $(\alpha A)^{-1} = \alpha^{-1}A^{-1}$.

16. Sejam $A \in M_{n\times n}$ e I a identidade de ordem $n \times n$. Demonstre que se $(I - A)$ tem inversa, então $I + A + A^2 + \cdots + A^n = (I - A^{n+1})(I - A)^{-1}, \forall n \in \mathbb{N}$.

CAPÍTULO 4

DETERMINANTE

4.1 Introdução

O determinante é um número real ou complexo que está associado às matrizes quadradas. Em sistemas lineares nos quais as matrizes de coeficientes são tanto quadradas quanto têm um posto igual ao número de variáveis, o determinante desempenha um papel importante na composição das soluções.

Por exemplo, se temos $a_{11}a_{22} - a_{21}a_{12} \neq 0$, a solução do sistema linear dado por:

$$\begin{cases} a_{11}x & + & a_{12}y & = & b_1 \\ a_{21}x & + & a_{22}y & = & b_2 \end{cases}, \tag{4.1}$$

é:

$$x = \frac{a_{22}b_1 - a_{12}b_2}{a_{11}a_{22} - a_{21}a_{12}} \text{ e } y = \frac{a_{11}b_2 - a_{21}b_1}{a_{11}a_{22} - a_{21}a_{12}},$$

onde $a_{11}a_{22} - a_{21}a_{12}$ é o determinante da matriz dos coeficientes como veremos neste capítulo.

Em geral, o determinante é uma função

$$\begin{array}{rccl} det: & M_{n\times n} & \to & \mathbb{R} \text{ ou } \mathbb{C} \\ & A & \mapsto & det(A) \end{array}$$

definida para todas as matrizes de ordem $n \times n$, com elementos reais, que associa a cada matriz A o número $det(A)$.

Vamos começar apresentando o determinante correspondente às matrizes de ordem 1×1 e 2×2.

Definição 4.1

Quando $A = (a_{11})$ é uma matriz de ordem 1×1, definimos o *determinante* de A por:

$$det(A) = a_{11}$$

ou

$$det(a_{11}) = a_{11}.$$

Exemplo 4.1

Calcule o determinante da matriz $A = \left(-\frac{2}{3}\right)$.

Solução: O determinante de A é $det\left(-\frac{2}{3}\right) = -\frac{2}{3}$.

■

Definição 4.2

Quando A é uma matriz de ordem 2×2, definimos o *determinante* de A por:

$$det \begin{pmatrix} a_{11} & a_{12} \\ a_{21} & a_{22} \end{pmatrix} = a_{11}a_{22} - a_{21}a_{12}.$$

Observação 4.1

Para auxiliar na memorização do determinante da matriz de ordem 2×2, utilizando a ilustração abaixo, concluímos que:

$$\begin{pmatrix} a_{11} & a_{12} \\ a_{21} & a_{22} \end{pmatrix} \quad \nearrow s \quad \searrow p$$

$$det(A) = p - s,$$

onde p é o produto dos elementos da diagonal principal e s é o produto dos elementos da diagonal secundária.

Exemplo 4.2

Calcule o determinante da matriz $A = \begin{pmatrix} \frac{2}{3} & -1 \\ 3 & 6 \end{pmatrix}$.

Solução: De acordo com a definição, temos:

$$det\begin{pmatrix} \frac{2}{3} & -1 \\ 3 & 6 \end{pmatrix} = \left(\frac{2}{3}\right)(6) - (3)(-1) = 7.$$

■

Existe mais de uma função ou mais de uma forma de se obter $det(A)$, porém, em todas elas, o valor $det(A)$ será o mesmo. Mostremos três formas de se obter o determinante e a primeira delas é uma função definida por meio de permutações.

A definição por permutações é uma abordagem histórica que, apesar de não ser muito prática, ela é útil para demonstrar muitas propriedades satisfeitas pelo determinante.

A segunda função que mostraremos é conhecida como expansão em cofatores ou desenvolvimento de Laplace. Esta abordagem utiliza muitas multiplicações e, apesar de ser melhor de trabalhar que a primeira, acaba sendo inviável quando se trata de matrizes de ordem grande.

Por fim, apresentaremos um método para o cálculo do determinante que utiliza as operações elementares. Vamos chamar esse método de determinante por escalonamento. Nesta abordagem, basicamente, utiliza-se as propriedades do determinante relacionadas com as operações elementares e, devido a simplicidade e rapidez para se chegar ao resultado, ela se tornou preferida no contexto computacional.

4.2 Determinante por permutações

Definição 4.3

Uma *permutação* do conjunto finito $S \subset \mathbb{N}$ é uma função bijetora que associada cada elemento de S em um elemento do próprio conjunto S. Podemos dizer que uma permutação do conjunto S é uma reordenação de seus elementos.

Se $S = \{1, 2, \cdots, n\}$ possui n elementos, então existirão $n!$ permutações que iremos representar por $\sigma_1, \sigma_2, \cdots, \sigma_{n!}$. O conjunto com todas as $n!$ permutações σ_i de S será denotado por S_σ.

Considere $\sigma_i \in S_\sigma$ definida por $\sigma_i(r) = j_r$ com $j_r \neq j_s$ sempre que $r \neq s$, para todo $r, s \in S$ e $j_r, j_s \in S$. Para $S = \{1, 2, \cdots, n\}$ a notação $\sigma_i(S) = j_1 j_2 \cdots j_n$ ou simplesmente $\sigma_i = j_1 j_2 \cdots j_n$ estabelece a reordenação dos elementos de S como tentamos ilustrar abaixo.

$$\begin{pmatrix} 1 & 2 & \cdots & n \\ j_1 & j_2 & \cdots & j_n \end{pmatrix}$$

Exemplo 4.3

Se $S = \{1, 2\}$, então as possíveis permutações de S que compõem o conjunto S_σ são:

$$\sigma_1 = 12 \quad \text{e} \quad \sigma_2 = 21.$$

Definição 4.4

Diremos que existe uma *inversão* na permutação $\sigma_i = j_1 j_2 \cdots j_n$ quando um número precede outro menor que ele, isto é, se $j_r > j_s$ para $r < s$. Denotaremos por k_σ o número de inversões da permutação σ_i.

O número de inversões de uma permutação σ_i é obtido comparando j_r com todos os números j_s localizados após ele e, sempre que $j_r > j_s$ com $r < s$, contabiliza-se uma inversão.

Para ficar mais claro, veja a seguir as permutações dos conjuntos $\{1, 2\}$ e $\{1, 2, 3\}$ e o número de inversões de cada uma delas.

Exemplo 4.4

Considere o conjunto $\{1, 2\}$. Na tabela abaixo podemos ver as possíveis permutações com seus respectivos números de inversões:

Conjunto	*Permutações*	*Número de inversões*
$\{1, 2\}$	12	0
	21	1

Exemplo 4.5

Considere o conjunto $\{1, 2, 3\}$. Na tabela abaixo podemos ver as possíveis permutações com seus respectivos números de inversões:

Conjunto	*Permutações*	*Número de inversões*
$\{1, 2, 3\}$	123	0
	132	1
	312	2
	321	3
	231	2
	213	1

Podemos estabelecer uma relação entre o determinante da matriz $A \in M_{2\times 2}$ e as permutações do conjunto $S = \{1, 2\}$.

O determinante da matriz:

$$A = \begin{pmatrix} a_{11} & a_{12} \\ a_{21} & a_{22} \end{pmatrix},$$

dado por:

$$det(A) = a_{11}a_{22} - a_{21}a_{12}$$

pode ser escrito usando o número de inversões das permutações $\sigma_i \in S_\sigma$ da seguinte forma:

$$det(A) = \sum_{\sigma_i \in S_\sigma} (-1)^{k_\sigma} a_{1j_1} a_{2j_2} \tag{4.2}$$

onde $\sigma_i = j_1 j_2$ é uma permutação de $S = \{1, 2\}$ e k_σ é o número de inversões de σ_i. Esta expressão pode ser generalizada para uma matriz qualquer A de ordem $n \times n$, como podemos ver a seguir.

Definição 4.5

O *determinante* de $A \in M_{n\times n}$ é o número:

$$det(A) = \sum_{\sigma_i \in S_\sigma} (-1)^{k_\sigma} a_{1j_1} a_{2j_2} \cdots a_{nj_n}, \tag{4.3}$$

onde $\sigma_i = j_1 j_2 \cdots j_n$ é uma permutação do conjunto S_σ e k_σ é o número de inversões de σ_i.

Definição 4.6

A expressão

$$a_{1j_1}a_{2j_2}\cdots a_{nj_n} \tag{4.4}$$

que aparece na equação (4.3) é o produto de n elementos da matriz A proveniente de linhas e colunas distintas e é conhecida por *produto elementar*.

Em geral, o número de produtos elementares de $A \in M_{n\times n}$ obedece a regra de contagem:

$$n(n-1)(n-2)\cdots 2.1 = n!,$$

onde $n, n-1, \cdots, 2$ e 1 representam o número de elementos que podem ser escolhidos em cada parcela do produto (4.4).

Os possíveis produtos elementares $a_{1j_1}a_{2j_2}\cdots a_{nj_n}$ podem ser obtidos fixando o índice correspondente às linhas de $A \in M_{n\times n}$ e permutando os índices correspondentes às colunas, ou seja, basta considerar as permutações $\sigma_i = j_1j_2\cdots j_n$ do conjunto $\{1, 2, \cdots, n\}$ correspondente às colunas de A.

Para fixar compreender melhor essa ideia, veja em seguida como encontrar o determinante de uma matriz de ordem 3×3.

Exemplo 4.6

Calcule o determinante de $A \in M_{3\times 3}$ usando permutações.

Solução: Considerando as permutações $\sigma_i = j_1j_2j_3$ do conjunto $\{1, 2, 3\}$, os produtos elementares $a_{1j_1}a_{2j_2}a_{3j_3}$ de A e os respectivos números de inversões são:

$j_1j_2j_3$	$a_{1j_1}a_{2j_2}a_{3j_3}$	k^σ
1 2 3	$a_{11}a_{22}a_{33}$	0
1 3 2	$a_{11}a_{23}a_{32}$	1
3 1 2	$a_{13}a_{21}a_{32}$	2
3 2 1	$a_{13}a_{22}a_{31}$	3
2 3 1	$a_{12}a_{23}a_{31}$	2
2 1 3	$a_{12}a_{21}a_{33}$	1

Utilizando as informações da tabela, temos:

$$\begin{aligned}
det(A) &= \sum_{\sigma_i \in S_\sigma} (-1)^{k^\sigma} a_{1j_1} a_{2j_2} a_{3j_3} \\
&= (-1)^0 a_{11}a_{22}a_{33} + (-1)^1 a_{11}a_{23}a_{32} + (-1)^2 a_{13}a_{21}a_{32} + (-1)^3 a_{13}a_{22}a_{31} + \\
&\quad (-1)^2 a_{12}a_{23}a_{31} + (-1)^1 a_{12}a_{21}a_{33} \\
&= a_{11}a_{22}a_{33} - a_{11}a_{23}a_{32} + a_{13}a_{21}a_{32} - a_{13}a_{22}a_{31} + a_{12}a_{23}a_{31} - a_{12}a_{21}a_{33} \\
&= (a_{11}a_{22}a_{33} + a_{13}a_{21}a_{32} + a_{12}a_{23}a_{31}) - (a_{11}a_{23}a_{32} + a_{13}a_{22}a_{31} + a_{12}a_{21}a_{33}.)
\end{aligned}$$

■

Observação 4.2

O determinante da matriz $A \in M_{3\times3}$, obtido no Exemplo 4.5, não é fácil de ser memorizado, mas pode ser facilmente obtido com uma regra deduzida pelo matemático Pierre Frédéric Sarrus (1789-1861), conhecida como *Regra de Sarrus* (Lê-se: Sarrí).

REGRA DE SARRUS

(i) Repetir as colunas $A^{(1)}$ e $A^{(2)}$ após a coluna $A^{(3)}$, dando origem à matriz:

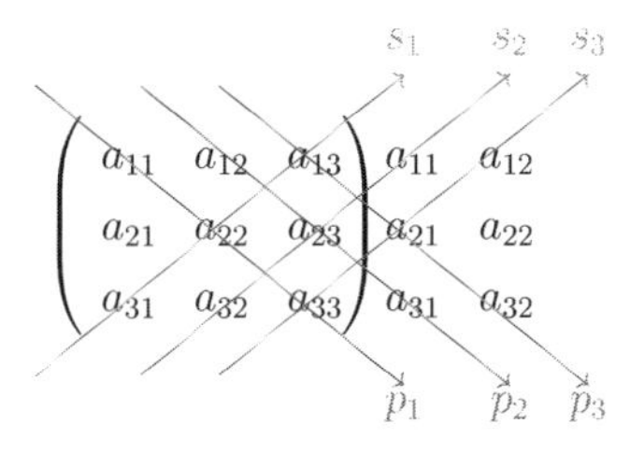

(ii) Multiplicar os elementos das diagonais p_1, p_2 e p_3 e somar os resultados:

$$P = a_{11}a_{22}a_{33} + a_{12}a_{23}a_{31} + a_{13}a_{21}a_{32}.$$

(iii) Multiplicar os elementos das diagonais s_1, s_2 e s_3 e somar os resultados:

$$S = a_{31}a_{22}a_{13} + a_{32}a_{23}a_{11} + a_{33}a_{21}a_{12}.$$

(iii) O determinante de $A \in M_{3\times3}$ é:

$$det(A) = P - S.$$

Exemplo 4.7

Calcule o determinante da matriz A$=\begin{pmatrix} \frac{3}{2} & -1 & 2 \\ 1 & -3 & \frac{1}{3} \\ -1 & 0 & 2 \end{pmatrix}$.

Solução: Considerando o diagrama:

$$\begin{pmatrix} \frac{3}{2} & -1 & 2 \\ 1 & -3 & \frac{1}{3} \\ -1 & 0 & 2 \end{pmatrix} \begin{matrix} \frac{3}{2} & -1 \\ 1 & -3 \\ -1 & 0 \end{matrix}$$

e multiplicando os elementos das diagonais informadas na regra de Sarrus, concluímos que:

$$det \begin{pmatrix} \frac{3}{2} & -1 & 2 \\ 1 & -3 & \frac{1}{3} \\ -1 & 0 & 2 \end{pmatrix} = (-9 + \frac{1}{3} + 0) - (6 + 0 - 2) = -\frac{38}{3}.$$

■

Observação 4.3

A regra de Sarrus é muito útil para calcular o determinante da matriz de ordem 3×3 e é importante reforçar que ela só se aplica à matrizes de ordem 3×3.

4.3 Determinante por expansão em cofatores

Nesta seção vamos definir o determinante de uma matriz A de ordem $n \times n$ utilizando a *expansão em cofatores*. Esta abordagem também é conhecida por *desenvolvimento de Laplace* e trata-se de uma função recursiva que para ser obtida requer o uso do determinante de uma matriz específica de ordem $(n-1) \times (n-1)$ definida com elementos de A.

A matriz de ordem $(n-1) \times (n-1)$ mencionada anteriormente será denotada por $\widetilde{A}_{ij}$. Ela é chamada de *submatriz* do elemento a_{ij} e é definida eliminando a i-ésima linha e a j-ésima coluna de A.

Em particular, considerando a matriz A de ordem 2×2, dada por:

$$A = \begin{pmatrix} a_{11} & a_{12} \\ a_{21} & a_{22} \end{pmatrix}$$

as submatrizes dos elementos a_{11} e a_{21}, que compõem sua primeira coluna, são:

$$\widetilde{A}_{11} = \begin{pmatrix} a_{11} & a_{12} \\ a_{21} & a_{22} \end{pmatrix} = (a_{22})$$

e

$$\widetilde{A}_{21} = \begin{pmatrix} a_{11} & a_{12} \\ a_{21} & a_{22} \end{pmatrix} = (a_{12})$$

Como o determinante de matrizes de ordem 1×1 coincide com seu próprio elemento, temos:

$$det(\widetilde{A}_{11}) = a_{22} \text{ e } det(\widetilde{A}_{21}) = a_{12}$$

Utilizando as submatrizes, o determinate de $A \in M_{2\times 2}$, dado por:

$$det(A) = a_{11}a_{22} - a_{21}a_{12}$$

pode ser escrito na forma:

$$\begin{aligned} det(A) &= a_{11}det(\widetilde{A}_{11}) - a_{21}det(\widetilde{A}_{21}) \\ &= a_{11}(+1)det(\widetilde{A}_{11}) + a_{21}(-1)det(\widetilde{A}_{21}) \\ &= a_{11}(-1)^{1+1}\, det(\widetilde{A}_{11}) + a_{21}(-1)^{2+1}\, det(\widetilde{A}_{21}) \\ &= a_{11}C_{11} + a_{21}C_{21}, \end{aligned}$$

onde

$$C_{11} = (-1)^{1+1}\, det(\widetilde{A}_{11})$$

e

$$C_{21} = (-1)^{2+1}\, det(\widetilde{A}_{21}).$$

são chamados de *cofatores* dos elementos a_{11} e a_{21}.

A definição

$$det(A) = a_{11}C_{11} + a_{21}C_{21}$$

informa que o determinante da matriz A de ordem 2×2, o qual já sabemos que é o número real $a_{11}a_{22} - a_{21}a_{12}$, pode ser calculado por expansão em cofatores ao longo da primeira coluna de A. Essa definição se estende naturalmente para matrizes quadradas de ordem $n \times n$.

Definição 4.7

Seja $A \in M_{n \times n}$ com $n \geq 2$. O *determinante* de A é o número real definido por:

$$det(A) = \sum_{i=1}^{n} a_{i1}C_{i1}, \tag{4.5}$$

onde $C_{i1} = (-1)^{i+1}det(\widetilde{A}_{i1})$ é o cofator do elemento a_{i1} e $\widetilde{A}_{i1} \in M_{(n-1)\times(n-1)}$ é a submatriz do elemento a_{i1}, a qual possui determinante conhecido e é obtida eliminando a i-ésima linha e primeira coluna de A.

Substituindo os cofatores e expandindo a equação (4.5), o determinante da matriz $A \in M_{n \times n}$ é:

$$det(A) = a_{11}(-1)^{1+1}\ det(\widetilde{A}_{11}) + a_{21}(-1)^{2+1}\ det(\widetilde{A}_{21}) + \cdots + a_{n1}(-1)^{n+1}\ det(\widetilde{A}_{n1}).$$

Obtém-se o mesmo resultado para o determinante se os cofatores forem calculados ao longo de qualquer coluna de $A \in M_{n \times n}$ e o mesmo acontece se for fixada uma linha qualquer ao invés de uma coluna. Esse resultado, conhecido por Teorema de Laplace, possui uma demonstração longa e pode ser consultada em [15].

Teorema 4.1: Teorema de Laplace

Seja $A \in M_{n \times n}$, com $n \geq 2$. O determinante de A, pode ser obtido usando a expansão em cofatores ao longo de qualquer linha de A, isto é:

$$det(A) = a_{i1}C_{i1} + a_{i2}C_{i2} + \cdots + a_{in}C_{in} = \sum_{j=1}^{n} a_{ij}C_{ij}$$

e também ao longo de qualquer coluna, ou seja:

$$det(A) = a_{1j}C_{1j} + a_{2j}C_{2j} + \cdots + a_{2j}C_{2j} = \sum_{i=1}^{n} a_{ij}C_{ij}.$$

O Teorema de Laplace garante que podemos escolher qualquer linha ou qualquer coluna da matriz $A \in M_{n \times n}$ para calcular seu determinante. Usaremos a liberdade de escolha garantida pelo teorema para calcular o determinante da matriz A de ordem 3×3.

Exemplo 4.8

Calcule o determinante da matriz $A = \begin{pmatrix} a_{11} & a_{12} & a_{13} \\ a_{21} & a_{22} & a_{23} \\ a_{31} & a_{32} & a_{33} \end{pmatrix}$ usando cofatores.

Solução: Escolhendo a primeira linha de A para calcular o determinante por expansão em cofatores, temos:

$$\begin{aligned} det(A) &= a_{11}C_{11} + a_{12}C_{12} + a_{13}C_{13} \\ &= a_{11}(-1)^{1+1}det(\widetilde{A}_{11}) + a_{12}(-1)^{1+2}det(\widetilde{A}_{12}) + a_{13}(-1)^{1+3}det(\widetilde{A}_{13}) \\ &= a_{11}det(\widetilde{A}_{11}) - a_{12}det(\widetilde{A}_{12}) + a_{13}det(\widetilde{A}_{13}). \end{aligned} \quad (4.6)$$

As submatrizes $\widetilde{A}_{1j}$ e seus respectivos determinantes são:

$$\widetilde{A}_{11} = \begin{pmatrix} a_{11} & a_{12} & a_{13} \\ a_{21} & a_{22} & a_{23} \\ a_{31} & a_{32} & a_{33} \end{pmatrix} = \begin{pmatrix} a_{22} & a_{23} \\ a_{32} & a_{33} \end{pmatrix} \Rightarrow det(\widetilde{A}_{11}) = a_{22}a_{33} - a_{32}a_{23}$$

$$\widetilde{A}_{12} = \begin{pmatrix} a_{11} & a_{12} & a_{13} \\ a_{21} & a_{22} & a_{23} \\ a_{31} & a_{32} & a_{33} \end{pmatrix} = \begin{pmatrix} a_{21} & a_{23} \\ a_{31} & a_{33} \end{pmatrix} \Rightarrow det(\widetilde{A}_{12}) = a_{21}a_{33} - a_{31}a_{23}$$

$$\widetilde{A}_{13} = \begin{pmatrix} a_{11} & a_{12} & a_{13} \\ a_{21} & a_{22} & a_{23} \\ a_{31} & a_{32} & a_{33} \end{pmatrix} = \begin{pmatrix} a_{21} & a_{22} \\ a_{31} & a_{32} \end{pmatrix} \Rightarrow det(\widetilde{A}_{13}) = a_{21}a_{32} - a_{31}a_{22}$$

Substituindo os determinantes das submatrizes $\widetilde{A}_{1j}$ na equação (4.7), temos:

$$\begin{aligned} det(A) &= a_{11}(a_{22}a_{33} - a_{32}a_{23}) - a_{12}(a_{21}a_{33} - a_{31}a_{23}) + a_{13}(a_{21}a_{32} - a_{31}a_{22}) \\ &= (a_{11}a_{22}a_{33} + a_{12}a_{31}a_{23} + a_{13}a_{21}a_{32}) - (a_{11}a_{32}a_{23} + a_{12}a_{21}a_{33} + a_{13}a_{31}a_{22}) \\ &= (a_{11}a_{22}a_{33} + a_{12}a_{23}a_{31} + a_{13}a_{21}a_{32}) - (a_{31}a_{22}a_{13} + a_{32}a_{23}a_{11} + a_{33}a_{21}a_{12}). \end{aligned}$$

■

Como era de se esperar, o determinante da Matriz $A \in M_{3\times3}$ obtido com a expansão em cofatores coincide com o valor obtido por meio das permutações, o qual pode ser facilmente calculado usando a regra de Sarrus.

Exemplo 4.9

Calcule o determinante da matriz $A = \begin{pmatrix} 1 & 0 & 2 \\ 1 & -3 & -1 \\ -1 & 0 & 2 \end{pmatrix}$ usando cofatores.

Solução: Como a segunda coluna tem dois elementos nulos, para facilitar o cálculo do determinante iremos aplicar a expansão em cofatores ao longo da segunda coluna.

$$\begin{aligned} det(A) &= a_{12}C_{12} + a_{22}C_{22} + a_{32}C_{32} \\ &= \cancel{0C_{12}} - 3C_{22} + \cancel{0C_{32}} \\ &= -3(-1)^{2+2}det(\widetilde{A}_{22}) \\ &= -3\begin{pmatrix} 1 & 2 \\ -1 & 2 \end{pmatrix} = -3(2+2) = -12. \end{aligned}$$

■

Exemplo 4.10

Calcule o determinante da matriz $A = \begin{pmatrix} 1 & -1 & 0 & 3 \\ 2 & 1 & -1 & 3 \\ -2 & -1 & 0 & 1 \\ 1 & -1 & 4 & 1 \end{pmatrix}$ usando cofatores.

Solução: O cálculo do determinante será feito utilizando a expansão em cofatores ao longo da terceira coluna. Observe que esta escolha é interessante devido a quantidade de elementos nulos.

$$\begin{aligned} det(A) &= a_{13}C_{13} + a_{23}C_{23} + a_{33}C_{33} + a_{43}C_{43} \\ &= \cancelto{0}{0\,(C_{13})} - 1\,(C_{23}) + \cancelto{0}{0\,(C_{33})} + 4\,(C_{43}) \\ &= -C_{23} + 4C_{43} \\ &= -1(-1)^{2+3}det(\widetilde{A}_{23}) + 4(-1)^{4+3}det(\widetilde{A}_{43}) \\ &= det(\widetilde{A}_{23}) - 4det(\widetilde{A}_{43}). \end{aligned} \tag{4.7}$$

As submatrizes e seus respectivos determinantes, calculados pela regra de Sarrus ou por expansão em cofatores, são:

$$\widetilde{A}_{23} = \begin{pmatrix} 1 & -1 & 0 & 3 \\ 2 & 1 & -1 & 3 \\ -2 & -1 & 0 & 1 \\ 1 & -1 & 4 & 1 \end{pmatrix} = \begin{pmatrix} 1 & -1 & 3 \\ -2 & -1 & 1 \\ 1 & -1 & 1 \end{pmatrix} \Rightarrow det(\widetilde{A}_{23}) = 6$$

$$\widetilde{A}_{43} = \begin{pmatrix} 1 & -1 & 0 & 3 \\ 2 & 1 & -1 & 3 \\ -2 & -1 & 0 & 1 \\ 1 & -1 & 4 & 1 \end{pmatrix} = \begin{pmatrix} 1 & -1 & 3 \\ 2 & 1 & 3 \\ -2 & -1 & 1 \end{pmatrix} \Rightarrow det(\widetilde{A}_{43}) = 12$$

Por fim, substituindo os determinantes das submatrizes na equação (4.7), concluímos que:

$$\begin{aligned} det(A) &= det(\widetilde{A}_{23}) - 4det(\widetilde{A}_{43}) \\ &= 6 - 4(12) = -42. \end{aligned}$$

■

Exemplo 4.11

Calcule o determinante da matriz $A = \begin{pmatrix} a_{11} & a_{12} & a_{13} & a_{14} \\ 0 & a_{22} & a_{23} & a_{24} \\ 0 & 0 & a_{33} & a_{34} \\ 0 & 0 & 0 & a_{44} \end{pmatrix}$ usando cofatores.

Solução: Usando a expansão em cofatores ao longo da primeira coluna de A e, em seguida, usando a regra de Sarrus para as matrizes de ordem 3×3, temos:

$$\begin{aligned} det(A) &= a_{11}C_{11} + a_{21}C_21 + a_{31}C_31 + a_{41}C_{41} \\ &= a_{11}(C_{11}) + \cancelto{0}{0(C_21)} + \cancelto{0}{0(C_31)} + \cancelto{0}{0(C_{41})} \\ &= a_{11}C_{11} = a_{11}(-1)^{1+1}det(\widetilde{A}_{11}) \\ &= a_{11}(-1)^{1+1}det\begin{pmatrix} a_{22} & a_{23} & a_{24} \\ 0 & a_{33} & a_{34} \\ 0 & 0 & a_{44} \end{pmatrix} \\ &= a_{11}a_{22}a_{33}a_{44}. \end{aligned}$$

■

Observe que o determinante da matriz triangular do Exemplo 4.9 é o produto dos termos de sua diagonal principal. Esse resultado pode ser generalizado para qualquer matriz triangular $A \in M_{n\times n}$.

Teorema 4.2

Se $A \in M_{n\times n}$, $n \geq 2$, é uma matriz triangular, então $det(A) = a_{11}a_{22}\ldots a_{nn}$.

Demonstração: A demonstração será feita por indução em $n \in \mathbb{N}$, $n \geq 2$, segundo os passos abaixo, onde iremos considerar matrizes triangulares superiores, isto é, $a_{ij} = 0$ para $i > j$.

(i) Inicialmente, vamos verificar a validade do resultado para $n = 2$. Veja, se $A = \begin{pmatrix} a_{11} & a_{12} \\ 0 & a_{22} \end{pmatrix}$, pela definição temos: $det(A) = a_{11}a_{22} - a_{12}(0) = a_{11}a_{22}$, como era de se esperar.

(ii) A hipótese de indução é obtida supondo o resultado válido para $A \in M_{n\times n}$ triangular superior, isto é, $det(A) = a_{11}a_{22}\cdots a_{nn}$.

(iii) Por fim, precisamos mostrar a validade do resultado para as matrizes triangulares de ordem $(n+1)\times(n+1)$. Para isso, aplicando a expansão em cofatores ao longo da primeira coluna da matriz triangular superior $A \in M_{(n+1)\times(n+1)}$, como todos os termos abaixo de a_{11} são nulos, temos:

$$det(A) = a_{11}C_{11} = a_{11}det(\widetilde{A}_{11}), \tag{4.8}$$

pois $C_{11} = (-1)^{1+1}det(\widetilde{A}_{11}) = det(\widetilde{A}_{11})$. Como $\widetilde{A}_{11}$ é uma matriz triangular superior de ordem $n \times n$, cujos termos da diagonal principal são $a_{22}, \ldots, a_{nn}, a_{(n+1)(n+1)}$, pela hipótese de indução, temos:

$$det(\widetilde{A}_{11}) = a_{22}\ldots a_{nn}a_{(n+1)(n+1)}. \tag{4.9}$$

Portanto, substituindo (4.9) em (4.8), concluímos que $det(A) = a_{11}a_{22}\ldots a_{nn}a_{(n+1)(n+1)}$. Analogamente, chegaremos à mesma expressão ao considerar matrizes triangulares inferiores.

■

4.4 Exercícios

1. Calcule o determinante das seguintes matrizes:

(a) $\begin{pmatrix} -\frac{3}{2} & 2 \\ \frac{1}{5} & -1 \end{pmatrix}$ (b) $\begin{pmatrix} \frac{4}{3} & -\frac{3}{2} \\ \frac{4}{5} & \frac{6}{5} \end{pmatrix}$ (c) $\begin{pmatrix} \frac{3}{7} & \frac{5}{6} \\ \frac{2}{15} & -\frac{14}{9} \end{pmatrix}$ (d) $\begin{pmatrix} \frac{11}{36} & \frac{8}{3} \\ -\frac{3}{32} & \frac{9}{2} \end{pmatrix}$

2. Calcule o determinante das seguintes matrizes:

(a) $\begin{pmatrix} \frac{27}{16} & 0 & 0 \\ -4 & \frac{4}{9} & 0 \\ 5 & 1 & \frac{6}{5} \end{pmatrix}$ (c) $\begin{pmatrix} \frac{6}{5} & 1 & \frac{2}{9} \\ 6 & 5 & -\frac{1}{3} \\ 3 & 0 & \frac{1}{3} \end{pmatrix}$ (e) $\begin{pmatrix} -1 & 0 & 4 \\ 0 & 5 & 7 \\ 4 & 7 & 1 \end{pmatrix}$

(b) $\begin{pmatrix} \frac{3}{2} & 0 & 1 \\ 0 & -4 & \frac{1}{3} \\ \frac{1}{4} & 7 & \frac{1}{3} \end{pmatrix}$ (d) $\begin{pmatrix} \frac{3}{2} & \frac{4}{3} & -1 \\ \frac{2}{3} & 1 & \frac{4}{3} \\ 0 & \frac{3}{4} & 1 \end{pmatrix}$ (f) $\begin{pmatrix} \frac{12}{5} & 3 & -2 \\ 0 & \frac{25}{4} & 3 \\ 0 & 0 & \frac{1}{9} \end{pmatrix}$

3. Calcule o determinante das seguintes matrizes:

(a) $\begin{pmatrix} 1 & 0 & 0 \\ 30 & 2 & 0 \\ 41 & -7 & 4 \end{pmatrix}$ (c) $\begin{pmatrix} 1 & 0 & 0 & -1 \\ 3 & 1 & 2 & 2 \\ 1 & 0 & -2 & 1 \\ 2 & 0 & 0 & 1 \end{pmatrix}$ (e) $\begin{pmatrix} 1 & 0 & 0 & -1 \\ 3 & 1 & 2 & 2 \\ 1 & 0 & -2 & 1 \\ 2 & 0 & 0 & 1 \end{pmatrix}$

(b) $\begin{pmatrix} -1 & 3 & -1 & 1 \\ 0 & 1 & 2 & 3 \\ 0 & 0 & 1 & 2 \\ -1 & 3 & -1 & 2 \end{pmatrix}$ (d) $\begin{pmatrix} 1 & 0 & -1 & 4 \\ 0 & 2 & 1 & 1 \\ 2 & 1 & 2 & 3 \\ -1 & 2 & -1 & 0 \end{pmatrix}$ (f) $\begin{pmatrix} 1 & 3 & 1 & 5 & 3 \\ -2 & -7 & 0 & -4 & 2 \\ 0 & 0 & 1 & 0 & 1 \\ 0 & 0 & 2 & 1 & 1 \\ 0 & 0 & 0 & 1 & 1 \end{pmatrix}$

4. Calcule $det(BB^T)$ para $B \in M_{3\times 3}$ e $b_{ij} = i + j$.

5. Calcule $det(-B)$ para $B \in M_{3\times 3}$, cujos elementos são $b_{kj} = k - 2j$.

6. Calcule o determinante da matriz $X \in M_{2\times 2}$ que satisfaz a equação matricial $2X - (A + 2A^2) = 4B^3 + 2I^3$, onde $A = \begin{pmatrix} 0 & 1 \\ -1 & 0 \end{pmatrix}$, $B = \begin{pmatrix} 1 & 0 \\ 0 & -1 \end{pmatrix}$ e I é a identidade de ordem 2×2.

7. Sejam a, b, c números reais arbitrários e $A = \begin{pmatrix} 1 & 1 & 1 \\ a & b & c \\ a^2 & b^2 & c^2 \end{pmatrix}$. Mostre que $det(A) = (b - a)(c - a)(c - b)$.

8. Sejam a, b, c números reais arbitrários e $\rho = \frac{1}{2}(I + a\sigma_x + b\sigma_y + c\sigma_z)$ uma matriz de

ordem 2×2, onde I é a identidade de ordem 2×2 e

$$\sigma_x = \begin{pmatrix} 0 & 1 \\ 1 & 0 \end{pmatrix}, \ \sigma_y = \begin{pmatrix} 0 & -\iota \\ \iota & 0 \end{pmatrix} \text{ e } \sigma_z = \begin{pmatrix} 1 & 0 \\ 0 & -1 \end{pmatrix},$$

são as *matrizes de Pauli*. Mostre que $det(\rho) = 0$ se, e somente se, $a^2 + b^2 + c^2 = 1$.

4.5 Propriedades dos determinantes

O determinante de uma matriz $A \in M_{n \times n}$ possui propriedades interessantes. Três dessas propriedades serão utilizadas para definir o método de cálculo conhecido como "determinante por escalonamento".

Teorema 4.3

Se $A \in M_{n \times n}$ tem uma linha ou coluna nula, então $det(A) = 0$.

Demonstração: Suponha que a i-ésima linha de $A \in M_{n \times n}$ seja nula, isto é, $a_{ij} = 0$ para todo $j = 1, 2, \cdots, n$. Aplicando o método da expansão em cofatores ao longo da i-ésima linha, temos:

$$\begin{aligned} det(A) &= a_{i1}C_{i1} + a_{i2}C_{i2} + \cdots + a_{in}C_{in} \\ &= 0C_{i1} + 0C_{i2} + \cdots + 0C_{in} = 0, \end{aligned}$$

ou seja, se A tem uma linha nula, então $det(A) = 0$. Analogamente, mostra-se que se A tem uma coluna nula, então $det(A) = 0$.

■

Exemplo 4.12

Obtenha o determinante da matriz:

$$A = \begin{pmatrix} \nabla & \heartsuit & 0 & \square \\ 0 & 0 & 0 & 0 \\ \alpha & \beta & \pi & \sin(\pi) \\ 7 & 2 & ln(3) & 5^8 \end{pmatrix} \quad (4.10)$$

Solução: Como a segunda linha de A é nula, pelo Teorema 4.3, $det(A) = 0$.

■

Teorema 4.4

Se $A \in M_{n\times n}$, então $det(A) = det(A^T)$.

Demonstração: A demonstração é feita por indução em $n \in \mathbb{N}$. Para $n = 1$ as matrizes $A = (a_{11})$ e $A^T = (a_{11})$ de ordens 1×1 são iguais e, portanto $det(A) = det(A^T)$. Como hipótese de indução, suponha que, se A tem ordem $(n-1)\times(n-1)$, então $det(A) = det(A^T)$. Provaremos o resultado para matrizes de ordem $n \times n$. Expandindo os cofatores ao longo da primeira coluna de A, temos:

$$det(A) = \sum_{i=1}^{n} a_{i1}(-1)^{i+1}det(\widetilde{A}_{i1}). \tag{4.11}$$

Se $B = A^T$, isto é, $b_{ij} = a_{ji}$, então o determinante de B por expansão em cofatores ao longo da primeira linha é:

$$det(B) = \sum_{j=1}^{n} b_{1j}(-1)^{1+j}det(\widetilde{B}_{1j}). \tag{4.12}$$

Como $\widetilde{B}_{1j}$ e $\widetilde{A}_{i1}$ tem ordem $(n-1)\times(n-1)$ e $\widetilde{B}_{1j} = (\widetilde{A}_{i1})^T$, pela hipótese de indução $det(\widetilde{B}_{1j}) = det(\widetilde{A}_{i1})$. Considerando ainda $b_{ij} = a_{ji}$, a equação (4.12) equivale á:

$$det(B) = \sum_{i=1}^{n} a_{j1}(-1)^{j+1}det(\widetilde{A}_{j1}) = det(A).$$

■

Exemplo 4.13

Sejam $A, B \in M_{n\times n}$ definidas por

$$A = \begin{pmatrix} m & n & p \\ q & r & s \\ t & u & w \end{pmatrix} \text{ e } B = \begin{pmatrix} m & q & t \\ n & r & u \\ p & s & w \end{pmatrix}.$$

Obtenha $det(B)$ sabendo que $det(A) = 5$.

Solução: Como $B = A^T$, pelo Teorema 4.4, $det(B) = 5$.

■

Teorema 4.5

Se $B \in M_{n\times n}$ é obtida multiplicando uma linha ou coluna de $A \in M_{n\times n}$ por $k \in \mathbb{R}^*$, então $det(A) = \dfrac{1}{k}\det(B)$.

Demonstração: Seja $A \in M_{n\times n}$ com termos a_{ij} e suponha que $B \in M_{n\times n}$ é obtida multiplicando a linha r de A por k, ou seja, $b_{ij} = a_{ij}$ para $i \neq r$ e $b_{rj} = ka_{rj}$. Calculando o determinante B pela r-ésima linha, temos:

$$det(B) = \sum_{j=1}^{n} ka_{rj}(-1)^{r+j}det(\widetilde{B}_{rj}),$$

onde $\widetilde{B}_{rj}$ é a submatriz de b_{rj} obtida eliminando a r-ésima linha e j-ésima coluna de A. Dessa forma, $\widetilde{B}_{rj}$ coincide com $\widetilde{A}_{rj}$, já que A e B só se diferem na r-ésima linha. Logo,

$$det(B) = \sum_{j=1}^{n} ka_{rj}(-1)^{r+j}det(\widetilde{B}_{rj}) = k\sum_{j=1}^{n} a_{rj}(-1)^{r+j}det(\widetilde{A}_{rj}) = kdet(A),$$

ou seja, $det(B) = kdet(A)$ e podemos concluir que $det(A) = \dfrac{1}{k}det(A)$.

■

Exemplo 4.14

Calcule os determinantes abaixo sabendo que $det\begin{pmatrix} a & b & c \\ d & e & f \\ g & h & i \end{pmatrix} = 3$:

(a) $det\begin{pmatrix} a & b & c \\ 2d & 2c & 2f \\ g & h & i \end{pmatrix}$ (b) $det\begin{pmatrix} -4a & b & c \\ -4d & c & f \\ -4g & h & i \end{pmatrix}$ (c) $det\begin{pmatrix} -8a & 2b & 2c \\ -4d & c & f \\ -4g & h & i \end{pmatrix}$

Solução:

(a) $det\begin{pmatrix} a & b & c \\ 2d & 2c & 2f \\ g & h & i \end{pmatrix} \overset{L_2 \to \frac{1}{2}L_2}{=} 2det\begin{pmatrix} a & b & c \\ d & c & f \\ g & h & i \end{pmatrix} = 2(3) = 6.$

(b) $det\begin{pmatrix} -4a & b & c \\ -4d & c & f \\ -4g & h & i \end{pmatrix} \overset{C_1 \to -\frac{1}{4}C_1}{=} -4det\begin{pmatrix} a & b & c \\ d & c & f \\ g & h & i \end{pmatrix} = -4(3) = -12.$

(c) $det\begin{pmatrix} -8a & 2b & 2c \\ -4d & c & f \\ -4g & h & i \end{pmatrix} \overset{C_1 \to -\frac{1}{4}C_1}{=} -4det\begin{pmatrix} 2a & 2b & 2c \\ d & c & f \\ g & h & i \end{pmatrix} \overset{L_1 \to \frac{1}{2}L_1}{=} (2)(-4)det\begin{pmatrix} a & b & c \\ d & c & f \\ g & h & i \end{pmatrix} =$
$2(-4)(3) = -24.$

■

Teorema 4.6

Se $B \in M_{n\times n}$ é obtida permutando duas linhas ou duas colunas de $A \in M_{n\times n}$, então $det(A) = -det(B)$.

Demonstração: A demonstração será feita por indução em n. Vamos considerar $n \geq 2$, já que para $n = 1$, não há como permutar linhas ou colunas. O resultado é válido para $n = 2$, pois se A tem ordem 2×2 e B é obtida permutando as linhas $A_{(1)}$ e $A_{(2)}$, então:

$$det(A) = det\begin{pmatrix} a_{11} & a_{12} \\ a_{21} & a_{22} \end{pmatrix} = a_{11}a_{22} - a_{21}a_{12}$$

e

$$det(B) = det\begin{pmatrix} a_{21} & a_{22} \\ a_{11} & a_{12} \end{pmatrix} = a_{21}a_{12} - a_{11}a_{22} = -(a_{11}a_{22} - a_{21}a_{12}) = det(A).$$

Se B for obtida trocando a posição das colunas $A^{(1)}$ e $A^{(2)}$, o resultado também é válido, pois:

$$det(B) = det\begin{pmatrix} a_{12} & a_{11} \\ a_{22} & a_{21} \end{pmatrix} = a_{12}a_{21} - a_{22}a_{11} = -(a_{11}a_{22} - a_{21}a_{12}) = det(A).$$

A hipótese de indução é obtida supondo o resultado válido para $n - 1$, isto é, se B é obtida trocando a posição de duas linhas ou colunas de uma matriz A de ordem $(n-1) \times (n-1)$, então $det(B) = -det(A)$.

Provaremos o resultado para matrizes de ordem $n \times n$. Suponha que B é obtida trocando a posição de duas linhas ou colunas de uma matriz A de ordem $n \times n$. Suponha que a i-ésima linha de A não foi trocada de lugar. Calculando o determinante de A e B ao longo desta linha, temos:

$$det(A) = \sum_{i=1}^{n} a_{i1}(-1)^{i+1}det(\widetilde{A}_{i1}).$$

e

$$det(B) = \sum_{i=1}^{n} b_{i1}(-1)^{i+1}det(\widetilde{B}_{i1}).$$

Como a submatriz $\widetilde{B}_{i1}$ possui ordem $(n-1)\times(n-1)$ e é obtida trocando a posição de duas linhas ou colunas de $\widetilde{A}_{i1}$, pela hipótese de indução, $det(\widetilde{B}_{i1}) = -det(\widetilde{A}_{i1})$. Além disso, $b_{i1} = a_{i1}$, pois a i-ésima linha não sofreu trocas, então:

$$det(B) = \sum_{i=1}^{n} a_{i1}(-1)^{i+1}[-det(\widetilde{A}_{i1})] = -\sum_{i=1}^{n} a_{i1}(-1)^{i+1}det(\widetilde{A}_{i1}) = det(A).$$

■

Exemplo 4.15

Sabendo que $det\begin{pmatrix} 1 & 2 & 3 \\ -1 & 0 & 1 \\ 1 & 2 & 1 \end{pmatrix} = -4$, calcule os determinantes abaixo:

(a) $det\begin{pmatrix} -1 & 0 & 1 \\ 1 & 2 & 3 \\ 1 & 2 & 1 \end{pmatrix}$ (b) $det\begin{pmatrix} 3 & 2 & 1 \\ 1 & 0 & -1 \\ 1 & 2 & 1 \end{pmatrix}$ (c) $det\begin{pmatrix} 1 & 2 & 1 \\ 1 & 2 & 3 \\ -1 & 0 & 1 \end{pmatrix}$

Solução:

(a) $det\begin{pmatrix} -1 & 0 & 1 \\ 1 & 2 & 3 \\ 1 & 2 & 1 \end{pmatrix} \overset{L_1 \leftrightarrow L_2}{=} -det\begin{pmatrix} 1 & 2 & 3 \\ -1 & 0 & 1 \\ 1 & 2 & 1 \end{pmatrix} = -(-4) = 4.$

(b) $det\begin{pmatrix} 3 & 2 & 1 \\ 1 & 0 & -1 \\ 1 & 2 & 1 \end{pmatrix} \overset{C_1 \leftrightarrow C_3}{=} -det\begin{pmatrix} 1 & 2 & 3 \\ -1 & 0 & 1 \\ 1 & 2 & 1 \end{pmatrix} = -(-4) = 4.$

(c) $det\begin{pmatrix} 1 & 2 & 1 \\ 1 & 2 & 3 \\ -1 & 0 & 1 \end{pmatrix} \overset{L_1 \leftrightarrow L_2}{=} -det\begin{pmatrix} 1 & 2 & 3 \\ 1 & 2 & 1 \\ -1 & 0 & 1 \end{pmatrix} \overset{L_2 \leftrightarrow L_3}{=} -(-1)det\begin{pmatrix} 1 & 2 & 3 \\ -1 & 0 & 1 \\ 1 & 2 & 1 \end{pmatrix} =$
$1(-4) = -4.$

■

Teorema 4.7

Se $A \in M_{n\times n}$, com $n \geq 2$, tem duas linhas ou duas colunas idênticas, então $det(A) = 0$.

Demonstração: Suponha que as linhas $A_{(r)}$ e $A_{(s)}$ de $A \in M_{n\times n}$, com $n \geq 2$, são iguais e seja $B \in M_{n\times n}$ a matriz obtida de A por meio da troca das linhas $A_{(r)}$ e $A_{(s)}$.

Pelo Teorema 4.6, temos:

$$det(B) = -det(A). \tag{4.13}$$

Por outro lado, $B = A$, pois seus elementos coincidem, portanto:

$$det(B) = det(A). \tag{4.14}$$

Das equações (4.13) e (4.14), concluímos que $det(A) = -det(A) \Rightarrow 2det(A) = 0 \Rightarrow det(A) = 0$. A demonstração segue o mesmo raciocínio no caso da matriz ter duas colunas iguais.

∎

Exemplo 4.16

De acordo com o Teorema 4.5, temos:

(a) $det\begin{pmatrix} a & b & c \\ 1 & 2 & 4 \\ a & b & c \end{pmatrix} = 0.$ (b) $det\begin{pmatrix} a & 1 & a \\ b & 2 & b \\ c & 1 & c \end{pmatrix} = 0.$

∎

Teorema 4.8

Se $A \in M_{n\times n}$ tem uma linha ou coluna múltipla de outra, então $det(A) = 0$.

Deixaremos a demonstração do Teorema 4.8 como exercício.

Exemplo 4.17

Seja $x \in \mathbb{R}$. Calcule o determinante da matriz: $A = \begin{pmatrix} 1 & x & x^2 & x^3 \\ 0 & 1 & 0 & x^2 \\ 0 & 1 & x & x^2 \\ -5 & x & 0 & x^3 \end{pmatrix}$.

Solução: Observe que as colunas $C^{(2)}$ e $C^{(4)}$ são proporcionais, mais especificamente, $C^{(4)} = x^2C^{(2)}$. Logo, pelo Teorema 4.5, $det(A) = 0$.

∎

Teorema 4.9

Sejam $B = (A_{(1)}\ A_{(2)}\ \cdots\ B_{(r)}\ \cdots\ A_{(n)})$ e $C = (A_{(1)}\ A_{(2)}\ \cdots\ C_{(r)}\ \cdots\ A_{(n)})$. Se $A = (A_{(1)}\ \ A_{(2)}\ \cdots\ B_{(r)} + C_{(r)}\ \cdots\ A_{(n)})$, isto é, se A, B e C só se diferem na r-ésima linha, onde $A_{(r)} = B_{(r)} + C_{(r)}$, então $det(A) = det(B) + det(C)$. O mesmo vale para colunas.

Demonstração: Sejam $A \in M_{n\times n}$ com termos a_{ij} para $i \neq r$ e $b_{rj} + c_{rj}$ para $i = r$, $B \in M_{n\times n}$ com termos a_{ij} para $i \neq r$ e b_{rj} para $i = r$ e $C \in M_{n\times n}$ com termos a_{ij} para $i \neq r$ e c_{rj} para $i = r$. Calculando o determinante de A por expansão em cofatores ao longo da linha r, temos:

$$\begin{aligned} det(A) &= \sum_{j=1}^{n}(b_{rj} + c_{rj})(-1)^{r+j}det(\widetilde{A}_{rj}) \\ &= \sum_{j=1}^{n}[b_{rj}(-1)^{r+j}det(\widetilde{A}_{rj}) + c_{rj}(-1)^{r+j}det(\widetilde{A}_{rj})] \\ &= \sum_{j=1}^{n} b_{rj}(-1)^{r+j}det(\widetilde{A}_{rj}) + \sum_{j=1}^{n} c_{rj}(-1)^{r+j}det(\widetilde{A}_{rj}). \end{aligned}$$

Como as matrizes A, B e C só se diferem na $r$ésima linha, a submatriz $\widetilde{A}_{rj}$ coincide com $\widetilde{B}_{rj}$ e com $\widetilde{C}_{rj}$, pois nelas não há elementos da r-ésima linha. Logo, podemos escrever:

$$\begin{aligned} det(A) &= \sum_{j=1}^{n} b_{rj}(-1)^{r+j}det(\widetilde{B}_{rj}) + \sum_{j=1}^{n} c_{rj}(-1)^{r+j}det(\widetilde{C}_{rj}) \\ &= det(B) + det(C). \end{aligned}$$

■

Exemplo 4.18

Calcule o determinante da matriz $\begin{pmatrix} 1 & -3 \\ x+y & 2x-y \end{pmatrix}$ sabendo que $det\begin{pmatrix} 1 & -3 \\ y & 5x-y \end{pmatrix} = 4$.

Solução: Usando a linearidade do determinante, podemos escrever:

$$det\begin{pmatrix} 1 & -3 \\ x+y & 2x-y \end{pmatrix} = det\begin{pmatrix} 1 & -3 \\ x & -3x \end{pmatrix} + det\begin{pmatrix} 1 & -3 \\ y & 5x-y \end{pmatrix}.$$

Como as colunas da matriz $\begin{pmatrix} 1 & -3 \\ x & -3x \end{pmatrix}$ são múltiplas, temos $det\begin{pmatrix} 1 & -3 \\ x & -3x \end{pmatrix} = 0$, e por hipótese temos $det\begin{pmatrix} 1 & -3 \\ y & 5x-y \end{pmatrix} = 4$. Logo, concluímos que:

$$det\begin{pmatrix} 1 & -3 \\ x+y & 2x-y \end{pmatrix} = 0+4 = 4.$$

Exemplo 4.19

Sejam $A = \begin{pmatrix} 2 & 1 & 2 \\ 4 & 0 & 5 \\ -b^2 & -50 & -a^2 \end{pmatrix}$, $B = \begin{pmatrix} 2 & 1 & 2 \\ 3 & 1 & 2 \\ -b^2 & -50 & -a^2 \end{pmatrix}$ e $C = \begin{pmatrix} 2 & 1 & 2 \\ 1 & -1 & 3 \\ -b^2 & -50 & -a^2 \end{pmatrix}$. Calcule o determinante de A sabendo que $det(B) = -1$ e $det(C) = 2$.

Solução: Como A, B e C se diferem apenas na segunda linha e $A_{(2)} = B_{(2)} + C_{(2)}$, pela linearidade do determinante, concluímos que: $det(A) = det(B) + det(C) = -1 + 2 = 1$.

■

Observação 4.4

É importante ressaltarmos que, em geral, $det(A+B) \neq det(A) + det(B)$. Por exemplo, se $A = \begin{pmatrix} 1 & -1 \\ 1 & 2 \end{pmatrix}$ e $B = \begin{pmatrix} 2 & 1 \\ 1 & 1 \end{pmatrix}$, então $A+B = \begin{pmatrix} 3 & 0 \\ 2 & 3 \end{pmatrix}$, $det(A) = 3$, $det(B) = 1$ e $det(A+B) = 9$.

Teorema 4.10

Se $B \in M_{n\times n}$ é obtida somando a uma linha de $A \in M_{n\times n}$ um múltiplo de outra linha, ou somando a uma coluna de A um múltiplo de outra coluna, então $det(B) = det(A)$.

Demonstração: Sejam $A \in M_{n\times n}$ com elementos a_{ij} e $B \in M_{n\times n}$ a matriz obtida ao somar na r-ésima linha de A sua s-ésima linha multiplicada pelo escalar $k \neq 0$, ou seja, os elementos de B são a_{ij} para $i \neq r$ e $a_{rj} + ka_{sj}$ para $i = r$. A matriz B se difere de A apenas na r-ésima linha, a qual satisfaz $B_{(r)} = A_{(r)} + kA_{(s)}$. Defina $C \in M_{n\times n}$ como sendo a matriz de elementos a_{ij} para $i \neq r$ e ka_{sj} para $i = r$. Assim, $B_{(r)} = A_{(r)} + C_{(r)}$ e pelo Teorema 4.9, $det(B) = det(A) = det(C)$. Agora, note que a r-ésima e a s-ésima linha de C são múltiplas e, pelo Teorema 4.8, $det(C) = 0$. Logo, $det(B) = det(A)$. A demonstração é análoga se B é obtida somando a uma coluna de A um múltiplo de outra coluna.

■

Exemplo 4.20

Sabendo que $det \begin{pmatrix} a & b & c \\ d & e & f \\ g & h & i \end{pmatrix} = 4$, calcule $det \begin{pmatrix} a & b & c \\ d-3a & e-3b & f-3c \\ g & h & i \end{pmatrix}$.

Solução: Aplicando a operação elementar $L_2 - 3L_1$ na segunda linha da matriz:

$$\begin{pmatrix} a & b & c \\ d & e & f \\ g & h & i \end{pmatrix}$$

obtemos:

$$\begin{pmatrix} a & b & c \\ d-3a & e-3b & f-3c \\ g & h & i \end{pmatrix}.$$

Logo, $det(B) = det(A) = 4$.

■

Teorema 4.11

Se $A \in M_{n\times n}$, então $det(kA) = k^n det(A)$.

Demonstração: Faremos esta demonstração utilizando o método de permutações abordado na Definição 4.2. Suponha que $A \in M_{n\times n}$ tenha elementos a_{ij} e seja $B = kA \in M_{n\times n}$ tal que $b_{ij} = ka_{ij}$. Pela Definição 4.2, temos:

$$\begin{aligned} det(B) &= \sum_{\sigma_i \in S_\sigma} (-1)^{k_\sigma} b_{1j_1} b_{2j_2} \cdots b_{nj_n} \\ &= \sum_{\sigma_i \in S_\sigma} (-1)^{k_\sigma} (ka_{1j_1})(ka_{2j_2}) \cdots (ka_{nj_n}) \\ &= \sum_{\sigma_i \in S_\sigma} (-1)^{k_\sigma} k^n a_{1j_1} a_{2j_2} \cdots a_{nj_n} \\ &= k^n \sum_{\sigma_i \in S_\sigma} (-1)^{k_\sigma} a_{1j_1} a_{2j_2} \cdots a_{nj_n} \\ &= k^n det(A). \end{aligned}$$

Logo, $det(kA) = k^n det(A)$.

■

Exemplo 4.21

Obtenha $det(2A)$ sabendo que $A \in M_{4\times4}$ e $det(A) = 3$.

Solução: Pelo Teorema 4.12, como a ordem de A é 4×4, concluímos que $det(2A) = 2^4 det(A) = 16(3) = 48$.

■

4.6 Exercícios

1. Seja $A \in M_{n\times n}$ uma matriz idempotente, isto é, $A^2 = A$. Encontre os possíveis valores para $det(A)$.

2. Seja $A \in M_{n\times n}$ uma matriz nilpotente, isto é, $A^m = O_n$, para algum $m > 1$. Encontre os possíveis valores para $det(A)$.

3. Classifique as afirmações abaixo em verdadeira (V) ou falsa (F). Justifique.

   (a) Se $A, B \in M_{n\times n}$, então $det(A + B) = det(A) + det(B)$.

   (b) Se $A \in M_{n\times n}$ e $\alpha \in \mathbb{R}$, então $det(\alpha A) = \alpha^n det(A)$.

   (c) Se $A \in M_{3\times3}$ e $det(A) = -2$, então $det(4A) = -128$.

   (d) Se $A \in M_{n\times n}$ é uma matriz triangular superior, então $det(A) = a_{11}a_{22}\cdots a_{nn}$.

   (e) Se A é uma matriz identidade, então $det(A) = 1$.

4. Mostre que se $A \in M_{n\times n}$ tem uma linha ou coluna múltipla de outra, então $det(A) = 0$.

5. Mostre que se $A, B, C \in M_{n\times n}$ só se diferem na r-ésima coluna e $A^{(r)} = B^{(r)} + C^{(r)}$, então $det(A) = det(B) + det(C)$.

6. Calcule o determinante das matrizes abaixo sabendo que $det \begin{pmatrix} a & b & c \\ d & e & f \\ g & h & i \end{pmatrix} = 5$.

   (a) $A = \begin{pmatrix} a & b & c \\ 3d & 3e & 3f \\ g & h & i \end{pmatrix}$.

   (b) $B = \begin{pmatrix} a & b & c \\ 3d-2a & 3e-2b & 3f-2c \\ g & h & i \end{pmatrix}$.

(c) $C = \begin{pmatrix} d & e & f \\ g & h & i \\ a & b & c \end{pmatrix}$.   (d) $D = \begin{pmatrix} a & d & g \\ b & e & h \\ c & f & i \end{pmatrix}$.

7. Explique por que a matriz $A = \begin{pmatrix} 3 & -6 & x \\ 1 & -2 & y \\ 2 & -4 & z \end{pmatrix}$ tem determinante igual a zero independente dos valores de x, y e z.

8. Seja $A \in M_{n\times n}$. Mostre que $det(A) = det(A^T)$.

9. Mostre que se $A \in M_{n\times n}$ tem duas linhas (ou colunas) iguais, então $det(A) = 0$.

10. Mostre que se $A \in M_{n\times n}$ é uma matriz triangular, então $det(A) = \prod_{i=1}^{n} a_{ii}$, onde $\prod_{i=1}^{n} a_{ii} = a_{11}a_{22}\cdots a_{nn}$.

11. Somando a uma linha (ou coluna) de $A \in M_{n\times n}$ um múltiplo de outra linha (ou coluna) obtém-se $B \in M_{n\times n}$. Mostre que $det(B) = \det(A)$.

12. Utilize o exercício 11 e o fato do determinante de uma matriz com duas linhas (ou colunas) iguais ser nulo, para mostrar que uma matriz com uma linha (ou coluna) nula tem determinante igual a zero.

13. Considere uma matriz quadrada de ordem 2×2 com valores complexos e verifique que $det(A^\dagger) = \overline{det(A)}$.

4.7 Determinante por escalonamento

Nos Exemplos 4.7 e 4.8 foi possível notar que quanto maior a ordem da matriz $A \in M_{n\times n}$, mais multiplicações são necessárias para encontrar $det(A)$ usando a expansão em cofatores. Em geral, a expansão em cofatores requer $n!$ multiplicações, o que é inviável para n grande. Por exemplo, se A é uma matriz 25×25, então são necessárias $25!$ multiplicações para calcular $det(A)$ e, como nos é informado em [7]. Um computador capaz de realizar um trilhão de multiplicações por segundo levaria cerca de 500.000 anos para fazer esse cálculo.

Por outro lado, o determinante da matriz triangular é facilmente obtido e coincide com o produto dos elementos da diagonal principal, como mostrou o Teorema 4.2.

Observação 4.5

O cálculo do determinante por escalonamento é um método que utiliza operações elementares para transformar uma matriz em uma forma triangular equivalente por linhas, aplicando as propriedades: multiplicação de uma linha ou coluna por um escalar, permutação de duas linhas ou colunas e soma de uma linha (ou coluna) por um múltiplo de outra. Cada operação é acompanhada da aplicação das propriedades listadas nos Teoremas 4.5, 4.6 e 4.11.

Para exemplificar a aplicação desse método de forma mais clara, vamos utilizar alguns casos específicos.

Exemplo 4.22

Seja $A = \begin{pmatrix} 0 & 1 & 5 \\ 3 & -6 & 9 \\ 2 & 6 & 1 \end{pmatrix}$. Calcule $det(A)$ usando escalonamento.

Solução: Comece permutando as linhas $A_{(1)}$ e $A_{(2)}$.

$$det(A) = \begin{pmatrix} 0 & 1 & 5 \\ 3 & -6 & 9 \\ 2 & 6 & 1 \end{pmatrix} = -det \begin{pmatrix} 3 & -6 & 9 \\ 0 & 1 & 5 \\ 2 & 6 & 1 \end{pmatrix}. \tag{4.15}$$

Para deixar o elemento da primeira linha e primeira coluna da última matriz igual a 1, basta multiplicar a primeira linha por $\frac{1}{3}$. Como consequência, o determinante da matriz obtida é multiplicado por 3:

$$det(A) = -3det \begin{pmatrix} \frac{1}{3} \times 3 & \frac{1}{3} \times (-2) & \frac{1}{3} \times 9 \\ 0 & 1 & 5 \\ 2 & 6 & 1 \end{pmatrix} = -3det \begin{pmatrix} 1 & -2 & 3 \\ 0 & 1 & 5 \\ 2 & 6 & 1 \end{pmatrix}. \tag{4.16}$$

Aplicando a operação $L_3 \to L_3 - 2L_1$ na equação (4.16), temos:

$$det(A) = -3det \begin{pmatrix} 1 & -2 & 3 \\ 0 & 1 & 5 \\ 0 & 10 & -5 \end{pmatrix}. \tag{4.17}$$

Aplicando a operação $L_3 \to L_3 - 10L_2$ na equação (4.17), temos:

$$det(A) = -3det \begin{pmatrix} 1 & -2 & 3 \\ 0 & 1 & 5 \\ 0 & 0 & -55 \end{pmatrix}. \quad (4.18)$$

Como a matriz em (4.18) é triangular, pelo Teorema 4.2, concluímos que:

$$det(A) = -3[(1)(1)(-55)] = 165.$$

■

Observação 4.6

No cálculo do determinante por escalonamento, não é necessário que os pivôs da matriz equivalente por linhas à matriz dada sejam iguais a 1. O importante é que ela seja triangular.

Exemplo 4.23

Seja $A = \begin{pmatrix} 3 & 5 & -2 & 6 \\ 1 & 2 & -1 & 1 \\ 2 & 4 & 1 & 5 \\ 3 & 7 & 5 & 3 \end{pmatrix}$. Calcule $det(A)$ usando escalonamento.

Solução: Iniciando o cálculo do determinante permutando as linhas $A_{(1)}$ e $A_{(2)}$, temos:

$$det(A) = det \begin{pmatrix} 3 & 5 & -2 & 6 \\ 1 & 2 & -1 & 1 \\ 2 & 4 & 1 & 5 \\ 3 & 7 & 5 & 3 \end{pmatrix} = -det \begin{pmatrix} 1 & 2 & -1 & 1 \\ 3 & 5 & -2 & 6 \\ 2 & 4 & 1 & 5 \\ 3 & 7 & 5 & 3 \end{pmatrix}. \quad (4.19)$$

Agora, aplicando as operações $L_2 \to L_2 - 3L_1, L_3 \to L_3 - 2L_1$ e $L_4 \to L_4 - 3L_1$ em (4.19), temos:

$$det(A) = -det \begin{pmatrix} 1 & 2 & -1 & 1 \\ 0 & -1 & 1 & 3 \\ 0 & 0 & 3 & 3 \\ 0 & 1 & 8 & 0 \end{pmatrix}. \quad (4.20)$$

Aplicando a operação $L_4 \to L_4 + L_2$ em (4.20), temos:

$$det(A) = -det\begin{pmatrix} 1 & 2 & -1 & 1 \\ 0 & -1 & 1 & 3 \\ 0 & 0 & 3 & 3 \\ 0 & 0 & 9 & 3 \end{pmatrix}. \qquad (4.21)$$

Aplicando a operação $L_4 \to L_4 - 3L_3$ em (4.21), temos:

$$det(A) = -det\begin{pmatrix} 1 & 2 & -1 & 1 \\ 0 & -1 & 1 & 3 \\ 0 & 0 & 3 & 3 \\ 0 & 0 & 0 & -6 \end{pmatrix}. \qquad (4.22)$$

Por fim, pelo Teorema 4.2, concluímos que:

$$det(A) = -[(1)(-1)(3)(-6)] = -18.$$

■

4.8 Exercícios

1. Calcule o determinante das matrizes usando operações elementares.

(a) $\begin{pmatrix} 1 & 0 & -1 & 4 \\ 0 & 2 & 1 & 1 \\ 2 & 1 & 2 & 3 \\ -1 & 2 & -1 & 0 \end{pmatrix}$

(b) $\begin{pmatrix} 1 & -2 & 3 & 1 \\ 5 & -9 & 6 & 3 \\ -1 & 2 & -6 & -2 \\ 2 & 8 & 6 & 1 \end{pmatrix}$

(c) $\begin{pmatrix} 2 & 1 & 3 & 1 \\ 1 & 0 & 1 & 1 \\ 0 & 2 & 1 & 0 \\ 0 & 1 & 2 & 3 \end{pmatrix}$

(d) $\begin{pmatrix} 1 & 3 & 1 & 5 & 3 \\ -2 & -7 & 0 & -4 & 2 \\ 0 & 0 & 1 & 0 & 1 \\ 0 & 0 & 2 & 1 & 1 \\ 0 & 0 & 0 & 1 & 1 \end{pmatrix}$

(e) $\begin{pmatrix} 2 & 0 & 1 & 0 \\ 0 & 3 & 0 & 0 \\ 1 & 0 & 1 & 0 \\ 1 & 3 & 1 & 1 \end{pmatrix}$

(f) $\begin{pmatrix} 1 & 0 & 0 & -1 \\ 3 & 1 & 2 & 2 \\ 1 & 0 & -2 & 1 \\ 2 & 0 & 0 & 1 \end{pmatrix}$

2. Seja $A = \begin{pmatrix} 1 & 1 & 1 & 1 \\ 1 & a & a^2 & a^3 \\ 1 & a^2 & a^3 & a^4 \\ 1 & a^3 & a^4 & a^5 \end{pmatrix}$, onde a é um número real qualquer. Mostre que $det(A) = 0$.

4.9 Determinante pelo método combinado de operações elementares e cofatores

Nesta seção vamos calcular o determinante de uma matriz $A \in M_{n\times n}$ combinando as operações elementares com os cofatores, o que tornará o cálculo do determinante muito eficiente.

Observação 4.7

O cálculo do determinante da matriz $A \in M_{n\times n}$ com o método combinado, envolve a escolha de uma coluna $A^{(j)}$ para zerar o maior número de elementos possível, seguido do cálculo usando a expansão em cofatores ao longo dessa mesma coluna. Alternativamente, o método também pode ser aplicado escolhendo inicialmente uma coluna $A_{(i)}$ para zerar os elementos.

Exemplo 4.24

Utilize o método combinado de operações elementares e cofatores para calcular o determinante da matriz seguinte matriz:

$$A = \begin{pmatrix} 0 & 1 & 5 \\ 3 & -6 & 9 \\ 2 & 6 & 1 \end{pmatrix}.$$

Solução: Como já existe um elemento nulo na primeira coluna $A^{(1)}$, ela é uma boa escolha para iniciarmos o cálculo do determinante usando o método combinado.

$$det(A) = det \begin{pmatrix} 0 & 1 & 5 \\ 3 & -6 & 9 \\ 2 & 6 & 1 \end{pmatrix}.$$

Vamos manter o número 2 localizado na primeira coluna e terceira linha como pivô e zerar o número 3, localizado na primeira coluna e segunda linha.

Aplicando a operação elementar $L_2 \to L_2 - \frac{3}{2}L_3$, obtemos a matriz B que satisfaz $det(A) = det(B)$:

$$det(A) = det\begin{pmatrix} 0 & 1 & 5 \\ 3 & -6 & 9 \\ 2 & 6 & 1 \end{pmatrix} = det\begin{pmatrix} 0 & 1 & 5 \\ 0 & -15 & \frac{15}{2} \\ 2 & 6 & 1 \end{pmatrix} = det(B).$$

Aplicando a expansão em cofatores ao longo da primeira coluna de B, temos:

$$\begin{aligned} det(A) &= b_{31}(-1)^{3+1}\, det(\widetilde{B}_{31}) \\ &= 2(1)det\begin{pmatrix} 1 & 5 \\ -15 & \frac{15}{2} \end{pmatrix} = 2\left(\frac{15}{2} + 75\right) = 165. \end{aligned}$$

∎

Exemplo 4.25

Utilize o método combinado com operações elementares e cofatores para calcular o determinante da seguinte matriz:

$$A = \begin{pmatrix} 3 & 5 & -2 & 6 \\ 1 & 2 & -1 & 1 \\ 2 & 4 & 1 & 5 \\ 3 & 7 & 5 & 3 \end{pmatrix}.$$

Solução:

$$det(A) = det\begin{pmatrix} 3 & 5 & -2 & 6 \\ 1 & 2 & -1 & 1 \\ 2 & 4 & 1 & 5 \\ 3 & 7 & 5 & 3 \end{pmatrix}$$

Escolhemos a terceira coluna de A para zerar elementos e como pivô escolhemos o número 1 localizado na terceira coluna e terceira linha. Aplicando as operações elementares $L_1 \to L_1 - 2L_3$, $L_2 \to L_2 + L_3$ e $L_4 \to L_4 - 5L_3$ na matriz A, concluímos que:

$$det(A) = det\begin{pmatrix} 3 & 5 & -2 & 6 \\ 1 & 2 & -1 & 1 \\ 2 & 4 & 1 & 5 \\ 3 & 7 & 5 & 3 \end{pmatrix} = det\begin{pmatrix} 7 & 13 & 0 & 16 \\ 3 & 6 & 0 & 6 \\ 2 & 4 & 1 & 5 \\ -7 & -13 & 0 & -22 \end{pmatrix} = det(B).$$

Continuando com o cálculo do determinante e aplicando a expansão em cofatores ao longo da terceira coluna de B, concluímos que $det(A) = b_{33}(-1)^{3+3}\ det(\widetilde{B}_{33})$, isto é:

$$det(A) = 1(1)det\begin{pmatrix} 7 & 13 & 16 \\ 3 & 6 & 6 \\ -7 & -13 & -22 \end{pmatrix} = det\begin{pmatrix} 7 & 13 & 16 \\ 3 & 6 & 6 \\ -7 & -13 & -22 \end{pmatrix} = det(C).$$

Continuando com o método combinado, escolhemos a segunda linha de C para zerar alguns elementos e escolhemos o número 3 dessa linha como pivô. Aplicando as operações elementares $C_2 \to C_2 - 2C_1$ e $C_3 \to C_3 - 2C_1$ na matriz C, concluímos que:

$$det(A) = det\begin{pmatrix} 7 & -1 & 2 \\ 3 & 0 & 0 \\ -7 & 1 & -8 \end{pmatrix} = det(D).$$

Por fim, para concluir o cálculo do determinante, aplicamos novamente a expansão em cofatores ao longo da segunda linha da matriz D e concluímos que:

$$\begin{aligned} det(A) &= d_{21}(-1)^{2+1}\ det(\widetilde{D}_{21}) \\ &= (3)(-1)det\begin{pmatrix} -1 & 2 \\ 1 & -8 \end{pmatrix} = -3(8-2) = -18. \end{aligned}$$

■

Exemplo 4.26

Determine x que satisfaz a equação $det(A) = 0$, onde A é a seguinte matriz:

$$\begin{pmatrix} 1-x & -3 & 3 \\ 3 & -5-x & 3 \\ 3 & -3 & 1-x \end{pmatrix}.$$

Solução: O determinante de A será um polinômio de grau 3 na incógnita x e iremos encontrar as raízes desse polinômio, isto é, devemos resolver a equação:

$$det\begin{pmatrix} 1-x & -3 & 3 \\ 3 & -5-x & 3 \\ 3 & -3 & 1-x \end{pmatrix} = 0.$$

Para calcular o determinante, usaremos o método combinado de operações elementares e cofatores. Começamos aplicando a operação elementar $C_1 \to C_1 + C_2$ e, obtemos:

$$det\begin{pmatrix} -2-x & -3 & 3 \\ -2-x & -5-x & 3 \\ 0 & -3 & 1-x \end{pmatrix} = 0.$$

Em seguida, aplicando a operação elementar $L_2 \to L_2 - L_1$, temos:

$$det\begin{pmatrix} -2-x & -3 & 3 \\ 0 & -2-x & 0 \\ 0 & -3 & 1-x \end{pmatrix} = 0.$$

Por fim, aplicando o método dos cofatores ao longo da primeira coluna, obtemos:

$$(-2-x)(-1)^{1+1}det\begin{pmatrix} -2-x & 0 \\ -3 & 1-x \end{pmatrix} = 0$$
$$\Rightarrow \quad (-2-x)[(-2-x)(1-x)-0] = 0$$
$$\Rightarrow \quad (-2-x)^2(1-x) = 0.$$

Analisando a equação $(-2-x)^2(1-x) = 0$, podemos concluir que os valores que satisfazem $det(A) = 0$ são $x = -2$ e $x = 1$.

■

4.10 Exercícios

1. Calcule o determinante das matrizes abaixo usando o método combinado de operações elementares e cofatores.

(a) $A = \begin{pmatrix} 1 & 0 & -1 & 4 \\ 0 & 2 & 1 & 1 \\ 2 & 1 & 2 & 3 \\ -1 & 2 & -1 & 0 \end{pmatrix}$ (b) $B = \begin{pmatrix} 1 & 0 & 0 & -1 \\ 3 & 1 & 2 & 2 \\ 1 & 0 & -2 & 1 \\ 2 & 0 & 0 & 1 \end{pmatrix}$

2. Determine x que satisfaz a equação $det(A) = 0$, onde A é a seguinte matriz:

$$\begin{pmatrix} 2-x & 4 & 3 \\ -4 & -6-x & -3 \\ 3 & 3 & -x \end{pmatrix}.$$

4.11 Determinante do produto e da inversa

Nesta seção vamos concluir que $det(AB) = det(A)det(B)$ e que A é inversível se, e somente se $det(A) \neq 0$. Para isso, usaremos as matrizes elementares introduzidas na Seção 2.1, as quais são obtidas da matriz identidade através de uma única operação elementar.

Teorema 4.12

Se $A \in M_{n\times n}$ é uma matriz arbitrária e $E \in M_{n\times n}$ é uma matriz elementar, então $det(EA) = det(E)det(A)$.

Demonstração: Seja I_n a matriz identidade de ordem $n \times n$ cujo determinante é $det(I_n) = 1$. Analisaremos as três possíveis operações elementares usadas para obter uma matriz elementar $E \in M_{n\times n}$. Nos casos abaixo o determinante da matriz elementar E será deduzido a partir da informação $det(I_n) = 1$.

(i) $L_i \leftrightarrow L_j$

Sejam $E \in M_{n\times n}$ e $A' \in M_{n\times n}$ obtidas de I_n e A, respectivamente, com a operação elementar $L_i \leftrightarrow L_j$. Pelo Corolário 2.1, $EA = A'$ e pelo Teorema 4.6, $det(A') = -det(A)$, logo $det(EA) = -det(A)$. Como E é a matriz elementar obtida com uma permutação de linhas da matriz identidade, o determinante de E é $det(E) = -1$ e, com isso, podemos escrever $det(EA) = -1det(A) = det(E)det(A)$.

(ii) $L_i \to \alpha L_j$

Sejam $E \in M_{n\times n}$ e $A' \in M_{n\times n}$ as matrizes obtidas de I_n e A, respectivamente, com a operação elementar $L_i \to \alpha L_j$. Pelo Corolário 2.1, $EA = A'$ e pelo Teorema 4.5, $det(A') = kdet(A)$, logo $det(EA) = kdet(A)$. Como E é obtida da identidade pela multiplicação de uma de suas linhas pelo escalar k, temos que $det(E) = k$ e, com isso, podemos escrever $det(EA) = kdet(A) = det(E)det(A)$.

(iii) $L_i \to L_1 + \alpha L_j$

Sejam $E, A' \in M_{n\times n}$ as matrizes obtidas de I_n e A, respectivamente, com a operação elementar $L_i \to L_i + \alpha L_j$. Pelo Corolário 2.6, $EA = A'$ e pelo Teorema 4.11, $det(A') = det(A)$, logo $det(EA) = det(A)$. Como E é obtida da identidade somando o múltiplo de uma linha a outra, o determinante de E coincide com o de I_n, isto é, $det(E) = 1$. Com isso, podemos escrever $det(EA) = det(A) = det(E)det(A)$.

■

Observação 4.8

O resultado do Teorema 4.12 continua válido para uma sequência finita de matrizes elementares $E_1, E_2, \dots, E_k \in M_{n\times n}$, ou seja, podemos concluir por indução que:

$$det(E_k \dots E_1 A) = det(E_k) \dots det(E_1) det(A).$$

Teorema 4.13

Sejam $A, B \in M_{n\times n}$. Se A é equivalente por linhas à B, então $det(A) = 0$ se, e somente se, $det(B) = 0$.

Demonstração: Suponha que A é equivalente por linhas à B, isto é $A \sim B$. Pelo Corolário 2.1, existem matrizes elementares $E_1, E_2, \dots, E_k \in M_{n\times n}$, tais que $E_k \dots E_1 A = B$. Assim, $det(E_k \dots E_1 A) = det(B)$ e, estendendo o resultado do Teorema 4.11 por indução, temos que $det(E_k) \dots det(E_1) det(A) = det(B)$. Como $det(E_i) \neq 0$ para todo $i \in \{1, 2, \dots, k\}$, então $det(A) = 0$ se, e somente se, $det(B) = 0$.

■

Com o Teorema 4.13, podemos concluir que se A e B são equivalentes por linha, então $det(A)$ e $det(B)$ são ambos diferentes de zero ou ambos iguais a zero. Esse resultado é usado para mostrar que uma matriz A é inversível se, e somente se, $det(A)$ é diferente de zero.

Teorema 4.14

Uma matriz $A \in M_{n\times n}$ é inversível se, e somente se, $det(A) \neq 0$.

Demonstração: ($\Rightarrow$) Seja $A \in M_{n\times n}$ uma matriz inversível. Logo, pelo Teorema 3.4 A é equivalente por linhas à identidade, isto é $A \sim I_n$. Como $det(I_n) = 1 \neq 0$, pelo Teorema 4.13, concluímos que $det(A) \neq 0$. ($\Leftarrow$) Seja $A \in M_{n\times n}$ uma matriz tal que $det(A) \neq 0$. Suponha que $B \in M_{n\times n}$ é a forma escalonada reduzida de A. Como $det(A) \neq 0$ e $A \sim B$, pelo Teorema 4.13, $det(B) \neq 0$. Dessa forma, podemos concluir que B é uma forma escalonada reduzida sem linhas nulas, ou seja, $B = I_n$. Portanto, $A \sim I_n$ e, pelo Teorema 3.4, concluímos que A é inversível.

■

Pelo Teorema 4.14 podemos concluir que $A \in M_{n\times n}$ é não inversível ou singular se, e somente se, $det(A) = 0$. Usaremos esse fato para mostrar em seguida que o determinante do produto de duas matrizes é o produto dos determinantes de tais matrizes.

A demonstração desse resultado é feita considerando dois casos, no primeiro uma das matrizes é não inversível e no segundo uma delas é inversível.

Teorema 4.15

Para quaisquer $A, B \in M_{n\times n}$, temos $det(AB) = det(A)det(B)$.

Demonstração: Suponha que $A \in M_{n\times n}$ é não inversível. Pelo Teorema 3.2, AB é não inversível. Como A e AB não são inversíveis, pelo Teorema 4.14, $det(A) = 0$ e $det(AB) = 0$. Logo, $det(AB) = 0$ e $det(A)det(B) = 0det(B) = 0$ e podemos concluir que $det(AB) = det(A)det(B)$. Agora suponha que $A \in M_{n\times n}$ é inversível. Pelo Teorema 3.4, A é linha equivalente com a matriz identidade, isto é $A \sim I_n$, logo, pelo Corolário 2.1, existem matrizes elementares $E_1, E_2, \ldots, E_k$, tais que $A = E_1E_2\ldots E_kI_n$ ou seja $A = E_1E_2\ldots E_k$. Dessa forma, temos:

$$AB = (E_1E_2\ldots E_k)B = E_1E_2\ldots E_kB = E_1(E_2\ldots E_kB).$$

Aplicando sucessivamente o Teorema 4.12, temos:

$$\begin{aligned} det(AB) &= det(E_1(E_2\ldots E_kB)) \\ &= det(E_1)det(E_2\ldots E_kB) \\ &= det(E_1)det(E_2(E_3\ldots E_kB)) \\ &= det(E_1)det(E_2)det(E_3\ldots E_kB) \\ &\vdots \\ &= det(E_1)det(E_2)\ldots det(E_k)det(B). \end{aligned}$$

Usando novamente o resultado do Teorema 4.12, temos:

$$\begin{aligned} det(AB) &= det(E_1)det(E_2)\ldots det(E_k)det(B) \\ &= det(E_1E_2)det(E_3)\ldots det(E_k)det(B) \\ &= \vdots \\ &= det(E_1E_2E_3)\ldots det(E_k)det(B) \\ &= det(E_1E_2\ldots E_k)det(B). \end{aligned}$$

Como $A = E_1E_2\ldots E_k$, concluímos que:

$$det(AB) = det(A)det(B).$$

■

O resultado do Teorema 4.15 é usado para deduzir uma expressão para o determinante da inversa de uma matriz, a qual é apresentada no corolário a seguir.

Corolário 4.1

Se $A \in M_{n \times n}$ e $det(A) \neq 0$, então $det(A^{-1}) = \dfrac{1}{det(A)}$.

A demonstração do Corolário 4.1 é imediata e é deixada como exercício.

Exemplo 4.27

Encontre o determinante da inversa de $A = \begin{pmatrix} 0 & 0 & 3 \\ 0 & 1 & 0 \\ 1 & 3 & 0 \end{pmatrix}$.

Solução: Pelo Corolário 4.1, $det(A^{-1}) = \dfrac{1}{det(A)}$. Como A é uma matriz de ordem 3×3, pela regra de Sarrus, temos:

$$det(A) = det \begin{pmatrix} 0 & 0 & 3 \\ 0 & 1 & 0 \\ 1 & 3 & 0 \end{pmatrix} = (0+0+0) - (3+0+0) = -3.$$

Portanto,

$$det(A^{-1}) = -\frac{1}{3}.$$

■

A resolução do Exemplo 4.25 foi facilitada bastante com o uso do Corolário 4.1. Sem usar o resultado do Corolário 4.1 seria necessário encontrar a inversa de A para em seguida calcular o determinante. A inversa de A foi obtida no Exemplo 3.4:

$$A^{-1} = \begin{pmatrix} 0 & -3 & 1 \\ 0 & 1 & 0 \\ \frac{1}{3} & 0 & 0 \end{pmatrix}.$$

Calculando $det(A^{-1})$ pela regra de Sarrus, temos:

$$det(A^{-1}) = det \begin{pmatrix} 0 & -3 & 1 \\ 0 & 1 & 0 \\ \frac{1}{3} & 0 & 0 \end{pmatrix} = (0+0+0) - (\frac{1}{3}+0+0) = -\frac{1}{3},$$

como vimos na resolução do Exemplo 4.25.

4.12 Exercícios

1. Encontre os valores de m para os quais a matriz $A = \begin{pmatrix} m & 5 \\ 5 & m \end{pmatrix}$ é inversível.

2. Mostre que se $A \in M_{n\times n}$ e $det(A) \neq 0$, então $det(A^{-1}) = \dfrac{1}{det(A)}$.

3. Seja $A \in M_{3\times 3}$. Calcule $det(4(3A^T)^{-1})$ sabendo que $det(A) = \left(\dfrac{4}{3}\right)^3$.

4. Classifique as afirmações abaixo em verdadeira (V) ou falsa (F). Justifique.

   (a) Se $A \in M_{3\times 3}$ e $det(A) = -2$, então $det(A^{-1}) = 2$.

   (b) Se $A \in M_{3\times 3}$ e $det(A) = -2$, então $det((2A)^{-1}) = -16$.

   (c) Se $A \in M_{n\times n}$ e $det(A) = k$, então $det(AA^T) = k^2$.

5. Sejam $A, B \in M_{3\times 3}$ tais que $det(A) = -1$ e $det(B) = 2$. Calcule:

   (a) $det(B^2A)$. (b) $det(2A^TB^{-1})$. (c) $det((AB)^T)$. (d) $det((ABA^{-1})^{-1})$.

6. Seja $A \in M_{3\times 3}$ definida por $a_{ij} = i + j$. Calcule $det(AA^T)$.

7. Seja $A \in M_{n\times n}$ uma matriz não singular, tal que $det(A) = 5$. Calcule $det(A^{-1})$.

4.13 Matriz adjunta e inversa

Finalizaremos este capítulo apresentando uma forma alternativa de calcular a inversa de uma matriz $A \in M_{n\times n}$, a qual utiliza uma matriz chamada adjunta e é definida utilizando os cofatores de A.

Relembrando, o cofator da entrada a_{ij} da matriz $A \in M_{n\times n}$ é definido por:

$$C_{ij}(A) = (-1)^{i+j}det(\widetilde{A}_{ij}),$$

onde $\widetilde{A}_{ij} \in M_{(n-1)\times(n-1)}$ é chamada submatriz do elemento a_{ij}. A submatriz do elemento a_{ij} é obtida excluindo a i-ésima linha e a j-ésima coluna de A.

Definição 4.8

Seja $A \in M_{n\times n}$. A *matriz dos cofatores* de A, denotada por $C(A)$, é a matriz de ordem $n \times n$ cujos elementos são os cofatores de A denotados por $C_{ij}(A)$.

Podemos simplificar a notação $C_{ij}(A)$ usando apenas C_{ij}, desde que isso não cause dúvidas.

Exemplo 4.28

Seja $A = \begin{pmatrix} 3 & 2 \\ -2 & 1 \end{pmatrix}$. Obtenha a matriz dos cofatores de A.

Solução: A matriz dos cofatores de A é:

$$C(A) = \begin{pmatrix} C_{11} & C_{12} \\ C_{21} & C_{22} \end{pmatrix} = \begin{pmatrix} 1 & 2 \\ -1 & 3 \end{pmatrix},$$

pois:

$$C_{11} = (-1)^{1+1}det(1) = 1; \qquad C_{12} = (-1)^{1+2}det(-2) = 2;$$

$$C_{21} = (-1)^{2+1}det(1) = -1; \qquad C_{22} = (-1)^{2+2}det(3) = 3.$$

■

Definição 4.9

Sejam $A \in M_{n\times n}$ e $C(A) \in M_{n\times n}$ a matriz dos cofatores de A. A *matriz adjunta* de A, denotada por $adj(A)$, é a matriz transposta de $C(A)$, isto é, $adj(A) = (C(A))^T$.

Exemplo 4.29

Seja $A = \begin{pmatrix} 3 & 2 \\ -2 & 1 \end{pmatrix}$. Obtenha a matriz adjunta de A.

Solução: Como a matriz dos cofatores de A é $C(A) = \begin{pmatrix} 1 & 2 \\ -1 & 3 \end{pmatrix}$, temos:

$$adj(A) = \begin{pmatrix} C_{11} & C_{12} \\ C_{21} & C_{22} \end{pmatrix}^T = \begin{pmatrix} 1 & 2 \\ -1 & 3 \end{pmatrix}^T = \begin{pmatrix} 1 & -1 \\ 2 & 3 \end{pmatrix}.$$

■

Teorema 4.16

Seja $A \in M_{n\times n}$. Se $adj(A)$ é a matriz adjunta de A, então $adj(A)A = det(A)I_n$.

Demonstração: Seja $B = adj(A)A$, assim temos:

$$B = \begin{pmatrix} C_{11} & \dots & C_{i1} & \dots & C_{j1} & \dots & C_{n1} \\ \vdots & & \vdots & & \vdots & & \vdots \\ C_{1i} & \dots & C_{ii} & \dots & C_{ji} & \dots & C_{ni} \\ \vdots & & \vdots & & \vdots & & \vdots \\ C_{1j} & \dots & C_{ij} & \dots & C_{jj} & \dots & C_{nj} \\ \vdots & & \vdots & & \vdots & & \vdots \\ C_{1n} & \dots & C_{in} & \dots & C_{jn} & \dots & C_{nn} \end{pmatrix} \begin{pmatrix} a_{11} & \dots & a_{1i} & \dots & a_{1j} & \dots & a_{1n} \\ \vdots & & \vdots & & \vdots & & \vdots \\ a_{i1} & \dots & a_{ii} & \dots & a_{ij} & \dots & a_{in} \\ \vdots & & \vdots & & \vdots & & \vdots \\ a_{j1} & \dots & a_{ji} & \dots & a_{jj} & \dots & a_{jn} \\ \vdots & & \vdots & & \vdots & & \vdots \\ a_{n1} & \dots & a_{ni} & \dots & a_{nj} & \dots & a_{nn} \end{pmatrix}.$$

Queremos mostrar que $adj(A)A = det(A)I_n$. Para isso, vamos mostrar que B satisfaz:

$$b_{ij} = \begin{cases} det(A), & \text{se } i = j \\ 0, & \text{se } i \neq j \end{cases}.$$

Para $i = j$, temos:

$$\begin{aligned} b_{ii} &= a_{1i}C_{1i} + \dots + a_{ii}C_{ii} + \dots + a_{ji}C_{ji} + \dots + a_{ni}C_{ni} \\ &= \sum_{k=1}^{n} a_{ki}C_{ki} \\ &= det(A) \text{ (expansão em cofatores na } i\text{-ésima coluna).} \end{aligned}$$

Para $i \neq j$, temos (usaremos a notação completa para os cofatores de A):

$$b_{ij} = a_{1j}C_{1i}(A) + \dots + a_{ij}C_{ii}(A) + \dots + a_{jj}C_{ji}(A) + \dots + a_{nj}C_{ni}(A).$$

Seja $A' \in M_{n\times n}$ a matriz obtida de A substituindo sua i-ésima coluna pela sua j-ésima coluna, ou seja:

$$A' = \begin{pmatrix} a_{11} & \dots & a_{1j} & \dots & a_{1j} & \dots & a_{1n} \\ \vdots & & \vdots & & \vdots & & \vdots \\ a_{i1} & \dots & a_{ij} & \dots & a_{ij} & \dots & a_{in} \\ \vdots & & \vdots & & \vdots & & \vdots \\ a_{j1} & \dots & a_{jj} & \dots & a_{jj} & \dots & a_{jn} \\ \vdots & & \vdots & & \vdots & & \vdots \\ a_{n1} & \dots & a_{nj} & \dots & a_{nj} & \dots & a_{nn} \end{pmatrix}.$$

Dessa forma, A' possui duas colunas iguais e, pelo Teorema 4.7, $det(A') = 0$.

Como a única diferença entre A e A' é a i-ésima coluna e como essa coluna é eliminada no cálculo dos cofatores, concluímos que $C_{ki}(A) = C_{ki}(A')$, para todo $k \in$

$\{1, \ldots, n\}$. Além disso, os elementos da i-ésima coluna de A' coincidem com os elementos da j-ésima coluna de A, ou seja, $a'_{ki} = a_{kj}$. Assim, pela a expansão em cofatores na i-ésima coluna de A', temos:

$$\begin{aligned} det(A') &= \sum_{k=1}^{n} a'_{ki} C_{ki}(A') \\ &= \sum_{k=1}^{n} a_{kj} C_{ki}(A) = a_{1j}C_{1i}(A) + a_{2j}C_{2i}(A) + \ldots + a_{nj}C_{ni}(A) \\ &= b_{ij}, \end{aligned}$$

assim, $b_{ij} = det(A') = 0$.

Portanto, $adj(A)A = det(A)I_n$.

■

O Teorema 4.16 é usado para provar um resultado interessante da Álgebra Linear que fornece a inversa de uma matriz a partir de seu determinante e de sua matriz adjunta, o qual apresentamos a seguir.

Corolário 4.2

Se $A \in M_{n\times n}$ é inversível, então:

$$A^{-1} = \frac{1}{det(A)} adj(A). \quad (4.23)$$

Demonstração: Seja $A \in M_{n\times n}$ inversível, então pelo Teorema 4.14, $det(A) \neq 0$. Assim, pelo Teorema 4.16, temos:

$$adj(A)A = det(A)I_n \Leftrightarrow I_n = \frac{1}{det(A)} adj(A)A.$$

Multiplicando ambos os membros por A^{-1}, temos:

$$I_n A^{-1} = \frac{1}{det(A)} adj(A)AA^{-1} \Leftrightarrow A^{-1} = \frac{1}{det(A)} adj(A).$$

■

Nos exemplos a seguir utilizaremos o Corolário 4.2 para calcular a inversa de uma matriz.

Exemplo 4.30

Sabendo que $ad - bc \neq 0$ para todo $a, b, c, d \in \mathbb{R}$, determine a inversa da matriz

$$A = \begin{pmatrix} a & b \\ c & d \end{pmatrix}$$

usando a adjunta de A.

Solução: Pelo Corolário 4.2, a inversa de A utilizando a adjunta é dada por:

$$A^{-1} = \frac{1}{det(A)} adj(A),$$

onde $det(A) = ad - bc$ e $ad - bc \neq 0$, por hipótese.

De acordo com a Definição 4.10, a adjunta de A é:

$$adj(A) = \begin{pmatrix} C_{11} & C_{12} \\ C_{21} & C_{22} \end{pmatrix}^T,$$

onde $C_{ij} = (-1)^{i+j} det(\widetilde{A}_{ij})$ são os cofatores dos elementos de A, os quais são:

$$\begin{aligned} C_{11} &= (-1)^{1+1}|\widetilde{A}_{11}| = det(d) = d \\ C_{12} &= (-1)^{1+2}|\widetilde{A}_{12}| = -det(c) = -c \\ C_{21} &= (-1)^{2+1}|\widetilde{A}_{21}| = -det(b) = -b \\ C_{22} &= (-1)^{2+2}|\widetilde{A}_{22}| = det(a) = a \end{aligned}$$

Logo, a adjunta de A é:

$$adj(A) = \begin{pmatrix} d & -c \\ -b & a \end{pmatrix}^T = \begin{pmatrix} d & -b \\ -c & a \end{pmatrix}$$

e a inversa de A é:

$$A^{-1} = \frac{1}{ad - bc} \begin{pmatrix} d & -b \\ -c & a \end{pmatrix}.$$

■

Exemplo 4.31

Encontre a inversa da matriz

$$A = \begin{pmatrix} 2 & 3 \\ 0 & 1 \end{pmatrix}$$

usando a adjunta de A.

Solução: Comparando as matrizes

$$\begin{pmatrix} 2 & 3 \\ 0 & 1 \end{pmatrix} \text{ e } \begin{pmatrix} a & b \\ c & d \end{pmatrix},$$

pelo Exemplo 4.28, temos:

$$A^{-1} = \frac{1}{2}\begin{pmatrix} 1 & -3 \\ 0 & 2 \end{pmatrix} = \begin{pmatrix} \frac{1}{2} & -\frac{3}{2} \\ 0 & 2 \end{pmatrix}.$$

■

A matriz do próximo exemplo é a mesma utilizada no Exemplo 3.4.

Exemplo 4.32

Encontre a inversa da matriz

$$A = \begin{pmatrix} 0 & 0 & 3 \\ 0 & 1 & 0 \\ 1 & 3 & 0 \end{pmatrix}$$

usando a adjunta de A.

Solução: Usando a regra de Sarrus para calcular o determinante de A, encontraremos $det(A) = -3$. Assim, pela equação (4.23), temos:

$$A^{-1} = \frac{1}{det(A)} adj(A) \Rightarrow A^{-1} = -\frac{1}{3} adj(A),$$

onde

$$adj(A) = \begin{pmatrix} C_{11} & C_{12} & C_{13} \\ C_{21} & C_{22} & C_{23} \\ C_{31} & C_{32} & C_{33} \end{pmatrix}^T$$

e

$$C_{ij} = (-1)^{i+j} det(\widetilde{A}_{ij})$$

são os cofatores dos elementos de A.

Os cafatores da primeira linha são:

$$\begin{aligned} C_{11} &= (-1)^{1+1}det(\widetilde{A}_{11}) = det\begin{pmatrix} 1 & 0 \\ 3 & 0 \end{pmatrix} = 0, \\ C_{12} &= (-1)^{1+2}det(\widetilde{A}_{12}) = -det\begin{pmatrix} 0 & 0 \\ 1 & 0 \end{pmatrix} = 0, \\ C_{13} &= (-1)^{1+3}det(\widetilde{A}_{13}) = det\begin{pmatrix} 0 & 1 \\ 1 & 3 \end{pmatrix} = -1. \end{aligned} \tag{4.24}$$

Os demais cofatores são: $C_{21} = -9, C_{22} = -3, C_{23} = 0, C_{31} = -3, C_{32} = 0, C_{33} = 0$, com os quais temos:

$$adj(A) = \begin{pmatrix} 0 & 0 & -1 \\ -9 & -3 & 0 \\ -3 & 0 & 0 \end{pmatrix}^T = \begin{pmatrix} 0 & -9 & -3 \\ 0 & -3 & 0 \\ -1 & 0 & 0 \end{pmatrix}.$$

Portanto,

$$A^{-1} = -\frac{1}{3}\begin{pmatrix} 0 & -9 & -3 \\ 0 & -3 & 0 \\ -1 & 0 & 0 \end{pmatrix} = \begin{pmatrix} 0 & 3 & 1 \\ 0 & 1 & 0 \\ \frac{1}{3} & 0 & 0 \end{pmatrix}.$$

■

4.14 Exercícios

1. Encontre a inversa de cada matriz usando a matriz adjunta:

$(a)\ A = \begin{pmatrix} 1 & 0 \\ 0 & -1 \end{pmatrix}$ $\quad (b)\ B = \begin{pmatrix} 1 & 0 & 0 \\ 0 & -2 & 0 \\ 0 & 0 & -3 \end{pmatrix}$ $\quad (c)\ C = \begin{pmatrix} 1 & 4 & 2 \\ 0 & 4 & 0 \\ 0 & 2 & 1 \end{pmatrix}$

CAPÍTULO 5

SISTEMA DE EQUAÇÕES LINEARES

5.1 Introdução

Os métodos de classificação e solução de sistema de equações lineares tem especial importância na Álgebra Linear e, como forma de despertar o interesse do estudante por esse assunto, citamos abaixo algumas situações modeladas e solucionadas por meio de sistemas lineares.

(1) Análise de fluxo de tráfego. Considera-se que para evitar congestionamentos o fluxo de carros que entram nos cruzamentos deve ser igual ao fluxo fora deles.

(2) Circuitos elétricos. As intensidades das correntes elétricas permitidas nas distintas ramas de um circuito fechado contendo resistores e fontes podem ser obtidas resolvendo um sistema linear cujas equações são provenientes das leis de Kirchhoff.

(3) Balanceamento de equações químicas. A quantidade de átomos dos elementos químicos que participam de uma reação química é obtida resolvendo um sistema cujas equações obedecem a lei de Lavoisier.

(4) Modelos econômicos (ver [15]), dentre outros.

Definição 5.1

Uma equação da forma

$$a_1x_1 + a_2x_2 + \ldots + a_nx_n = b \tag{5.1}$$

é chamada de *equação linear*. Os termos $x_1, x_2, \ldots, x_n$ são as incógnitas da equação, os números reais $a_1, a_2, \ldots, a_n$ são os coeficientes das incógnitas e o número real b é chamado termo independente da equação.

Exemplo 5.1

Alguns exemplos de equações lineares são:

(a) $2x_1 + 4x_3 + 2x_4 = 3$ (b) $6x - 4y = 7$ (c) $-2x + 3y + 4z = 0$

Observação 5.1

Em uma equação linear todas as incógnitas possuem expoentes iguais a 1, não há produto de incógnitas e nem incógnitas como argumento de funções. Por exemplo, algumas equações não lineares são:

(a) $3x_1 + x_2^3 = 2$ (b) $x_1x_2 + x_3 = 2$ (c) $x_1 + sen(x_2) = 0$

Definição 5.2

Uma equação linear é chamada de *equação linear homogênea* quando seu termo independente for nulo, isto é:

$$a_1x_1 + a_2x_2 + \ldots + a_nx_n = 0. \tag{5.2}$$

Exemplo 5.2

Alguns exemplos de equações lineares homogêneas são:

(a) $3x_1 + 2x_2 - 3x_3 = 0$ (b) $-x_2 + 4x_3 + x_4 = 0$ (c) $-2x + 3y + 4z = 0$

Definição 5.3

A *equação matricial* correspondente à equação linear $a_1x_1 + a_2x_2 + \ldots + a_nx_n = b$ é definida por:

$$AX = b, \tag{5.3}$$

onde as incógnitas da equação definem a matriz coluna:

$$\mathbf{X} = \begin{pmatrix} x_1 \\ x_2 \\ \vdots \\ x_n \end{pmatrix} = (x_1\ x_2\ \cdots\ x_n)^T \in M_{n\times 1},$$

os coeficientes das incógnitas definem a matriz linha:

$$A = \begin{pmatrix} a_1 & a_2 & \cdots & a_n \end{pmatrix} \in M_{1\times n}$$

e b é o termo independente da equação.

Definição 5.4

Uma matriz coluna $\mathbf{X} \in M_{n\times 1}$ que satisfaz a equação $A\mathbf{X} = b$ chamada de é *solução* da equação.

Exemplo 5.3

$\mathbf{X} = (2\ 1\ 3)^T$ é solução da equação $x_1+2x_2-x_3 = 1$, pois considerando $x_1 = 2, x_2 = 1$ e $x_3 = 3$ obteremos uma expressão verdadeira, ou seja, os valores substituídos satisfazem a equação.

Exemplo 5.4

$\mathbf{X} = (2\ \ 1\ \ 0)^T$ não é solução da equação $x_1 + 2x_2 - x_3 = 1$, pois considerando $x_1 = 2, x_2 = 1$ e $x_3 = 0$ iremos encontrar a expressão inconsistente $4 = 1$.

Exemplo 5.5

A matriz nula $\mathbf{O} = (0\ \ 0\ \ \cdots\ \ 0)^T \in M_{n\times 1}$ é uma solução da equação linear homogênea $A\mathbf{X} = 0$, pois $x_1 = x_2 = \cdots = x_n = 0$ satisfaz a equação. A solução nula $\mathbf{O} = (0\ \ 0\ \ \cdots\ \ 0)^T$ é chamada de *solução trivial*.

Ao considerarmos simultaneamente duas ou mais equações lineares, teremos um sistema linear.

Definição 5.5: Sistema linear

Um *sistema linear* de m equações e n incógnitas é constituído por m equações lineares com n incógnitas podendo ser representado por:

$$\begin{cases} a_{11}x_1 & + & a_{12}x_2 & + & \ldots & + & a_{1n}x_n & = & b_1 \\ a_{21}x_1 & + & a_{22}x_2 & + & \ldots & + & a_{2n}x_n & = & b_2 \\ \vdots & & \vdots & & & & \vdots & & \vdots \\ a_{m1}x_1 & + & a_{m2}x_2 & + & \ldots & + & a_{mn}x_n & = & b_m \end{cases}, \tag{5.4}$$

onde para $i = 1, 2, \cdots, m$ e $j = 1, 2, \cdots, n$ os termos x_j são as incógnitas do sistema; $a_{ij} \in \mathbb{R}$ são os coeficientes das incógnitas em cada equação e $b_i \in \mathbb{R}$ são os termos independentes do sistema.

Exemplo 5.6

Alguns exemplos de sistemas lineares são:

(a) $\begin{cases} 2x + y = 2 \\ x - 3y = 1 \end{cases}$

(b) $\begin{cases} 2x + y - 3z = 0 \\ -3x + y - 7z = 2 \end{cases}$

(c) $\begin{cases} 2x_1 + x_2 - x_3 + 5x_4 = 2 \\ 3x_2 + 6x_3 - x_4 = -1 \\ x_1 + x_3 + 2x_4 = 0 \end{cases}$

(d) $\begin{cases} x_1 + 2x_2 + 4x_3 = 0 \\ -x_1 + 2x_2 + 3x_3 = 0 \\ x_1 - x_2 + 3x_3 = 0 \end{cases}$

Exemplo 5.7

Alguns exemplos de sistemas não lineares são:

(a) $\begin{cases} 2x + 3y = 2 \\ x^2 + y^2 - 2x - 2y = 0 \end{cases}$

(b) $\begin{cases} x' = 4 - x^2 - 4y^2 \\ y' = -x^2 + y^2 + 1 \end{cases}$

(c) $\begin{cases} x' - 4x - y - z = 0 \\ y' - x - 5y + z = 0 \\ z' - y + 3z = 0 \end{cases}$

(d) $\begin{cases} \dfrac{dx}{dt} = -3x + 4y + e^{-t}sen(2t) \\ \dfrac{dy}{dt} = 5x + 9y + e^{-t}cos(2t) \end{cases}$

Definição 5.6

A *equação matricial* correspondente ao sistema linear (5.4) é definida por $A\mathbf{X} = \mathbf{B}$, onde:

$$A = \begin{pmatrix} a_{11} & a_{12} & \cdots & a_{1n} \\ a_{21} & a_{22} & \cdots & a_{2n} \\ \vdots & \vdots & & \vdots \\ a_{m1} & a_{m2} & \cdots & a_{mn} \end{pmatrix}, \quad \mathbf{X} = \begin{pmatrix} x_1 \\ x_2 \\ \vdots \\ x_n \end{pmatrix}, \quad \mathbf{B} = \begin{pmatrix} b_1 \\ b_2 \\ \vdots \\ b_m \end{pmatrix}$$

são, respectivamente, a matriz de coeficientes, a matriz de incógnitas e a matriz de termos independentes.

Exemplo 5.8

Obtenha a equação matricial do sistema linear $\begin{cases} 2x_1 + x_2 - x_3 + 5x_4 &= 2 \\ 3x_2 + 6x_3 - x_4 &= -1 \\ x_1 + x_3 + 2x_4 &= 0 \end{cases}$.

Solução: A equação matricial é $A\mathbf{X} = \mathbf{B}$, onde:

$$A = \begin{pmatrix} 2 & 1 & -1 & 5 \\ 0 & 3 & 6 & -1 \\ 1 & 0 & 1 & 2 \end{pmatrix}, \quad \mathbf{X} = \begin{pmatrix} x_1 \\ x_2 \\ x_3 \\ x_4 \end{pmatrix}, \quad \mathbf{B} = \begin{pmatrix} 2 \\ -1 \\ 0 \end{pmatrix}.$$

■

Exemplo 5.9

Obtenha a equação matricial do sistema linear $\begin{cases} 2x + y - 3z &= 0 \\ -3x + y - 7y &= 2 \end{cases}$.

Solução: A equação matricial é $A\mathbf{V} = \mathbf{B}$, onde:

$$A = \begin{pmatrix} 2 & 1 & -3 \\ -3 & 1 & -7 \end{pmatrix}, \quad \mathbf{V} = \begin{pmatrix} x \\ y \\ z \end{pmatrix}, \quad \mathbf{B} = \begin{pmatrix} 0 \\ 2 \end{pmatrix}.$$

■

Definição 5.7

Quando $b_i = 0$ para todo $i = 1, 2, \cdots, m$, o sistema linear:

$$\left\{\begin{array}{ccccccccc} a_{11}x_1 & + & a_{12}x_2 & + & \ldots & + & a_{1n}x_n & = & 0 \\ a_{21}x_1 & + & a_{22}x_2 & + & \ldots & + & a_{2n}x_n & = & 0 \\ \vdots & & \vdots & & & & \vdots & & \vdots \\ a_{m1}x_1 & + & a_{m2}x_2 & + & \ldots & + & a_{mn}x_n & = & 0 \end{array}\right., \tag{5.5}$$

é chamado de *sistema linear homogêneo*, o qual pode ser representado matricialmente por:

$$A\mathbf{X} = \mathbf{O},$$

onde **O** é a matriz coluna com todos os elementos nulos.

Se existir pelo menos um $b_i \neq 0$ podemos chamar o sistema linear $A\mathbf{X} = \mathbf{B}$ de sistema linear *não homogêneo*.

Exemplo 5.10

Alguns exemplos de sistemas lineares homogêneos são:

$$\text{(a)} \left\{\begin{array}{rcl} -x_1 + 3x_2 - 2x_4 & = & 0 \\ 2x_1 + 2x_3 & = & 0 \\ 2x_1 + x_3 - 3x_4 & = & 0 \end{array}\right. \qquad \text{(b)} \left\{\begin{array}{rcl} 2x + 5y - z & = & 0 \\ x - 3y + 5z & = & 0 \\ 5x - 2z & = & 0 \end{array}\right.$$

Definição 5.8

A matriz coluna **X** que satisfaz o sistema linear $A\mathbf{X} = \mathbf{B}$ é chamada de solução do sistema.

Exemplo 5.11

A matriz $\mathbf{X} = \begin{pmatrix} -1 & \frac{1}{2} & 1 & 1 \end{pmatrix}^T$ é solução do sistema linear:

$$\left\{\begin{array}{rcr} x_1 + 2x_2 - x_3 + x_4 & = & 0 \\ x_1 - x_3 + x_4 & = & -1 \end{array}\right.,$$

pois $x_1 = -1, x_2 = \frac{1}{2}$, $x_3 = 1$ e $x_4 = 1$ satisfazem as duas equações.

Exemplo 5.12

A matriz $\mathbf{X} = (0\ \ 0\ \ 0\ \ 0)^T$ é uma solução do sistema linear homogêneo:

$$\begin{cases} x_1 + 2x_2 - x_3 + x_4 & = & 0 \\ x_1 - x_3 + x_4 & = & 0 \end{cases},$$

pois suas coordenadas satisfazem todas as equações.

Observação 5.2

Independente dos coeficientes das incógnitas do sistema linear homogêneo $A\mathbf{X} = \mathbf{O}$, a matriz coluna nula $\mathbf{O}$ sempre satisfaz todas as equações e é denominada de *solução trivial*.

Observação 5.3

(a) Quando $A\mathbf{V} = \mathbf{B}$ é um sistema linear com duas incógnitas, isto é, $\mathbf{V} = (x\ y)^T$, geometricamente suas equações lineares correspondem à retas no plano e as soluções são os pontos comuns à essas retas.

(b) Se $A\mathbf{V} = \mathbf{B}$ é um sistema linear com três incógnitas, isto é, $\mathbf{V} = (x\ y\ z)^T$ (três incógnitas), então geometricamente suas equações lineares correspondem à planos no espaço e as soluções são os pontos comuns a eles.

(c) Generalizando, se $A\mathbf{X} = \mathbf{B}$ é um sistema linear com $\mathbf{X} = (x_1\ x_2\ \cdots\ x_n)^T \in M_{n\times 1}$, então as equações lineares são denominadas *hiperplanos* de $\mathbb{R}^n$ e a solução são os pontos $(x_1, x_2, \cdots, x_n)$ comuns a eles. Em particular, quando $n = 2$ o hiperplano é uma reta em $\mathbb{R}^2$ e quando $n = 3$ o hiperplano é um plano em $\mathbb{R}^3$.

Para resolver os sistemas lineares, independente do número de incógnitas e de equações, pode-se utilizar as seguintes operações:

◇ Multiplicar uma equação por um escalar não nulo.

◇ Permutar duas equações.

◇ Somar a uma equação um múltiplo de outra equação.

Ao aplicar uma ou mais operações nas equações de um sistema linear, obtemos um novo sistema que tem a mesma solução que o sistema anterior.

Definição 5.9

Os sistemas lineares $A\mathbf{X} = \mathbf{B}$ e $C\mathbf{X} = \mathbf{D}$ são chamados de *sistemas equivalentes* se existirem operações elementares que levam $A\mathbf{X} = \mathbf{B}$ em $C\mathbf{X} = \mathbf{D}$. A notação $A\mathbf{X} = \mathbf{B} \sim C\mathbf{X} = \mathbf{D}$ informa que os sistemas são equivalentes.

Exemplo 5.13

Seja $A\mathbf{V} = \mathbf{B}$ o sistema linear definido por:

$$\begin{cases} y + 2x = 1 \\ y - x = 4 \end{cases}. \tag{5.6}$$

Obtenha os sistemas equivalentes obtidos com as seguintes operações elementares:

(a) Multiplicar a primeira equação por 3.

(b) Permutar as equações.

(c) Somar à segunda equação o dobro da primeira.

Solução:

(a) Multiplicando $y + 2x = 1$ por 3 obtemos o sistema equivalente:

$$\begin{cases} 3y + 6x = 3 \\ y - x = 4 \end{cases}. \tag{5.7}$$

(b) Permutando as equações obtemos o sistema equivalente:

$$\begin{cases} y - x = 4 \\ y + 2x = 1 \end{cases}. \tag{5.8}$$

(c) Multiplicando a primeira equação por 2 obtemos $2y + 4x = 2$. Em seguida, somando as equações $2y + 4x = 2$ e $y - x = 4$, obtemos o sistema equivalente:

$$\begin{cases} y + 2x = 1 \\ 3y + 3x = 6 \end{cases}. \tag{5.9}$$

■

Verifique que todos os sistemas (5.6), (5.7), (5.8) e (5.9) tem a mesma solução, o que não é uma coincidência. Mostraremos no Teorema 5.1 que sistemas lineares equivalentes possuem a mesma solução.

Observação 5.4

Em geral, os sistemas lineares, independente do número de incógnitas e número de equações, podem ter:

- ◇ nenhuma solução.
- ◇ uma única solução.
- ◇ infinitas soluções.

Exemplo 5.14: Nenhuma solução

Mostre que o sistema linear $A\mathbf{V} = \mathbf{B}$ definido por:

$$\begin{cases} x + y = 8 \\ 2x + 2y = 5 \end{cases} \tag{5.10}$$

não possui solução.

Solução: Multiplicando a primeira equação de (5.10) por -2, temos:

$$\begin{cases} x + y = 8 \quad \times(-2) \\ 2x + 2y = 5 \end{cases} \Rightarrow \begin{cases} -2x - 2y = -16 \\ 2x + 2y = 5 \end{cases}. \tag{5.11}$$

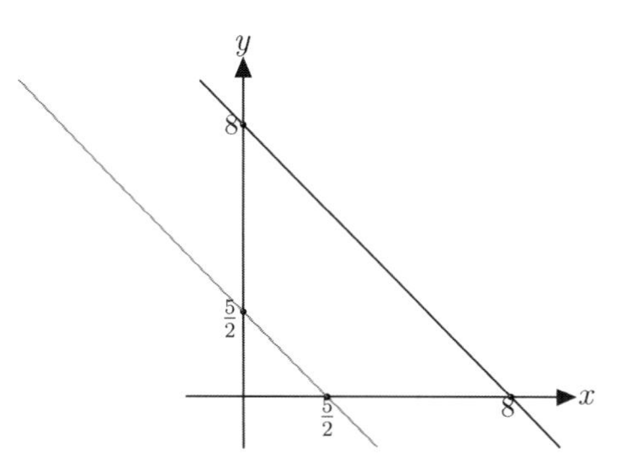

Figura 5.1: Retas correspondentes às equações do sistema (5.10).

Somando membro a membro as equações de (5.11), obtemos a contradição $0 = -11$. Dessa forma, concluímos que (5.10) não possui solução, isto é, não existe $\mathbf{V} = (x\ y)^T$ que satisfaz simultaneamente as duas equações. Geometricamente, às retas esboçadas na Figura 5.1, correspondentes às equações do sistema, não possuem pontos em comum (são retas paralelas). Um sistema que não possui solução é chamado de *sistema inconsistente.*

∎

Exemplo 5.15: Única solução

Mostre que o sistema linear $A\mathbf{V} = \mathbf{B}$ definido por:

$$\begin{cases} 2x + y = 1 \\ -x + y = 4 \end{cases}, \tag{5.12}$$

possui uma única solução.

Solução: Multiplicando a segunda equação de (5.12) por 2, temos:

$$\begin{cases} 2x + y = 1 \\ -x + y = 4 \quad \times 2 \end{cases} \Rightarrow \begin{cases} 2x + y = 1 \\ -2x + 2y = 8 \end{cases}. \tag{5.13}$$

Somando, membro a membro, as equações de (5.13) obtemos $y = 3$. Substituindo $y = 3$ em uma das equações de (5.13), por exemplo em $2x + y = 1$, obtemos $x = -1$. Logo, $\mathbf{V} = (-1 \;\; 3)^T$ é a única solução do sistema. Na Figura 5.2, as retas correspondentes às equações do sistema (5.12) se interceptam no ponto de coordenadas $(-1, 3)$. Um sistema que possui solução é chamado de sistema *consistente* ou sistema *possível e determinado*.

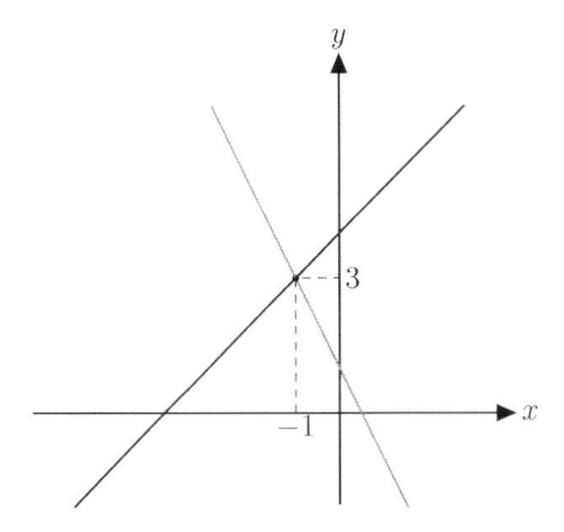

Figura 5.2: Retas correspondentes às equações do sistema (5.12).

∎

Exemplo 5.16: Infinitas soluções

Mostre que o sistema linear $A\mathbf{V} = \mathbf{B}$, definido por:

$$\left\{ \begin{array}{rcrcr} 4x & + & y & = & 1 \\ -4x & - & y & = & -1 \end{array} \right., \tag{5.14}$$

possui infinitas soluções.

Solução: Multiplicando a segunda equação de (5.14) por -1, o sistema se reduz a uma única equação:

$$\left\{ \begin{array}{rcrcrl} 4x & + & y & = & 1 & \\ -4x & - & y & = & -1 & \times(-1) \end{array} \right. \Rightarrow \left\{ \begin{array}{rcrcr} 4x & + & y & = & 1 \\ 4x & + & y & = & 1 \end{array} \right. \Rightarrow 4x + y = 1. \tag{5.15}$$

Observe que existem infinitos $\mathbf{V} = (x \;\; y)^T$ satisfazendo a equação $4x + y = 1$. Nesse caso, podemos considerar $x = t$, onde t é um parâmetro real arbitrário. Substituindo $x = t$ em $4x + y = 1$, obtemos $y = 1 - 4t$. Logo, as matrizes da forma $\mathbf{V} = (t \quad - 4t)^T$, onde $t \in \mathbb{R}$, são soluções do sistema . Na Figura 5.3, as retas r e s correspondentes à equações do sistema são coincidentes. Atribuindo valores para t encontraremos pontos particulares da reta. Um sistema com infinitas soluções também é consistente e pode ser chamado de sistema *possível e indeterminado*.

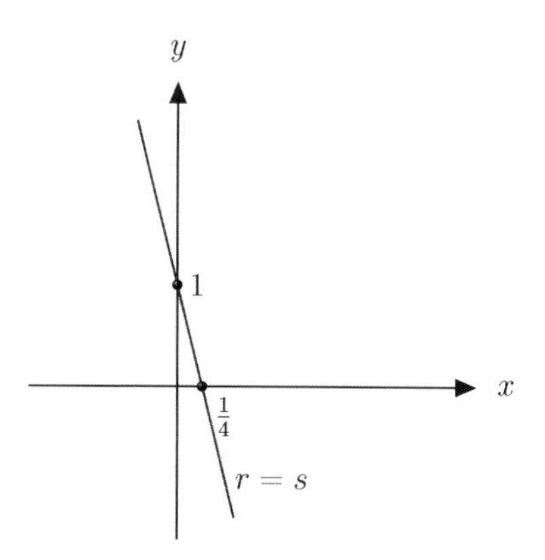

Figura 5.3: Retas correspondentes às equações do sistema (5.14).

■

Observação 5.5

Quando se trata de sistemas lineares homogêneos $A\mathbf{V} = \mathbf{O}$, as retas correspondentes às suas equações passam sempre pela origem. Os sistemas lineares homogêneos $A\mathbf{V} = \mathbf{O}$ podem ter:

◇ uma única solução.

◇ infinitas soluções.

Exemplo 5.17: Única solução

Resolva o sistema linear homogêneo $A\mathbf{V} = \mathbf{O}$:

$$\begin{cases} 2x + 3y = 0 \\ 4x - 3y = 0 \end{cases}.$$

Solução: Somando as duas equações encontraremos $6x = 0$, donde concluímos que $x = 0$. Substituindo $x = 0$ em uma das equações do sistema, obtemos $y = 0$. Logo, o sistema $A\mathbf{V} = \mathbf{O}$ possui apenas a solução trivial $\mathbf{O}$.

■

Exemplo 5.18: Infinitas soluções

Resolva o sistema linear homogêneo $A\mathbf{V} = \mathbf{O}$:

$$\begin{cases} 2x + 6y = 0 \\ 4x + 6y = 0 \end{cases}.$$

Solução: Multiplicando a primeira equação por -2 e somando termo a termo as equações do novo sistema, iremos obter $0 = 0$. Esta informação não é uma inconsistência, mas por outro lado, não fornece a solução. Observe, que multiplicando a primeira equação do sistema por 2, as duas equações se tornam iguais e, dessa forma, o sistema se resume a uma única equação:

$$\begin{cases} 2x + 3y = 0 \quad \times 2 \\ 4x + 6y = 0 \end{cases} \Rightarrow \begin{cases} 4x + 6y = 0 \quad \times 2 \\ 4x + 6y = 0 \end{cases} \Rightarrow 4x + 6y = 0.$$

A partir da equação $4x + 6y = 0$, podemos escrever

$$x = -\frac{3}{2}y.$$

Atribuindo a y qualquer valor real, isto é, $y = t$, $t \in \mathbb{R}$, a solução do sistema será:

$$\mathbf{V} = \begin{pmatrix} -\frac{3t}{2} & t \end{pmatrix}^T \text{ ou } \mathbf{V} = t\begin{pmatrix} -\frac{3}{2} & 1 \end{pmatrix}^T, \; t \in \mathbb{R}.$$

Uma forma alternativa seria adotar $y = 2t$. Neste caso, a solução seria escrita na forma:

$$\mathbf{V} = (-3t \quad 2t)^T \text{ ou } \mathbf{V} = t(-3 \quad 2), \text{ onde } t \in \mathbb{R}.$$

Observe que a solução trivial $\mathbf{V} = \mathbf{O}$ está contida nas soluções apresentadas acima, basta considerar $t = 0$.

■

5.2 Exercícios

1. Resolva os sistemas lineares e esboce os gráficos correspondentes às suas equações:

(a) $\begin{cases} 3x + 2y = 6 \\ 2x + 3y = 5 \end{cases}$

(b) $\begin{cases} 3x + 2y = 6 \\ 6x + 4y = 1 \end{cases}$

(c) $\begin{cases} 3x + 2y = 1 \\ 6x + 4y = 2 \end{cases}$

2. Resolva os sistemas lineares homogêneos e esboce os gráficos correspondentes às suas equações:

(a) $\begin{cases} 3x + 2y = 0 \\ 2x + 3y = 0 \end{cases}$

(b) $\begin{cases} 3x + 2y = 0 \\ 6x + 4y = 0 \end{cases}$

5.3 Solução por matrizes escalonadas

Definição 5.10

Todo sistema linear $A\mathbf{X} = \mathbf{B}$ pode ser representado por uma matriz conhecida como *matriz aumentada* ou *matriz estendida*, a qual é definida por:

$$(A\ \mathbf{B}) = \begin{pmatrix} a_{11} & a_{12} & \cdots & a_{1n} & | & b_1 \\ a_{21} & a_{22} & \cdots & a_{2n} & | & b_2 \\ \vdots & \vdots & & \vdots & & \\ a_{m1} & a_{m2} & \cdots & a_{mn} & | & b_m \end{pmatrix},$$

onde a_{ij} são os coeficientes das incógnitas e b_i são os termos independentes do sistema linear.

Exemplo 5.19

Obtenha a matriz aumentada correspondente ao sistema linear $A\mathbf{V} = \mathbf{B}$ dado por:

$$\begin{cases} x + y + z = 10 \\ \quad - y + 2z = 0 \\ \qquad\quad z = 5 \end{cases} \tag{5.16}$$

Solução: A matriz aumentada do sistema $A\mathbf{V} = \mathbf{B}$ é:

$$(A\ \mathbf{B}) = \begin{pmatrix} 1 & 1 & 1 & | & 10 \\ 0 & -1 & 2 & | & 0 \\ 0 & 0 & 1 & | & 5 \end{pmatrix}. \tag{5.17}$$

■

Observe que é muito fácil obter a solução do sistema (5.16), já que o valor de z já é fornecido na terceira equação.

Exemplo 5.20

Obtenha a matriz aumentada correspondente ao sistema linear $C\mathbf{V} = \mathbf{D}$ dado por:

$$\begin{cases} x + y + z = 10 \\ 2x + y + 4z = 20 \\ 2x + 3y + 5z = 25 \end{cases} \tag{5.18}$$

Solução: A matriz aumentada do sistema $C\mathbf{V} = \mathbf{D}$ é:

$$(C\ \mathbf{D}) = \begin{pmatrix} 1 & 1 & 1 & | & 10 \\ 2 & 1 & 4 & | & 20 \\ 2 & 3 & 5 & | & 25 \end{pmatrix}. \tag{5.19}$$

■

Observação 5.6

Comparando os sistemas (5.16) e (5.18) é fácil perceber que (5.16) é bem mais fácil de ser resolvido do que (5.18). Agora comparando as matrizes aumentadas (5.17) e (5.19) correspondentes aos respectivos sistemas e notamos que (5.17) é uma matriz escalonada enquanto (5.19) não é.

Se a matriz aumentada do sistema linear não for escalonada, o que podemos fazer para facilitar sua resolução?

Antes de responder a essa pergunta, é importante ressaltar que toda matriz possui pelo menos uma matriz escalonada equivalente por linhas, como demonstrado na Seção 2.2. Agora, iremos demonstrar que sistemas equivalentes, ou seja, aqueles com matrizes aumentadas equivalentes, resultam na mesma solução.

Teorema 5.1

Se as matrizes aumentadas de dois sistemas lineares são equivalentes por linhas, então os sistemas correspondentes possuem a mesma solução.

Demonstração: Sejam $A\mathbf{X} = \mathbf{B}$ e $C\mathbf{X} = \mathbf{D}$ sistemas lineares, tais que $(A\ \ \mathbf{B}) \sim (C\ \ \mathbf{D})$, onde $A, B \in M_{m\times n}$, $\mathbf{X} \in M_{n\times 1}$ e $\mathbf{B}, \mathbf{D} \in M_{m\times 1}$. Como as matrizes aumentadas $(A\ \ \mathbf{B})$ e $(C\ \ \mathbf{D})$ são equivalentes por linhas, existe uma sequência finita de operações elementares que levam $(A\ \ \mathbf{B})$ em $(C\ \ \mathbf{D})$. Inicialmente, mostraremos que os sistemas lineares $A\mathbf{X} = \mathbf{B}$ e $C\mathbf{X} = \mathbf{D}$ possuem a mesma solução para o caso de $(C\ \ \mathbf{D})$ ser obtida por uma única operação elementar.

Para isso, consideraremos:

$$A\mathbf{X} = \mathbf{B} \quad \Leftrightarrow \quad \left\{ \begin{array}{lcl} A_{(1)}\mathbf{X} & = & b_1 \\ A_{(2)}\mathbf{X} & = & b_2 \\ & \vdots & \\ A_{(m)}\mathbf{X} & = & b_m \end{array} \right. \quad \Leftrightarrow \quad \begin{pmatrix} a_{11} & a_{12} & \dots & a_{1n} & | & b_1 \\ a_{21} & a_{22} & \dots & a_{2n} & | & b_2 \\ \vdots & \vdots & & \vdots & | & \vdots \\ a_{m1} & a_{m2} & \dots & a_{mn} & | & b_m \end{pmatrix},$$

onde $A_{(i)}\mathbf{X} = b_i \Leftrightarrow a_{i1}x_1 + a_{i2}x_2 + \ldots + a_{in}x_n = b_i$ corresponde à i-ésima equação do sistema $A\mathbf{X} = \mathbf{B}$.

Se $\mathbf{S} \in M_{n\times 1}$ é solução de $A\mathbf{X} = \mathbf{B}$, então $\mathbf{S}$ satisfaz cada uma de suas equações, isto é, $A_{(i)}\mathbf{S} = b_i$, para $i = 1, 2, \ldots, m$. Mostraremos que $\mathbf{S}$ é solução de $C\mathbf{X} = \mathbf{D}$ analisando as três possibilidades de operações elementares:

(1) $(A \ \ \mathbf{B})$ e $(C \ \ \mathbf{D})$ são equivalentes por meio da operação $A_{(r)} \leftrightarrow A_{(k)}$.

As equações do sistema $C\mathbf{X} = \mathbf{D}$, obtido com a permutação das linhas r e k de $(A \ \ \mathbf{B})$, continuam sendo satisfeitas por $\mathbf{S}$, pois só houve uma troca de posições. Logo, $\mathbf{S}$ é solução de $C\mathbf{X} = \mathbf{D}$.

(2) $(A \ \ \mathbf{B})$ e $(C \ \ \mathbf{D})$ são equivalentes por meio da operação $A_{(r)} \to \alpha A_{(r)}, \alpha \neq 0$.

Nesse caso, a r-ésima linha de $(C \ \ \mathbf{D})$, dada por $\left(\alpha a_{r1} \ \ \alpha a_{r2} \ \ \ldots \alpha a_{rn} \ \mid \ \alpha b_r \right)$, é a única linha de $(C \ \ \mathbf{D})$ diferente de $(A \ \ \mathbf{B})$. Dessa forma, os sistemas $A\mathbf{X} = \mathbf{B}$ e $C\mathbf{X} = \mathbf{D}$ só são diferentes nas r-ésima equação. Como $\mathbf{S}$ é solução de $A\mathbf{X} = \mathbf{B}$, temos $A_{(i)}\mathbf{S} = b_i$, para $i = 1, 2, \ldots, m$. Considerando $i = r$ e multiplicando a equação por α, temos:

$$a_{r1}s_1 + a_{r2}s_2 + \ldots + a_{rn}s_n = b_r \Leftrightarrow \alpha a_{r1}s_1 + \alpha a_{r2}s_2 + \ldots + \alpha a_{rn}s_n = \alpha b_r,$$

ou seja, $\mathbf{S}$ satisfaz a r-ésima equação do sistema $C\mathbf{X} = \mathbf{D}$. Como $\mathbf{S}$ também satisfaz as demais equações de $C\mathbf{X} = \mathbf{D}$, concluímos que $\mathbf{S}$ é solução de $C\mathbf{X} = \mathbf{D}$.

(3) $(A \ \ \mathbf{B})$ e $(C \ \ \mathbf{D})$ são equivalentes por meio da operação $A_{(r)} \to A_{(r)} + \alpha A_{(k)}$.

Com esta operação, a única linha de $(C \ \ \mathbf{D})$ que difere de $(A \ \ \mathbf{B})$ é a r-ésima, a qual é definida por: $\left(a_{r1} + \alpha a_{k1} \ \ a_{r2} + \alpha a_{k2} \ \ \ldots a_{rn} + \alpha a_{kn} \ \mid \ b_r + \alpha b_k \right)$.

$$a_{r1}s_1 + a_{r2}s_2 + \ldots + a_{rn}s_n = b_r \tag{5.20}$$

e

$$a_{k1}s_1 + a_{k2}s_2 + \ldots + a_{kn}s_n = b_k \tag{5.21}$$

Multiplicando (5.21) por α e somando o resultado com (5.20), temos:
Como S satisfaz todas as equações $A_{(i)}\mathbf{X} = b_i$, considerando $i = r$ e $i = k$ temos:

$$(a_{r1} + \alpha a_{k1})s_1 + (a_{r2} + \alpha a_{k2})s_2 + \ldots + (a_{rn} + \alpha a_{kn})s_n = b_r + \alpha b_k \tag{5.22}$$

isto é, $\mathbf{S}$ satisfaz a r-ésima equação de $C\mathbf{X} = \mathbf{D}$. Como as demais equações de $C\mathbf{X} = \mathbf{D}$ também são satisfeitas por $\mathbf{S}$, concluímos que $\mathbf{S}$ é solução de $C\mathbf{X} = \mathbf{D}$.

Os três casos analisados acima, mostram que se $\mathbf{S}$ é solução de $A\mathbf{X} = \mathbf{B}$ e $(C \ \mathbf{D})$ é obtida de $(A \ \mathbf{B})$ através de uma única operação elementar, então $\mathbf{S}$ também será solução de $C\mathbf{X} = \mathbf{D}$.

Agora, suponha que $\mathbf{S}$ é solução de $A\mathbf{X} = \mathbf{B}$ e existe uma sequência de operações elementares que levam $(A \ \mathbf{B})$ em $(C \ \mathbf{D})$, isto é $(A \ \mathbf{B}) \sim (C_1 \ \mathbf{D}_1) \sim (C_2 \ \mathbf{D}_2) \sim \ldots \sim (C \ \mathbf{D})$.

Pelo que já mostramos, $\mathbf{S}$ é solução de $C_1\mathbf{X} = \mathbf{D}_1$, pois $(A \ \mathbf{B}) \sim (C_1 \ \mathbf{D}_1)$. Como $\mathbf{S}$ é solução de $C_1\mathbf{X} = \mathbf{D}_1$ e $(C_1 \ \mathbf{D}_1) \sim (C_2 \ \mathbf{D}_2)$, então $\mathbf{S}$ é solução de $C_2\mathbf{X} = \mathbf{D}_2$. Seguindo esse raciocínio, chegaremos à conclusão que $\mathbf{S}$ é solução de $C\mathbf{X} = \mathbf{D}$, concluindo a demonstração do teorema.

∎

Observação 5.7

Respondendo a pergunta feita anteriormente, quando a matriz aumentada do sistema linear $A\mathbf{X} = \mathbf{B}$ não é escalonada, basta aplicar operações elementares (eliminação de Gauss) na matriz $(A \ \mathbf{B})$ para obter uma matriz equivalente $(C \ \mathbf{D})$ que seja escalonada. A partir daí, como garante o Teorema 5.1, basta resolver o sistema $C\mathbf{X} = \mathbf{D}$, pois os sistemas $A\mathbf{X} = \mathbf{B}$ e $C\mathbf{X} = \mathbf{D}$ possuem a mesma solução.

Para obter a solução do sistema $C\mathbf{X} = \mathbf{D}$ (caso exista) é necessário analisar a matriz escalonada $(C \ \mathbf{D})$ e verificar se as colunas correspondentes aos coeficientes das incógnitas têm ou não pivôs.

Definição 5.11

A ausência de pivô na coluna $C^{(j)}$ indica que a incógnita x_j assume qualquer valor e, nesse caso, dizemos que a incógnita x_j é *livre*. Quando existir uma incógnita livre, o sistema terá infinitas soluções. É comum atribuir um parâmetro às incógnitas livres para reforçar o fato dela assumir qualquer valor.

Após identificar as incógnitas livres, devemos acrescentar ao sistema $C\mathbf{X} = \mathbf{D}$ as informações $x_i = t_i$, $t_i \in \mathbb{R}$, se x_i for livre. Em seguida, basta isolar a incógnita x_i na i-ésima equação e usar a retrossubstituição.

Observação 5.8

Resumindo, para resolver o sistema linear $A\mathbf{X} = \mathbf{B}$ usando escalonamento, devemos:

◇ Escrever a matriz aumentada $(A\ \mathbf{B})$.

◇ Obter uma matriz escalonada $(C\ \mathbf{D})$ equivalente por linhas à $(A\ \mathbf{B})$.

◇ Identificar os pivôs da matriz $(C\ \mathbf{D})$ e as variáveis livres x_i.

◇ Acrescentar as incógnitas livres $x_i = t_i$, $t_i \in \mathbb{R}$, na i-ésima equação do sistema $C\mathbf{X} = \mathbf{D}$.

◇ Isolar x_i na i-ésima equação e usar a retrossubstituição.

Vamos praticar um pouco nos exemplos a seguir.

Exemplo 5.21

Resolva o sistema linear $A\mathbf{V} = \mathbf{B}$, definido por:

$$\begin{cases} x + y + z &= 10 \\ 2x + y + 4z &= 20 \\ 2x + 3y + 5z &= 25 \end{cases}, \tag{5.23}$$

utilizando a matriz escalonada.

Solução: Utilizaremos a eliminação de Gauss para obter uma matriz escalonada $(C\ \mathbf{D})$ equivalente por linhas à matriz aumentada:

$$(A\ \mathbf{B}) = \begin{pmatrix} 1 & 1 & 1 & | & 10 \\ 2 & 1 & 4 & | & 20 \\ 2 & 3 & 5 & | & 25 \end{pmatrix}. \tag{5.24}$$

Operações aplicadas em (5.24): $L_2 \to L_2 - 2L_1$ e $L_3 \to L_3 - 2L_1$

$$\begin{pmatrix} 1 & 1 & 1 & | & 10 \\ 0 & -1 & 2 & | & 0 \\ 0 & 1 & 3 & | & 5 \end{pmatrix} \tag{5.25}$$

Operação aplicada em (5.25): $L_3 \to L_3 + L_2$

$$\begin{pmatrix} 1 & 1 & 1 & | & 10 \\ 0 & -1 & 2 & | & 0 \\ 0 & 0 & 5 & | & 5 \end{pmatrix} \tag{5.26}$$

Observe que não existem variáveis livres, pois todas as colunas de incógnitas da matriz escalonada (5.26) possuem pivôs.

Resolvendo o sistema linear $C\mathbf{V} = \mathbf{D}$ correspondente à matriz escalonada (5.26), temos:

$$\begin{cases} x + y + z = 10 \\ \quad - y + 2z = 0 \\ \qquad 5z = 5 \end{cases} \Rightarrow \begin{cases} x = -y - z + 10 \\ y = 2z \\ z = 1 \end{cases} \tag{5.27}$$

Pela retrossubstituição, começamos substituindo $z = 1$ em $y = 2z$ e encontramos $y = 2$. Por fim, substituímos $y = 2$ e $z = 1$ em $x = -y - z + 10$ e encontramos $x = 7$.

Logo, a solução do sistema $C\mathbf{V} = \mathbf{D}$, consequentemente solução do sistema $A\mathbf{V} = \mathbf{B}$, é $\mathbf{V} = (7 \;\; 2 \;\; 1)^T$.

■

Exemplo 5.22

Resolva o sistema $A\mathbf{V} = \mathbf{B}$ dado por:

$$\begin{cases} x - z = 0 \\ 3x + 3y = 1 \\ -2y - 6z = 2 \end{cases}$$

utilizando matriz escalonada.

Solução: A matriz aumentada do sistema $A\mathbf{V} = \mathbf{B}$ coincide com a matriz do Exemplo 2.5, no qual vimos que:

$$(A \;\; \mathbf{B}) = \begin{pmatrix} 1 & 0 & -1 & | & 0 \\ 3 & 3 & 0 & | & 1 \\ 0 & -2 & -6 & | & 2 \end{pmatrix} \sim \begin{pmatrix} 1 & 0 & -1 & | & 0 \\ 0 & 3 & -3 & | & 1 \\ 0 & 0 & -4 & | & \frac{8}{3} \end{pmatrix} = (C \;\; \mathbf{D}).$$

Observe que não existem incógnitas livres, pois todas as colunas de incógnitas da matriz escalonada $(C \;\; \mathbf{D})$ possuem pivôs. Pelo Teorema 5.1, os sistemas $A\mathbf{V} = \mathbf{B}$ e $C\mathbf{V} = \mathbf{D}$ possuem a mesma solução.

Resolvendo $C\mathbf{V} = \mathbf{D}$, temos:

$$\begin{cases} x - z &= 0 \\ 3y - 3z &= 1 \\ -4z &= \dfrac{8}{3} \end{cases} \Rightarrow \begin{cases} x &= z \\ y &= \dfrac{1}{3}(1 + 3z) \\ z &= -\dfrac{2}{3} \end{cases}.$$

Agora, usando a retrosubstituição, temos:

$$\begin{cases} x &= -\dfrac{2}{3} \\ y &= \dfrac{1}{3}(1 + 3z) = \dfrac{1}{3} + z = \dfrac{1}{3} - \dfrac{2}{3} = -\dfrac{1}{3} \\ x &= z = -\dfrac{2}{3} \end{cases}.$$

Logo, a solução de $C\mathbf{V} = \mathbf{D}$, consequentemente solução de $A\mathbf{V} = \mathbf{B}$, é:

$$\mathbf{V} = (x \;\; y\,)^T = \left(-\frac{2}{3} \;\; -\frac{1}{3} \;\; -\frac{2}{3}\right)^T.$$

■

Exemplo 5.23

Resolva o sistema $A\mathbf{X} = \mathbf{B}$ definido por:

$$\begin{cases} -2x_3 + 7x_5 &= 12 \\ 2x_1 + 4x_2 - 10x_3 + 6x_4 + 12x_5 &= 28 \\ 2x_1 + 4x_2 - 5x_3 + 6x_4 - 5x_5 &= -1 \end{cases}$$

utilizando matriz escalonada.

Solução: A matriz aumentada do sistema $A\mathbf{X} = \mathbf{B}$ coincide com a matriz do Exemplo 2.6, no qual vimos que:

$$(A \;\; \mathbf{B}) = \begin{pmatrix} 0 & 0 & -2 & 0 & 7 & | & 12 \\ 2 & 4 & -10 & 6 & 12 & | & 28 \\ 2 & 4 & -5 & 6 & -5 & | & -1 \end{pmatrix} \sim \begin{pmatrix} 2 & 4 & -10 & 6 & 12 & | & 28 \\ 0 & 0 & -2 & 0 & 7 & | & 12 \\ 0 & 0 & 0 & 0 & \dfrac{1}{2} & | & 1 \end{pmatrix} = (D \;\; \mathbf{E}).$$

Como as colunas $D^{(2)}$ e $D^{(4)}$ não possuem pivôs, as incógnitas x_2 e x_4 são livres, ou seja, elas podem assumir qualquer valor real, isto é, $x_2 = s$ e $x_4 = t$ para $s, t \in \mathbb{R}$. As demais incógnitas são constantes ou dependem de s e t, as quais são obtidas resolvendo o sistema

$D\mathbf{X} = \mathbf{E}$:

$$\begin{cases} 2x_1 + 4x_2 - 10x_3 + 6x_4 + 12x_5 &= 28 \\ -2x_3 + 7x_5 &= 12 \\ \frac{1}{2}x_5 &= 1 \end{cases}. \tag{5.28}$$

Devemos acrescentar ao sistema (5.28) as informações $x_2 = s$ e $x_4 = t$, correspondentes às incógnitas livres, de tal forma que a incógnita x_i seja colocada na i-ésima equação:

$$\begin{cases} 2x_1 + 4x_2 - 10x_3 + 6x_4 + 12x_5 &= 28 \\ x_2 &= s \\ -2x_3 + 7x_5 &= 12 \\ x_4 &= t \\ \frac{1}{2}x_5 &= 1 \end{cases}. \tag{5.29}$$

Isolando a incógnita x_i, para $i = 1, 2, 3, 4, 5$, na i-ésima equação de (5.29), temos:

$$\begin{cases} x_1 &= 14 - 2x_2 + 5x_3 - 3x_4 - 6x_5 \\ x_2 &= s \\ x_3 &= -6 + \frac{7}{2}x_5 \\ x_4 &= t \\ x_5 &= 2 \end{cases}. \tag{5.30}$$

Por fim, usando a retrosubstituição no sistema (5.30), obtemos:

$$\begin{cases} x_5 &= 2 \\ x_4 &= t \\ x_3 &= -6 + \frac{7}{2}x_5 = -6 + \frac{7}{2}(2) = 1 \\ x_2 &= s \\ x_1 &= 14 - 2x_2 + 5x_3 - 3x_4 - 6x_5 = 14 - 2s + 5 - 3t - 12 = 7 - 2s - 3t \end{cases}.$$

Logo, a solução geral de $D\mathbf{X} = \mathbf{E}$, consequentemente solução de $A\mathbf{X} = \mathbf{B}$, é:

$$\mathbf{X} = (7 - 2s - 3t \quad s \quad -2 \quad t \quad 2)^T, \quad s, t \in \mathbb{R}$$

que também pode ser escrita na forma

$$\mathbf{X} = (7 \quad 0 \quad -2 \quad 0 \quad 2)^T + s(-2 \quad 1 \quad 0 \quad 0 \quad 0)^T + t(-3 \quad 0 \quad 0 \quad 1 \quad 0)^T,$$

para $s, t \in \mathbb{R}$

Geometricamente, a solução do sistema é um hiperplano no $\mathbb{R}^5$ e $(7, 0, -2, 0, 2) \in \mathbb{R}^5$ é uma solução particular do sistema, obtida considerando $s = t = 0$.

■

Exemplo 5.24

Resolva o sistema $A\mathbf{X} = \mathbf{B}$ dado por:

$$\begin{cases} x_1 + 2x_2 - 3x_4 + x_5 &= 2 \\ x_1 + 2x_2 + x_3 - 3x_4 + x_5 + 2x_6 &= 3 \\ x_1 + 2x_2 - 3x_4 + 2x_5 + x_6 &= 4 \\ 3x_1 + 6x_2 + x_3 - 9x_4 + 4x_5 + 3x_6 &= 9 \end{cases}$$

utilizando matriz escalonada.

Solução: Vimos no Exemplo 2.7 que:

$$(A \ \ \mathbf{B}) = \begin{pmatrix} 1 & 2 & 0 & -3 & 1 & 0 & | & 2 \\ 1 & 2 & 1 & -3 & 1 & 2 & | & 3 \\ 1 & 2 & 0 & -3 & 2 & 1 & | & 4 \\ 3 & 6 & 1 & -9 & 4 & 3 & | & 9 \end{pmatrix} \sim \begin{pmatrix} 1 & 2 & 0 & -3 & 1 & 0 & | & 2 \\ 0 & 0 & 1 & 0 & 0 & 2 & | & 1 \\ 0 & 0 & 0 & 0 & 1 & 1 & | & 2 \\ 0 & 0 & 0 & 0 & 0 & 0 & | & 0 \end{pmatrix} = (D \ \ \mathbf{E}).$$

Como as colunas $D^{(2)}, D^{(4)}$ e $D^{(6)}$ não possuem pivô, as incógnitas x_2, x_4 e x_6 são livres. O sistema correspondente à matriz escalonada $(D \ \mathbf{E})$ é:

$$\begin{cases} x_1 + 2x_2 - 3x_4 + x_5 &= 2 \\ x_3 + 2x_6 &= 1 \\ x_5 + x_6 &= 2 \end{cases} \tag{5.31}$$

Acrescentando ao sistema (5.31) as equações $x_2 = r, x_4 = s$ e $x_6 = t$ com $r, s, t \in \mathbb{R}$, correspondentes às incógnitas livres, e isolando a incógnita x_i na i-ésima equação, temos:

$$\begin{cases} x_1 &= 2 - 2x_2 + 3x_4 - x_5 \\ x_2 &= r \\ x_3 &= 1 - x_5 \\ x_4 &= s \\ x_5 &= 2 - x_6 \\ x_6 &= t \end{cases} \tag{5.32}$$

Agora, usando a retrosubstituição no sistema (5.32), obtemos:

$$\begin{cases} x_6 &= t \\ x_5 &= 2 - x_6 = 2 - t \\ x_4 &= s \\ x_3 &= 1 - x_5 = 1 - (2 - t) = -1 + t \\ x_2 &= r \\ x_1 &= 2 - 2x_2 + 3x_4 - x_5 = 2 - 2r + 3s - (2 - t) = -2r + 3s + t \end{cases}.$$

Logo, a solução geral do sistema $D\mathbf{X} = \mathbf{E}$, consequentemente solução de $A\mathbf{X} = \mathbf{D}$, é:

$$\mathbf{X} = (-2r + 3s + t \quad r \quad 1 - 2t \quad s \quad 2 - t \quad t)^T$$

ou

$$\mathbf{X} = (0\ 0\ 1\ 0\ 2\ 0)^T + r(-2\ 1\ 0\ 0\ 0\ 0)^T + s(3\ 0\ 0\ 1\ 0\ 0)^T + t(1\ 0\ -2\ 0\ -1\ 1)^T,$$

para $r, s, t \in \mathbb{R}$.

■

Exemplo 5.25

Resolva o sistema $A\mathbf{X} = \mathbf{B}$ definido por:

$$\begin{cases} x_1 + x_2 + x_3 &= 1 \\ x_1 - x_2 - _3 &= 2 \\ 2x_1 + x_2 + x_3 &= 3 \end{cases}$$

utilizando matriz escalonada.

Solução: Aplicando a eliminação de Gauss em $(A \quad \mathbf{B})$, temos:

$$\begin{pmatrix} 1 & 1 & 1 & | & 1 \\ 1 & -1 & -1 & | & 2 \\ 2 & 1 & 1 & | & 3 \end{pmatrix} \tag{5.33}$$

Operações aplicadas em (5.33): $L_2 \to L_2 - L_1$ e $L_3 \to L_3 - 2L_1$

$$\begin{pmatrix} 1 & 1 & 1 & | & 1 \\ 0 & -2 & -2 & | & 1 \\ 0 & -1 & -1 & | & 1 \end{pmatrix} \tag{5.34}$$

Operação aplicada em (5.34): $L_3 \to L_3 + \frac{1}{-2}L_2$

$$\begin{pmatrix} 1 & 1 & 1 & | & 1 \\ 0 & -2 & -2 & | & 1 \\ 0 & 0 & 0 & | & \frac{1}{2} \end{pmatrix}. \tag{5.35}$$

Observe que a equação:

$$0x_1 + 0x_2 + 0x_3 = \frac{1}{2} \Leftrightarrow 0 = \frac{1}{2}$$

correspondente à última linha da matriz escalonada (5.35) é uma inconsistência e, portanto, o sistema $A\mathbf{X} = \mathbf{B}$ não possui solução.

■

5.4 Exercícios

1. Obtenha a matriz aumentada correspondente aos sistemas:

(a) $\begin{cases} x - 2y + z = 0 \\ 2y - 8z = 8 \\ -4x + 5y + 9z = -9 \end{cases}$.

(b) $\begin{cases} 2y + 3z = 1 \\ 3x - 3z = -2 \\ 2x + y + z = 3 \end{cases}$.

2. Escreva os sistemas correspondentes às matrizes aumentadas:

(a) $\begin{pmatrix} 2 & 0 & 0 & -1 & | & 2 \\ 0 & 1 & 0 & 3 & | & 1 \\ -4 & 1 & -2 & 0 & | & -1 \end{pmatrix}$.

(b) $\begin{pmatrix} 1 & 0 & -4 & | & 8 \\ 0 & -3 & 2 & | & 1 \\ 0 & 0 & 1 & | & 3 \end{pmatrix}$.

(c) $\begin{pmatrix} 0 & -2 & 3 & 1 & 0 & 4 & | & 1 \\ 2 & -1 & 1 & 0 & 3 & 1 & | & -2 \end{pmatrix}$.

(d) $\begin{pmatrix} 3 & 1 & 0 & | & 0 \\ 2 & 0 & -1 & | & 3 \\ 0 & 3 & -1 & | & 3 \end{pmatrix}$.

3. Resolver os sistemas $A\mathbf{X} = \mathbf{B}$ utilizando a eliminação de Gauss. (As matrizes aumentadas dos sistemas abaixo são iguais às matrizes aumentadas do Exercício 2 da Seção 2.3).

(a) $\begin{cases} x_1 - 2x_2 + x_3 & = & 0 \\ 2x_2 - 8x_3 & = & 8 \\ -4x_1 + 5x_2 + 9x_3 & = & -9 \end{cases}.$

(b) $\begin{cases} x_2 - 4x_3 & = & 8 \\ 2x_1 - 3x_2 + 2x_3 & = & 1 \\ 5x_1 - 8x_2 + 7x_3 & = & 1 \end{cases}.$

(c) $\begin{cases} x_1 - 2x_2 + 3x_3 & = & 0 \\ 3x_1 + 6x_2 - 3x_3 & = & 0 \\ 6x_1 + 6x_2 + 3x_3 & = & 0 \end{cases}.$

(d) $\begin{cases} x_1 + 2x_2 + 3x_3 & = & 9 \\ 2x_1 - x_2 + x_3 & = & 8 \\ 3x_1 - x_3 & = & 3 \end{cases}.$

(e) $\begin{cases} x_1 + x_2 + 2x_3 - 5x_4 & = & 3 \\ x_1 - 3x_2 + 2x_3 + 7x_4 & = & -5 \\ -x_1 - 5x_2 - 2x_3 + 17x_4 & = & -11 \\ 2x_1 + 2x_2 + 4x_3 - 10x_4 & = & 6 \end{cases}.$

(f) $\begin{cases} x_1 + x_2 + x_3 + x_4 & = & 0 \\ x_1 + x_4 & = & 0 \\ x_1 + 2x_2 + x_3 & = & 0 \end{cases}.$

5.5 Solução por matriz escalonada reduzida

O resultado do Teorema 5.1 continua válido para matrizes escalonadas reduzidas, já que essas matrizes também são matrizes escalonadas.

Dessa forma, a resolução do sistema linear $A\mathbf{X} = \mathbf{B}$ pode ser feita por meio do sistema equivalente $C\mathbf{X} = \mathbf{D}$ correspondente à matriz escalonada reduzida $(C\ \mathbf{D})$, a qual é obtida aplicando o algoritmo de Gauss-Jordam em $(A\ \mathbf{B})$.

Exemplo 5.26

Use a matriz escalonada reduzida para resolver o sistema linear $A\mathbf{V} = \mathbf{B}$, definido por:

$$\begin{cases} x + y + z & = & 10 \\ 2x + y + 4z & = & 20 \\ 2x + 3y + 5z & = & 25 \end{cases}. \tag{5.36}$$

Solução: Aplicaremos o algoritmo de Gauss-Jordan na matriz aumentada $(A\ \mathbf{B})$ definida por:

$$\left(\begin{array}{ccc|c} 1 & 1 & 1 & 10 \\ 2 & 1 & 4 & 20 \\ 2 & 3 & 5 & 25 \end{array}\right) \tag{5.37}$$

Operações aplicadas em (5.37): $L_2 \to L_2 - 2L_1$ e $L_3 \to L_3 - 2L_1$

$$\left(\begin{array}{ccc|c} 1 & 1 & 1 & 10 \\ 0 & -1 & 2 & 0 \\ 0 & 1 & 3 & 5 \end{array}\right) \tag{5.38}$$

Operação aplicada em (5.38): $L_2 \to -L_2$

$$\left(\begin{array}{ccc|c} 1 & 1 & 1 & 10 \\ 0 & 1 & -2 & 0 \\ 0 & 1 & 3 & 5 \end{array}\right) \tag{5.39}$$

Operações aplicadas em (5.39): $L_1 \to L_1 - L_2$ e $L_3 \to L_3 - L_2$

$$\left(\begin{array}{ccc|c} 1 & 0 & 3 & 10 \\ 0 & 1 & -2 & 0 \\ 0 & 0 & 1 & 1 \end{array}\right) \tag{5.40}$$

Operações aplicadas em (5.41): $L_1 \to L_1 - 3L_3$ e $L_2 \to L_2 + 2L_3$

$$\left(\begin{array}{ccc|c} 1 & 0 & 0 & 7 \\ 0 & 1 & 0 & 2 \\ 0 & 0 & 1 & 1 \end{array}\right). \tag{5.41}$$

Assim, o sistema linear correspondente à matriz escalonada reduzida (5.41) é:

$$\begin{cases} x = 7 \\ y = 2 \\ z = 1 \end{cases}. \tag{5.42}$$

Logo, a solução do sistema linear (5.36) é $\mathbf{V} = (7\ \ 2\ \ 1)^T$.

■

Exemplo 5.27

Use a matriz escalonada reduzida para resolver o sistema linear $A\mathbf{X} = \mathbf{B}$, cuja matriz aumentada é:

$$(A\,\mathbf{B}) = \begin{pmatrix} 0 & 0 & -2 & 0 & 7 & | & 12 \\ 2 & 4 & -10 & 6 & 12 & | & 28 \\ 2 & 4 & -5 & 6 & -5 & | & -1 \end{pmatrix}. \quad (5.43)$$

Solução: Aplicaremos o algoritmo de Gauss-Jordam na matriz aumentada.

Operação aplicada em (5.43): $L_1 \leftrightarrow L_2$

$$\begin{pmatrix} 2 & 4 & -10 & 6 & 12 & | & 28 \\ 0 & 0 & -2 & 0 & 7 & | & 12 \\ 2 & 4 & -5 & 6 & -5 & | & -1 \end{pmatrix} \quad (5.44)$$

Operação aplicada em (5.44): $L_1 \to \frac{1}{2}L_1$

$$\begin{pmatrix} 1 & 2 & -5 & 3 & 6 & | & 14 \\ 0 & 0 & -2 & 0 & 7 & | & 12 \\ 2 & 4 & -5 & 6 & -5 & | & -1 \end{pmatrix} \quad (5.45)$$

Operação aplicada em (5.45): $L_3 \to L_3 - 2L_1$

$$\begin{pmatrix} 1 & 2 & -5 & 3 & 6 & | & 14 \\ 0 & 0 & -2 & 0 & 7 & | & 12 \\ 0 & 0 & 5 & 0 & -17 & | & -29 \end{pmatrix} \quad (5.46)$$

O primeiro ciclo do algoritmo foi finalizado. No segundo ciclo, vamos transformar o primeiro elemento não nulo da segunda linha da matriz (5.46) em 1 e zerar os elementos abaixo e acima dele.

Operação aplicada em (5.46): $L_2 \to -\frac{1}{2}L_2$

$$\begin{pmatrix} 1 & 2 & -5 & 3 & 6 & | & 14 \\ 0 & 0 & 1 & 0 & -\frac{7}{2} & | & -6 \\ 0 & 0 & 5 & 0 & -17 & | & -29 \end{pmatrix} \quad (5.47)$$

Operações aplicadas em (5.47): $L_1 \to L_1 + 5L_2$ e $L_3 \to L_3 - 5L_2$

$$\begin{pmatrix} 1 & 2 & 0 & 3 & -\frac{23}{2} & | & -16 \\ 0 & 0 & 1 & 0 & -\frac{7}{2} & | & -6 \\ 0 & 0 & 0 & 0 & \frac{1}{2} & | & 1 \end{pmatrix} \tag{5.48}$$

O segundo ciclo foi finalizado. No terceiro ciclo, vamos transformar o primeiro elemento não nulo da terceira linha da matriz (5.48) em 1 e zerar os elementos acima dele.

Operação aplicada em (5.48): $L_3 \to 2L_3$

$$\begin{pmatrix} 1 & 2 & 0 & 3 & -\frac{23}{2} & | & -16 \\ 0 & 0 & 1 & 0 & -\frac{7}{2} & | & 6 \\ 0 & 0 & 0 & 0 & 1 & | & 2 \end{pmatrix} \tag{5.49}$$

Operações aplicadas em (5.49): $L_1 \to L_1 + \frac{23}{2}L_3$ e $L_2 \to L_2 + \frac{7}{2}L_3$

$$\begin{pmatrix} 1 & 2 & 0 & 3 & 0 & | & 7 \\ 0 & 0 & 1 & 0 & 0 & | & 1 \\ 0 & 0 & 0 & 0 & 1 & | & 2 \end{pmatrix}. \tag{5.50}$$

Observe que as incógnitas x_2 e x_4 são livres, pois na matriz escalonada reduzida (5.50) as colunas dos coeficientes dessas incógnitas não possuem pivôs, então considere $x_2 = s$ e $x_4 = t$ para $s, t \in \mathbb{R}$.

A solução é obtida resolvendo o sistema linear correspondente à matriz escalonada reduzida (5.50):

$$\begin{cases} x_1 + 2x_2 + 3x_4 = 7 \\ x_2 = s \\ x_3 = 1 \\ x_4 = t \\ x_5 = 2 \end{cases} \tag{5.51}$$

que resulta em:

$$\begin{cases} x_1 &= 7-2s-3t \\ x_2 &= s \\ x_3 &= 1 \\ x_4 &= t \\ x_5 &= 2 \end{cases}.$$

Logo, a solução do sistema linear $A\mathbf{X} = \mathbf{B}$ é:

$$\mathbf{X} = (7-2s-3t \quad s \quad 1 \quad t \quad 2)^T, \text{ para } s,t \in \mathbb{R}$$

ou

$$\mathbf{X} = (7 \;\; 0 \;\; 1 \;\; 0 \;\; 2)^T + s(-2 \;\; 1 \;\; 0 \;\; 0 \;\; 0)^T + t(-3 \;\; 0 \;\; 0 \;\; 1 \;\; 0)^T, \text{ para } s,t \in \mathbb{R}.$$

■

5.6 Exercícios

1. Quais das matrizes abaixo são escalonadas reduzidas?

$$A = \begin{pmatrix} 1 & 0 & 0 & 1 \\ 0 & 1 & 0 & 5 \\ 0 & 0 & 1 & -6 \end{pmatrix} \quad B = \begin{pmatrix} 2 & 0 & 0 & 6 \\ 0 & 1 & -2 & 4 \\ 0 & 0 & 0 & 0 \end{pmatrix} \quad C = \begin{pmatrix} 1 & 0 & 2 & 5 \\ 0 & 1 & 4 & -1 \\ 0 & 0 & 0 & 0 \\ 0 & 0 & 0 & 0 \end{pmatrix}$$

2. Classifique cada afirmação em verdadeira (V) ou falsa (F):

   (a) Toda matriz escalonada reduzida é também escalonada.

   (b) Toda matriz escalonada é também escalonada reduzida.

   (c) $A \in M_{m\times n}$ é equivalente por linhas a apenas uma matriz escalonada.

   (d) $A \in M_{m\times n}$ é equivalente por linhas a apenas uma matriz escalonada reduzida.

3. Encontre uma matriz escalonada reduzida equivalente por linhas às matrizes abaixo:

$$\text{(a)} \begin{pmatrix} 1 & 2 & 3 \\ 2 & -1 & 1 \\ 3 & 0 & -1 \end{pmatrix} \qquad \text{(b)} \begin{pmatrix} 1 & 1 & 1 & 1 & 2 \\ 1 & 0 & 0 & 1 & 1 \\ 1 & 2 & 1 & 0 & -1 \end{pmatrix}$$

4. Resolva os sistemas utilizando a matriz escalonada reduzida:

(a) $\begin{cases} x + 2y + 3z = 9 \\ 2x - y + z = 8 \\ 3x - z = 3 \end{cases}$

(b) $\begin{cases} x_1 + x_2 + x_3 + x_4 = 2 \\ x_1 + x_4 = 1 \\ x_1 + 2x_2 + x_3 = -1 \end{cases}$

(c) $\begin{cases} 3x_1 - x_2 + 2x_3 = -1 \\ 2x_1 + x_2 = 3 \\ 2x_1 - 4x_2 - 2x_3 = -4 \end{cases}$

(d) $\begin{cases} 2x_1 + 2x_2 - x_3 = 1 \\ 3x_1 + x_2 - 3x_3 = 1 \\ -2x_1 - x_2 + x_3 = 0 \end{cases}$

(e) $\begin{cases} x_1 + 2x_2 + x_3 = -1 \\ 3x_1 + 6x_2 + 3x_3 + x_4 = 3 \\ 2x_1 + 4x_2 - 3x_3 - x_4 = 2 \end{cases}$

(f) $\begin{cases} x_1 + 2x_2 + x_3 = 0 \\ 3x_1 + 6x_2 + 3x_3 + x_4 = 0 \\ 2x_1 + 4x_2 + 2x_3 + x_4 = 0 \end{cases}$

(g) $\begin{cases} 2x_1 + x_2 = 1 \\ 3x_1 + 2x_2 + x_3 = -1 \\ 5x_1 + 3x_2 + x_3 = 1 \end{cases}$

(h) $\begin{cases} x_1 - x_2 + 2x_3 + x_4 - 3x_5 = 1 \\ -2x_1 + x_2 - x_4 + x_5 = 2 \end{cases}$

5.7 Posto e solução de sistemas

Em [16] podemos ver uma sequência de resultados que garantem que todas as matrizes escalonadas equivalentes por linhas a uma matriz $A \in M_{m\times n}$ possuem o mesmo número de linhas não nulas e pivôs nas colunas de coeficientes de mesma posição. Esse número de linhas não nulas nas matrizes escalonadas tem uma importância especial no estudo dos sistemas lineares, como veremos a seguir.

Definição 5.12

Seja $C \in M_{m\times n}$ uma matriz escalonada equivalente por linhas à matriz $A \in M_{m\times n}$. O *posto* de A, denotado por $posto(A)$, é definido como sendo o número de linhas não nulas de C.

Exemplo 5.28

Determine o posto da matriz $A = \begin{pmatrix} 1 & 1 & 1 \\ 1 & -1 & -1 \\ 2 & 1 & 1 \end{pmatrix}$.

Solução: A matriz A é a matriz de coeficientes do sistema trabalhado no Exemplo 5.23, a qual é equivalente por linhas à seguinte matriz escalonada:

$$A = \begin{pmatrix} 1 & 1 & 1 \\ 1 & -1 & -1 \\ 2 & 1 & 1 \end{pmatrix} \sim \begin{pmatrix} 1 & 1 & 1 \\ 0 & -2 & -2 \\ 0 & 0 & 0 \end{pmatrix} = B.$$

Como B possui duas linhas não nulas, concluímos que $posto(A) = 2$.

■

Observação 5.9

No volume 2 desta coleção apresentaremos a definição de posto de uma transformação linear.

A existência e o número de soluções de um sistema linear $A\mathbf{V} = \mathbf{B}$ depende do posto das matrizes A e $(A\ \mathbf{B})$. Basicamente, o sistema linear $A\mathbf{V} = \mathbf{B}$ possui solução se o posto das matrizes A e $(A\ \mathbf{B})$ são iguais. Todas as possibilidades são apresentadas no teorema abaixo, cuja demonstração e mais detalhes podem ser consultados em [16].

Teorema 5.2: Teorema de Rouché-Capelli

Sejam $A \in M_{m\times n}$ e $A\mathbf{V} = \mathbf{B}$ um sistema linear com m equações e n incógnitas.

(i) Se $posto(A\ \ \mathbf{B}) \neq posto(A)$, então $A\mathbf{V} = \mathbf{B}$ não possui solução.

(ii) Se $posto(A\ \ \mathbf{B}) = posto(A) < n$, então $A\mathbf{V} = \mathbf{B}$ possui infinitas soluções.

(iii) Se $posto(A\ \ \mathbf{B}) = posto(A) = n$, então $A\mathbf{V} = \mathbf{B}$ possui uma única solução.

O sistema linear $A\mathbf{V} = \mathbf{B}$ possui infinitas soluções quando existe incógnitas livres, isto é, quando em alguma matriz escalonada equivalente por linhas à A existir pelo menos uma coluna de coeficientes sem pivô. O número de incógnitas livres depende do número de incógnitas do sistema e do posto de A. Esse número recebe um nome especial e será definido a seguir.

Definição 5.13

Seja $A\mathbf{V} = \mathbf{B}$ um sistema linear com n incógnitas. O *grau de liberdade* ou *nulidade* de A, denotada por $nulidade(A)$, é o número de incógnitas do sistema menos o posto de A, isto é, $nulidade(A) = n - posto(A)$.

Observação 5.10

De acordo com o posto e a nulidade de A, podemos classificar o sistema $A\mathbf{V} = \mathbf{B}$ das seguintes formas:

◇ *Inconsistente* ou *impossível*: quando $\neq posto(A\ \mathbf{B})$. Neste caso, $A\mathbf{V} = \mathbf{B}$ não possui solução e a nulidade não precisa ser analisada.

◇ *Possível e indeterminado*: quando $= posto(A\ \mathbf{B})$ e $nulidade(A) > 0$. Nesse caso, $A\mathbf{V} = \mathbf{B}$ possui infinitas soluções, pois existem parâmetros livres.

◇ *Possível e determinado*: quando $= posto(A\ \mathbf{B})$ e $nulidade(A) = 0$. Nesse caso, o número de pivôs coincide com o número de incógnitas, não há incógnitas livres e $A\mathbf{V} = \mathbf{B}$ possui uma única solução.

Exemplo 5.29

Utilize o posto para mostrar que o sistema $A\mathbf{V} = \mathbf{B}$, dado por:

$$\begin{cases} x + y = 8 \\ 2x + 2y = 5 \end{cases}, \tag{5.52}$$

é inconsistente.

Solução: Aplicaremos a eliminação de Gauss na matriz aumentada $(A\ \mathbf{B})$:

$$\left(\begin{array}{cc|c} 1 & 1 & 8 \\ 2 & 2 & 5 \end{array}\right) \tag{5.53}$$

Operação aplicada em (5.53): $L_2 \to L_2 - 2L_1$

$$\begin{pmatrix} 1 & 1 & | & 8 \\ 0 & 0 & | & -11 \end{pmatrix}. \tag{5.54}$$

Seja (C **D**) a matriz escalonada em (5.54). Temos:

◇ *posto*$(A) = 1$, pois C possui uma linha não nula.

◇ *posto*$(A\ \mathbf{B}) = 2$, pois $(C\ \mathbf{D})$ possui duas linhas não nulas.

◇ *posto*$(A) \neq$ *posto*$(A\ \mathbf{B})$, logo $A\mathbf{X} = \mathbf{B}$ é inconsistente.

O sistema (5.52) foi trabalhado no Exemplo 5.12 e o esboço das retas correspondentes às suas equações pode ser visto na Figura 5.1.

■

Exemplo 5.30

Utilize o posto e a nulidade para mostrar que $A\mathbf{V} = \mathbf{B}$, definido por:

$$\begin{cases} 4x + y = 1 \\ -4x - y = -1 \end{cases}, \tag{5.55}$$

é possível e indeterminado. Por fim, obtenha a solução do sistema.

Solução: Aplicaremos a eliminação de Gauss na matriz aumentada (A **B**), dada por:

$$\begin{pmatrix} 4 & 1 & | & 1 \\ -4 & -1 & | & -1 \end{pmatrix} \tag{5.56}$$

Operação aplicada em (5.56): $L_2 \to L_2 + L_1$

$$\begin{pmatrix} 4 & 1 & | & 1 \\ 0 & 0 & | & 0 \end{pmatrix}. \tag{5.57}$$

Seja (C **D**) a matriz escalonada (5.57). Temos:

◇ *posto*$(A) = 1$, pois C possui uma linha não nula.

◇ *posto*$(A\ \mathbf{B}) = 1$, pois $(C\ \mathbf{D})$ possui uma linha não nula.

◇ *posto*$(A) =$ *posto*$(A\ \mathbf{B})$, logo $A\mathbf{V} = \mathbf{B}$ possui infinitas soluções.

◇ $n = 2$, pois existem duas incógnitas.

◇ *nulidade*$(A) = n- = 2 - 1 = 1$, logo existe um parâmetro livre na solução e, portanto, o sistema é possível e indeterminado.

Resolvendo o sistema linear $C\mathbf{V} = \mathbf{D}$, correspondente à matriz escalonada (5.57), temos:

$$\begin{cases} 4x & + & y & = & 1 \\ & & y & = & t \end{cases} \Rightarrow \begin{cases} x & = & \dfrac{1}{4} - \dfrac{y}{4} \\ y & = & t \end{cases} \Rightarrow \begin{cases} x & = & \dfrac{1}{4} - \dfrac{t}{4} \\ y & = & t \end{cases}.$$

Logo, a solução do sistema linear (5.55) com o parâmetro livre $t \in \mathbb{R}$ é:

$$\mathbf{V} = \begin{pmatrix} \dfrac{1}{4} - \dfrac{t}{4} & t \end{pmatrix}^T$$

que corresponde à reta de equação:

$$\vec{v} = \left(\frac{1}{4}, 0\right) + t\left(-\frac{1}{4}, 1\right), \quad t \in \mathbb{R}.$$

Este mesmo sistema linear foi trabalhado no Exemplo 5.14 e o esboço das retas correspondentes às suas equações pode ser visto na Figura 5.3.

■

Exemplo 5.31

Utilize o posto e a nulidade para mostrar que $A\mathbf{V} = \mathbf{B}$, dado por:

$$\begin{cases} 2x & + & y & = & 1 \\ -x & + & y & = & 4 \end{cases}, \tag{5.58}$$

é possível e determinado, em seguida, obtenha sua solução.

Solução: Aplicaremos a eliminação de Gauss na matriz aumentada $(A \; \mathbf{B})$:

$$\begin{pmatrix} 2 & 1 & | & 1 \\ -1 & 1 & | & 4 \end{pmatrix} \tag{5.59}$$

Operação aplicada em (5.59): $L_2 \to L_2 + \dfrac{1}{2}L_1$

$$\begin{pmatrix} 2 & 1 & | & 1 \\ 0 & \dfrac{3}{2} & | & \dfrac{9}{2} \end{pmatrix}. \tag{5.60}$$

Seja $(C \; \mathbf{D})$ a matriz escalonada (5.60). Temos:

◊ $posto(A) = 2 = posto(A\ \mathbf{B})$, pois C e $(C\ \mathbf{D})$ têm duas linhas não nulas. Logo, $A\mathbf{V} = \mathbf{B}$ possui solução.

◊ $n = 2$ e $nulidade(A) = n - posto(A) = 0$, ou seja, não existe parâmetro na solução e o sistema é possível e determinado.

Resolvendo o sistema simplificado $C\mathbf{V} = \mathbf{D}$, correspondente à matriz escalonada, temos:

$$\begin{cases} 2x + y = 1 \\ \frac{3}{2}y = \frac{9}{2} \end{cases} \Rightarrow \begin{cases} x = \frac{1}{2} - \frac{1}{2}y \\ y = 3 \end{cases} \Rightarrow \begin{cases} x = -1 \\ y = 3 \end{cases}.$$

Logo, a solução do sistema (5.58) é:

$$\mathbf{V} = (-1\ \ 3)^T.$$

Este sistema foi trabalhado no Exemplo 5.13 e o esboço das retas correspondentes às suas equações pode ser visto na Figura 5.2.

■

Exemplo 5.32

Mostre que o sistema linear $A\mathbf{V} = \mathbf{B}$ definido por:

$$\begin{cases} x - 2y - z = 0 \\ x + y = 4 \\ y + z = 2 \end{cases} \quad (5.61)$$

tem grau de liberdade zero e sua solução corresponde a um único ponto.

Solução: Aplicaremos a eliminação de Gauss na matriz aumentada $(A\ \mathbf{B})$:

$$\left(\begin{array}{ccc|c} 1 & -2 & -1 & 0 \\ 1 & 1 & 0 & 4 \\ 0 & 1 & 1 & 2 \end{array}\right) \quad (5.62)$$

Operação aplicada em (5.62): $L_2 \to L_2 - L_1$

$$\left(\begin{array}{ccc|c} 1 & -2 & -1 & 0 \\ 0 & 3 & 1 & 4 \\ 0 & 1 & 1 & 2 \end{array}\right) \quad (5.63)$$

Operação aplicada em (5.63): $L_3 \leftrightarrow L_2$

$$\left(\begin{array}{ccc|c} 1 & -2 & -1 & 0 \\ 0 & 1 & 1 & 2 \\ 0 & 3 & 1 & 4 \end{array}\right) \tag{5.64}$$

Operação aplicada em (5.64): $L_3 \to L_3 - 3L_2$

$$\left(\begin{array}{ccc|c} 1 & -2 & -1 & 0 \\ 0 & 1 & 1 & 2 \\ 0 & 0 & -2 & -2 \end{array}\right). \tag{5.65}$$

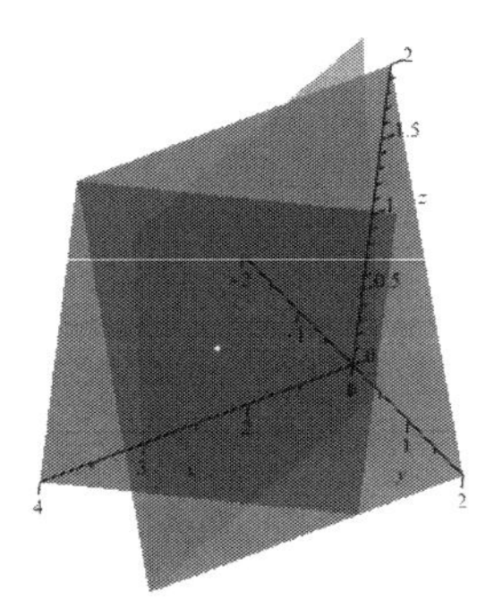

Figura 5.4: Planos correspondentes às equações do sistema (5.61) e sua solução.

Da matriz escalonada (5.65), $posto(A) = 3 = posto(A\ \mathbf{B})$, logo o sistema $A\mathbf{V} = \mathbf{B}$ é consistente. Como o sistema tem 3 incógnitas e o posto é igual a 3, a nulidade será zero, consequentemente, não existem incógnitas livres na solução. Portanto, o sistema possui uma única solução e é classificado como possível e determinado.

Resolvendo o sistema correspondente à matriz escalonada (5.65), temos:

$$\begin{cases} x - 2y - z = 0 \\ y + z = 2 \\ -2z = -2 \end{cases} \Rightarrow \begin{cases} x = 2y + z \\ y = 2 - z \\ z = 1 \end{cases} \Rightarrow \begin{cases} x = 2y + z = 2(1) + 1 = 3 \\ y = 2 - z = 2 - 1 = 1 \\ z = 1 \end{cases}.$$

Logo, $\mathbf{V} = (3\ \ 1\ \ 1)^T$ é solução do sistema (5.61), a qual corresponde ao ponto de interseção (vermelho) dos planos esboçados na Figura 5.4.

■

Exemplo 5.33

Mostre que o sistema linear $A\mathbf{V} = \mathbf{B}$ definido por:

$$\begin{cases} x - z = 1 \\ y - z = -2 \\ x + 2y - 3z = -3 \end{cases} \tag{5.66}$$

tem grau de liberdade 1 e sua solução corresponde a uma reta.

Solução: Aplicaremos a eliminação de Gauss na matriz aumentada $(A\ \mathbf{B})$:

$$\begin{pmatrix} 1 & 0 & -1 & | & 1 \\ 0 & 1 & -1 & | & -2 \\ 1 & 2 & -3 & | & -3 \end{pmatrix} \tag{5.67}$$

Operação aplicada em (5.67): $L_3 \to L_3 - L_1$

$$\begin{pmatrix} 1 & 0 & -1 & | & 1 \\ 0 & 1 & -1 & | & -2 \\ 0 & 2 & -2 & | & -4 \end{pmatrix} \tag{5.68}$$

Operação aplicada em (5.68): $L_3 \to L_3 - 2L_2$

$$\begin{pmatrix} 1 & 0 & -1 & | & 1 \\ 0 & 1 & -1 & | & -2 \\ 0 & 0 & 0 & | & 0 \end{pmatrix} \tag{5.69}$$

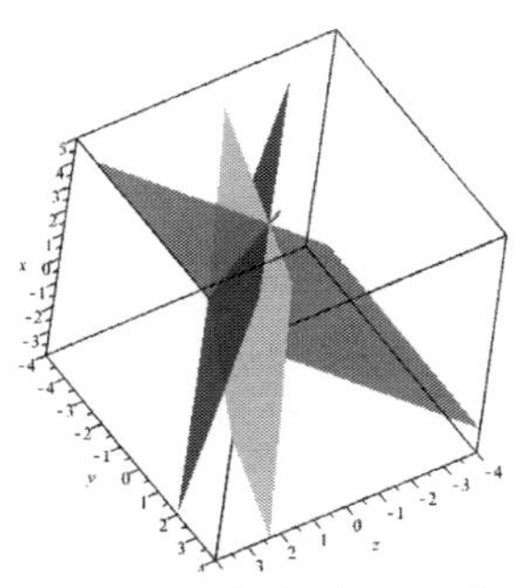

Figura 5.5: Planos correspondentes às equações do sistema (5.66).

Da matriz escalonada (5.69), $posto(A) = 2 = posto(A\ \mathbf{B})$, logo o sistema linear $A\mathbf{V} = \mathbf{B}$ é consistente. Como o sistema tem 3 incógnitas e o posto é igual a 2, a nulidade será igual a 1, ou seja, existe um parâmetro livre na solução (t).

Resolvendo o sistema correspondente à matriz escalonada (5.69), temos:

$$\begin{cases} x - z = 1 \\ y - z = -2 \\ z = t \end{cases} \Rightarrow \begin{cases} x = 1 + t \\ y = -2 + t \\ z = t \end{cases}.$$

Logo, a solução do sistema (5.66) é:

$$(x \;\; y \;\; z)^T = (1 + t \;\; -2 + t \;\; t)^T, \; t \in \mathbb{R}$$

que corresponde à reta no espaço definida pela equação:

$$(x, y, z) = (1, -2, 0) + t(1, 1, 1), \; t \in \mathbb{R}.$$

Esta reta passa pelo ponto $P_0 = (1, -2, 0)$, tem direção do vetor $\vec{s} = (1, 1, 1)$ e pode ser vista na interseção dos planos esboçados na Figura 5.5.

∎

Exemplo 5.34

Mostre que o sistema linear $A\mathbf{V} = \mathbf{B}$ definido por:

$$\begin{cases} x - 3y + z = 1 \\ 2x - 6y + 2z = 2 \\ 3x - 9y + 3z = 3 \end{cases} \tag{5.70}$$

tem grau de liberdade 2 e sua solução corresponde a um plano.

Solução: Aplicaremos a eliminação de Gauss na matriz aumentada $(A \; \mathbf{B})$:

$$\begin{pmatrix} 1 & -3 & 1 & | & 1 \\ 2 & -6 & 2 & | & 2 \\ 3 & -9 & 3 & | & 3 \end{pmatrix} \tag{5.71}$$

Operações aplicadas em (5.71): $L_2 \to L_2 - 2L_1$ e $L_3 \to L_3 - 3L_1$

$$\begin{pmatrix} 1 & -3 & 1 & | & 1 \\ 0 & 0 & 0 & | & 0 \\ 0 & 0 & 0 & | & 0 \end{pmatrix} \tag{5.72}$$

Da matriz escalonada (5.72), $posto(A) = 1 = posto(A \; \mathbf{B})$, logo o sistema linear

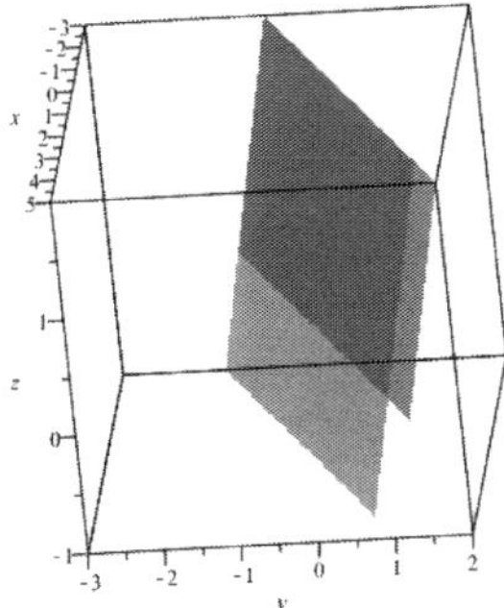

Figura 5.6: Planos correspondentes às equações do sistema (5.70).

$AV = \mathbf{B}$ é consistente. Como existem 3 incógnitas e o posto é igual a 1, concluímos que nulidade é igual a 2. Logo, o sistema é possível e indeterminado com dois parâmetros na solução (grau de liberdade 2). Observe que as incógnitas y e z são livres, pois não existem pivôs nas colunas de coeficientes da matriz escalonada correspondentes a essas incógnitas.

Resolvendo o sistema linear correspondente à matriz escalonada (5.72), temos:

$$\begin{cases} x - 3y + z &= 1 \\ y &= r \\ z &= s \end{cases} \Rightarrow \begin{cases} x &= 1 + 3r - s \\ y &= r \\ z &= s \end{cases}.$$

Dessa forma, a solução do sistema (5.70) é:

$$(x \;\; y \;\; z)^T = (1 + 3r - s \;\; r \;\; s)^T, \; r, s \in \mathbb{R}$$

ou

$$(x \;\; y \;\; z)^T = (1 \;\; 0 \;\; 0)^T + r(3 \;\; 1 \;\; 0)^T + s(-1 \;\; 0 \;\; 1)^T, \; r, s \in \mathbb{R}.$$

A solução obtida corresponde ao plano do $\mathbb{R}^3$ definido pela equação:

$$(x, y, z) = P_0 + r \vec{v_1} + s \vec{v_2} \tag{5.73}$$

que passa pelo ponto $P_0 = (1, 0, 0)$ e tem direção dos vetores $\vec{v_1} = (3, 1, 0)$ e $\vec{v_2} = (-1, 0, 1)$.

Na verdade, é fácil perceber que as 3 equações do sistema (5.70) são idênticas, isto é, geometricamente, constituem o mesmo plano. Assim, a solução (5.73) é o plano do $\mathbb{R}^3$ representado por uma equação vetorial e corresponde à interseção dos planos definidos pelas equações do sistema. O esboço da solução pode ser visto na Figura 5.6.

■

Exemplo 5.35

Seja $A\mathbf{V} = \mathbf{B}$ o sistema linear dado por:

$$\begin{cases} -4x + y - 4z &= 1 \\ kx - y + 4z &= k \\ x + z &= 0 \end{cases} . \tag{5.74}$$

Obtenha o valor de k para que o sistema seja:

(a) Inconsistente.

(b) Possível e indeterminado.

(c) Possível e determinado.

Solução: Observe que k, além de ser um dos termos independentes do sistema, também é um dos coeficientes da incógnita x. Neste caso, para que não seja preciso estabelecer condições sobre k logo no início do escalonamento, o ideal é reescrever o sistema (5.74) mudando a ordem das incógnitas. Por exemplo, vamos considerar o sistema $A'\mathbf{V} = \mathbf{B}$:

$$\begin{cases} y - 4z - 4x &= 1 \\ z + x &= 0 \\ -y + 4z + kx &= k \end{cases} . \tag{5.75}$$

Aplicaremos a eliminação de Gauss na matriz aumentada do sistema $A'\mathbf{V} = \mathbf{B}$:

$$\left(\begin{array}{ccc|c} 1 & -4 & -4 & 1 \\ 0 & 1 & 1 & 0 \\ -1 & 4 & k & k \end{array}\right). \tag{5.76}$$

Operação aplicada em (5.76): $L_3 \to L_3 + L_1$

$$\left(\begin{array}{ccc|c} 1 & -4 & -4 & 1 \\ 0 & 1 & 1 & 0 \\ 0 & 0 & k-4 & k+1 \end{array}\right). \tag{5.77}$$

Para responder as alternativas, basta analisar o posto das matrizes A' e $(A'\ \mathbf{B})$ através da matriz escalonada (5.77).

(a) O sistema $A'\mathbf{V} = \mathbf{B}$ será inconsistente se $posto(A') \neq posto(A'\ \mathbf{B})$. Para isso, devemos ter:

$$\begin{cases} k - 4 = 0 \\ k + 1 \neq 0 \end{cases} \Rightarrow \begin{cases} k = 4 \\ k \neq -1 \end{cases},$$

isto é, $k = 4$, pois 4 satisfaz as duas equações.

(b) O sistema $A'\mathbf{V} = \mathbf{B}$ será possível e indeterminado se $posto(A') = posto(A'\mathbf{B})$ e $posto(A') < 3$. Para que isso aconteça, devemos ter:

$$\begin{cases} k - 4 = 0 \\ k + 1 = 0 \end{cases} \Rightarrow \begin{cases} k = 4 \\ k = -1 \end{cases},$$

ou seja, não existe valor para k que atenda às duas equações simultaneamente. Neste caso, o sistema nunca será possível e indeterminado.

(c) O sistema $A'\mathbf{V} = \mathbf{B}$ será possível e determinado se $posto(A') = posto(A'\ \mathbf{B})$ e $posto(A') = 3$. Dessa forma, devemos ter:

$$k - 4 \neq 0 \Rightarrow k \neq 4.$$

■

Exemplo 5.36

Seja $A\mathbf{V} = \mathbf{B}$ o sistema linear dado por

$$\begin{cases} x + 2y - 3z = 4 \\ 3x - y + 5z = 2 \\ 4x + y + (a^2 - 14)z = a + 2 \end{cases}. \tag{5.78}$$

Obtenha o valor de a para que o sistema seja:

(a) Inconsistente.

(b) Possível e indeterminado.

(c) Possível e determinado.

Solução: Aplicaremos a eliminação de Gauss na matriz aumentada $(A\ \mathbf{B})$:

$$\begin{pmatrix} 1 & 2 & -3 & | & 4 \\ 3 & -1 & 5 & | & 2 \\ 4 & 1 & a^2 - 14 & | & a + 2 \end{pmatrix} \tag{5.79}$$

Operações aplicadas em (5.79): $L_2 \to L_2 - 3L_1$ e $L_3 \to L_3 - 4L_1$

$$\begin{pmatrix} 1 & 2 & -3 & | & 4 \\ 0 & -7 & 14 & | & -10 \\ 0 & -7 & a^2-2 & | & a-14 \end{pmatrix} \tag{5.80}$$

Operação aplicada em (5.80): $L_3 \to L_3 - L_2$

$$\begin{pmatrix} 1 & 2 & -3 & | & 4 \\ 0 & -7 & 14 & | & -10 \\ 0 & 0 & a^2-16 & | & a-4 \end{pmatrix}. \tag{5.81}$$

Analisando o posto das matrizes A e $(A\ \mathbf{B})$ através da matriz escalonada (5.81), temos:

(a) O sistema será inconsistente se $posto(A) \neq posto(A\ \mathbf{B})$, isto é:

$$\begin{cases} a^2 - 16 = 0 \\ a - 4 \neq 0 \end{cases} \Rightarrow \begin{cases} a = \pm 4 \\ a \neq 4 \end{cases}.$$

Como $a = -4$ satisfaz as duas equações, para que o sistema seja inconsistente devemos ter $a = -4$.

(b) O sistema será possível e indeterminado se $posto(A) = posto(A\ \mathbf{B})$ e $posto(A) < 3$, ou seja:

$$\begin{cases} a^2 - 16 = 0 \\ a - 4 = 0 \end{cases} \Rightarrow \begin{cases} a = \pm 4 \\ a = 4 \end{cases}.$$

Como $a = 4$ satisfaz as duas equações, o sistema será possível e indeterminado quando $a = 4$.

(c) O sistema será possível e determinado se $posto(A) = posto(A\ \mathbf{B})$ e $posto(A) = 3$, para isso devemos ter:

$$a^2 - 16 \neq 0 \Rightarrow a \neq \pm 4.$$

Logo, para $a \neq \pm 4$ o sistema será possível e determinado.

■

É comum encontrarmos sistemas que possuem mais incógnitas do que equações. Alguns autores utilizam uma terminologia diferenciada para esses casos, a qual definiremos a seguir.

Definição 5.14

Um sistema que possui mais incógnitas do que equações é chamado de *sistema subdeterminado*.

Se $A\mathbf{X} = \mathbf{B}$ é um sistema subdeterminado com n incógnitas, sempre teremos $posto(A) < n$. Dessa forma, se o sistema for consistente, então ele terá infinitas soluções e o número de parâmetros será igual à sua nulidade que corresponde ao número $n - posto(A)$.

Veja a seguir alguns exemplos de sistemas subdeterminados.

Exemplo 5.37

Resolva o sistema subdeterminado $A\mathbf{V} = \mathbf{B}$, dado por:

$$\begin{cases} 2x + 4y + 2z & = & 2 \\ x + 2y + z & = & 4 \end{cases}. \tag{5.82}$$

Solução: Aplicaremos a eliminação de Gauss na matriz aumentada $(A\ \mathbf{B})$:

$$\begin{pmatrix} 2 & 4 & 2 & | & 2 \\ 1 & 2 & 1 & | & 4 \end{pmatrix} \tag{5.83}$$

Operação aplicada em (5.83): $L_2 \to L_2 - \dfrac{1}{2}L_1$

$$\begin{pmatrix} 2 & 4 & 2 & | & 2 \\ 0 & 0 & 0 & | & 6 \end{pmatrix}. \tag{5.84}$$

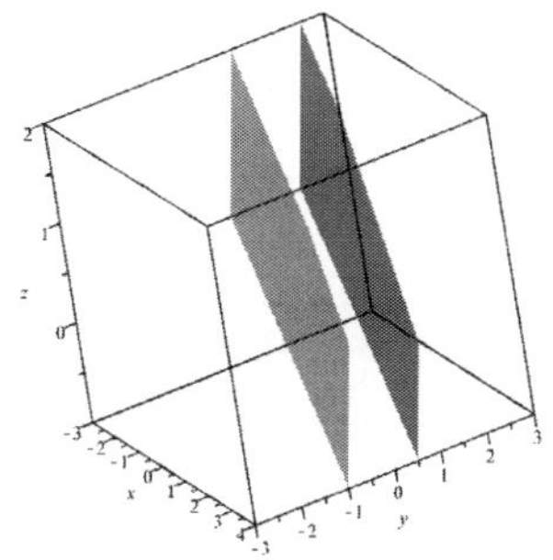

Figura 5.7: Planos correspondentes às equações do sistema (5.82).

Pela matriz escalonada (5.84) o sistema (5.82) não tem solução, pois $posto(A) \neq posto(A\ \mathbf{B})$. Observe na Figura 5.7 que os planos correspondentes às equações do sistema são paralelos e, dessa forma, não existem pontos comuns a eles.

■

Exemplo 5.38

Resolva o sistema subdeterminado $A\mathbf{V} = \mathbf{B}$, dado por:

$$\begin{cases} 2x + 4y + 2z = 8 \\ x + 2y + z = 4 \end{cases}. \tag{5.85}$$

Solução: Aplicaremos a eliminação de Gauss na matriz aumentada $(A\ \mathbf{B})$:

$$\begin{pmatrix} 2 & 4 & 2 & | & 8 \\ 1 & 2 & 1 & | & 4 \end{pmatrix} \tag{5.86}$$

Operação aplicada em (5.86): $L_2 \to L_2 - \frac{1}{2}L_1$

$$\begin{pmatrix} 2 & 4 & 2 & | & 8 \\ 0 & 0 & 0 & | & 0 \end{pmatrix}. \tag{5.87}$$

Pela matriz escalonada (5.87), o sistema $A\mathbf{V} = \mathbf{B}$ tem solução pois, $posto(A) = 1 = posto(A\ \mathbf{B})$. Como o número de incógnitas é 3, a nulidade é igual a 2. Logo, existem duas incógnitas livres, que são y e z, pois não existem pivôs nas colunas da matriz escalonada correspondentes a essas incógnitas.

Considerando $y = s$ e $z = t$ com $s, t \in \mathbb{R}$ e resolvendo o sistema correspondente à matriz escalonada (5.87), temos:

$$\begin{cases} x + 2y + z = 4 \\ y = s \\ z = t \end{cases} \Rightarrow \begin{cases} x = 4 - 2s - t \\ y = s \\ z = t \end{cases}.$$

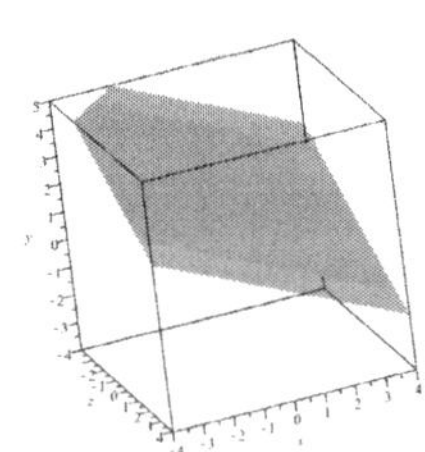

Figura 5.8: Planos coincidentes, correspondentes às equações do sistema (5.85).

A solução do sistema (5.85) é:

$$\mathbf{V} = (4 - 2s - t \quad s \quad t)^T, r, t \in \mathbb{R}$$

corresponde ao plano que pode ser definido pela equação:

$$(x, y, z) = (4 - 2s - t,\ s,\ t),\ r, s \in \mathbb{R}^3$$

ou

$$(x, y, z) = (4, 0, 0) + s(-2, 1, 0) + t(-1, 0, 1),\ r, s \in \mathbb{R}^3.$$

Como pode ser visto na Figura 5.8, os planos correspondentes às equações do sistema são coincidentes.

■

Agora, passaremos a tratar de sistemas com mais equações do que incógnitas. Eles também pode recebem uma terminologia diferenciada.

Definição 5.15

Um sistema que possui mais equações do que incógnitas é chamado de *sistema sobre-determinado.*

Para que um sistema sobre-determinado $A\mathbf{X} = \mathbf{B}$ seja consistente devemos ter $posto(A) = posto(A\ \mathbf{B})$ e, para isso, no sistema devem existir equações que são combinações lineares de outras.

Exemplo 5.39

Encontre uma condição sobre b_1, b_2 e b_3 para que o sistema sobre-determinado $A\mathbf{X} = \mathbf{B}$, dado por:

$$\begin{cases} 2x_1 + x_2 &= b_1 \\ -x_1 + x_2 &= b_2 \\ x_1 + 3x_2 &= b_3 \end{cases}, \tag{5.88}$$

seja possível e determinado.

Solução: Aplicaremos a eliminação de Gauss na matriz aumentada $(A\ \mathbf{B})$:

$$\begin{pmatrix} 2 & 1 & | & b_1 \\ -1 & 1 & | & b_2 \\ 1 & 3 & | & b_3 \end{pmatrix} \tag{5.89}$$

Operações aplicadas em (5.89): $L_2 \to L_2 + \frac{1}{2}L_1$ e $L_3 \to L_3 - \frac{1}{2}L_1$

$$\left(\begin{array}{ccc} 2 & 1 & | & b_1 \\ 0 & \frac{3}{2} & | & \frac{b_1 + 2b_2}{2} \\ 0 & \frac{5}{2} & | & \frac{-b_1 + 2b_3}{2} \end{array}\right) \tag{5.90}$$

Operação aplicada em (5.90): $L_3 \to L_3 - \frac{5/2}{3/2}L_2$

$$\left(\begin{array}{ccc} 2 & 1 & | & b_1 \\ 0 & \frac{3}{2} & | & \frac{b_1 + 2b_2}{2} \\ 0 & 0 & | & \frac{-4b_1 - 5b_2 + 3b_3}{3} \end{array}\right) \tag{5.91}$$

Para que o sistema $A\mathbf{X} = \mathbf{B}$ seja consistente, é necessário que se tenha $posto(A) = posto(A\ \mathbf{B})$ e, para isso, pela matriz escalonada (5.91), devemos ter:

$$\frac{-4b_1 - 5b_2 + 3b_3}{3} = 0 \Rightarrow 4b_1 + 5b_2 - 3b_3 = 0.$$

■

Exemplo 5.40

Encontre uma condição sobre b_1, b_2 e b_3 para que o sistema sobredeterminado $A\mathbf{X} = \mathbf{B}$, definido por:

$$\left\{\begin{array}{rcl} 2x_1 + x_2 & = & b_1 \\ -x_1 + x_2 & = & b_2 \\ x_1 + 3x_2 & = & b_3 \\ x_1 + x_2 & = & 1 \end{array}\right. , \tag{5.92}$$

seja possível e determinado.

Solução: Aplicaremos a eliminação de Gauss na matriz aumentada $(A\ \mathbf{B})$:

$$\left(\begin{array}{ccc} 2 & 1 & | & b_1 \\ -1 & 1 & | & b_2 \\ 1 & 3 & | & b_3 \\ 1 & 1 & | & 1 \end{array}\right) \tag{5.93}$$

Operações aplicadas em (5.93): $L_2 \to L_2 + \frac{1}{2}L_1$, $L_3 \to L_3 - \frac{1}{2}L_1$ e $L_4 \to L_4 - L_1$

$$\begin{pmatrix} 2 & 1 & | & b_1 \\ 0 & \frac{3}{2} & | & \frac{b_1 + 2b_2}{2} \\ 0 & \frac{5}{2} & | & \frac{-b_1 + 2b_3}{2} \\ 0 & \frac{1}{2} & | & \frac{-b_1 + 2}{2} \end{pmatrix} \tag{5.94}$$

Operações aplicadas em (5.94): $L_3 \to L_3 - \frac{5/2}{3/2}L_2$ e $L_4 \to L_4 - \frac{1/2}{3/2}L_2$

$$\begin{pmatrix} 2 & 1 & | & b_1 \\ 0 & \frac{3}{2} & | & \frac{b_1 + 2b_2}{2} \\ 0 & 0 & | & \frac{-4b_1 - 5b_2 + 3b_3}{3} \\ 0 & 0 & | & \frac{-2b_1 - b_2 + 3}{3} \end{pmatrix} \tag{5.95}$$

Pela matriz escalonada (5.95), $A\mathbf{X} = \mathbf{B}$ será consistente se $posto(A) = posto(A\ \mathbf{B})$ e, para isso, devemos ter:

$$\left\{ \begin{array}{rcl} \frac{-4b_1 - 5b_2 + 3b_3}{3} & = & 0 \\ \frac{2b_1 + b_2 - 3}{3} & = & 0 \end{array} \right. \Rightarrow \left\{ \begin{array}{rcrcrcl} 4b_1 & + & 5b_2 & - & 3b_3 & = & 0 \\ 2b_1 & + & b_2 & & & = & 3 \end{array} \right. \tag{5.96}$$

Para obter as condições que as incógnitas b_1, b_2 e b_3 devem satisfazer, devemos aplicar a eliminação de Gauss na matriz aumentada do sistema (5.96):

$$\begin{pmatrix} 4 & 5 & -3 & | & 0 \\ 2 & 1 & 0 & | & 3 \end{pmatrix} \tag{5.97}$$

Operação aplicada em (5.97): $L_2 \to L_2 - \frac{1}{4}L_1$

$$\begin{pmatrix} 4 & 5 & -3 & | & 0 \\ 0 & -\frac{3}{2} & \frac{3}{2} & | & 3 \end{pmatrix}. \tag{5.98}$$

Resolvendo o sistema correspondente à matriz escalonada (5.98) e levando em consideração que a incógnita b_3 é livre, temos:

$$\left\{\begin{array}{rcl} 4b_1 + 5b_2 - 3b_3 & = & 0 \\ -\frac{3}{2}b_2 + \frac{3}{2}b_3 & = & 3 \\ b_3 & = & t \end{array}\right. \Rightarrow \left\{\begin{array}{rcl} b_1 & = & \frac{5}{2} - \frac{b_3}{2} \\ b_2 & = & -2 + b_3 \\ b_3 & = & b_3 \end{array}\right.$$

Logo, para que o sistema (5.92) seja possível e determinado, devemos ter:

$$b_1 = -\frac{5}{2} - \frac{b_3}{2} \text{ e } b_2 = -2 + b_3, \text{ para } b_3 \in \mathbb{R}.$$

■

5.8 Exercícios

1. Seja $A\mathbf{V} = \mathbf{B}$ o sistema linear dado por

$$\left\{\begin{array}{rcr} 3x + 2y + z & = & -1 \\ -6x + 4y - z & = & 10 \\ 8y + z & = & 8 \end{array}\right. .$$

   (a) Determine o posto das matrizes A e $(A\ \mathbf{B})$.

   (b) Determine a nulidade de A.

   (c) Classifique o sistema em um dos casos: inconsistente, possível e determinado ou possível e indeterminado. Justifique sua resposta.

   (d) Resolva o sistema e escreva sua solução na forma geral $\mathbf{V} = \mathbf{V}_1 + \mathbf{V}_2 t$.

   (e) Qual é a solução particular do sistema para $t = 0$?

   (f) Qual é a interpretação geométrica das equações do sistema e de sua solução?

2. Mostre o sistema $A\mathbf{V} = \mathbf{U}$ dado por $\left\{\begin{array}{rcl} x + y + 2z & = & a \\ x + z & = & b \\ 2x + y + 3z & = & c \end{array}\right.$ tem solução se $c = a + b$.

3. Determine, caso exista(m), o(s) valor(es) de k para que o sistema

$$\left\{\begin{array}{rcrcl} x & - & y & = & 3 \\ 2x & - & 2y & = & k \end{array}\right. :$$

   (a) não tenha solução;

   (b) tenha exatamente uma solução;

(c) tenha infinitas soluções.

4. Determine, caso exista(m), o(s) valor(es) de a para que o sistema

$$\begin{cases} x+2y-3z &= 4 \\ 3x-y+5z &= 2 \\ 4x+y+(a^2-14)z &= a+2 \end{cases}:$$

(a) não tenha solução;

(b) tenha exatamente uma solução;

(c) tenha infinitas soluções.

5. Determine, caso exista(m), o(s) valor(es) de a para que o sistema

$$\begin{cases} x+2y &= 1 \\ 2x+(a^2-5)y &= a-1 \end{cases}:$$

(a) não tenha solução;

(b) tenha exatamente uma solução;

(c) tenha infinitas soluções.

6. Considere o sistema definido pelas equações lineares $3x+2y+z=-1$, $-6x+4y-z=10$ e $8y+z=8$.

(a) O sistema é inconsistente, tem uma única solução ou tem infinitas soluções?

(b) A solução trivial é solução do sistema?

(c) Obtenha a solução do sistema.

(d) Interprete geometricamente a solução do sistema.

7. Considere o sistema $A\mathbf{X}=\mathbf{B}$ definido por:

$$\begin{cases} -x_2+x_3 &= 1 \\ -x_1+3x_2 &= 2 \end{cases}$$

(a) Determine o posto das matrizes A e $(A\ \mathbf{B})$ e diga se o sistema tem solução.

(b) Se o sistema for consistente, obtenha sua solução.

8. Sejam $a, b, c \in \mathbb{R}$ e considere o sistema $A\mathbf{V} = \mathbf{B}$ definido por:

$$\begin{cases} 2x + y + 2z & = & a \\ 4x + 3y - z & = & b \\ 2x + y + 2z & = & c \end{cases}.$$

   (a) Determine uma relação entre a, b e c, tal que $A\mathbf{V} = \mathbf{B}$ tenha infinitas soluções.

   (b) Determine uma relação entre a, b e c, tal que $A\mathbf{V} = \mathbf{B}$ tenha uma única solução.

   (c) Determine uma relação entre a, b e c, tal que $A\mathbf{V} = \mathbf{B}$ não tenha solução.

9. Seja $a \in \mathbb{R}$ e considere o sistema $A\mathbf{V} = \mathbf{B}$ definido pelas equações $x - y + z = 4$, $2x - 2y + 4z = 6$ e $x - y + (a^2 - 1)z = a = 2$. Determine a para que $A\mathbf{V} = \mathbf{B}$ tenha:

   (a) Infinitas soluções.

   (b) Uma única solução.

   (c) Nenhuma tenha solução.

5.9 Sistemas lineares homogêneos

Os termos independentes de um sistema linear homogêneo $A\mathbf{V} = \mathbf{O}$ são todos iguais a zero e toda matriz escalonada $(C\ \mathbf{O})$ equivalente por linhas à matriz aumentada $(A\ \mathbf{O})$ dá origem a um sistema $C\mathbf{V} = \mathbf{O}$ consistente, não havendo possibilidade alguma de inconsistência.

Observação 5.11.

A análise do posto e número de soluções do sistema linear homogêneo $A\mathbf{V} = \mathbf{O}$, onde $A \in M_{m\times n}$, pode ser feita observando apenas o posto da matriz A correspondente aos coeficientes das incógnitas. Dessa forma, as condições do Teorema 5.2 se resumem em:

◊ $A\mathbf{V} = \mathbf{O}$ possui uma única solução (a trivial) se $posto(A) = n$.

◊ $A\mathbf{V} = \mathbf{O}$ possui infinitas soluções se $posto(A) \neq n$ $(posto(A) < n)$.

Observação 5.12

Quando o posto da matriz A coincide com o número de incógnitas, o sistema linear homogêneo $A\mathbf{V} = \mathbf{O}$ tem apenas a solução trivial $\mathbf{V} = \mathbf{O}$. Quando o posto de A é diferente do número de incógnitas, existirá pelo menos uma incógnita livre e, consequentemente, a solução do sistema linear homogêneo $A\mathbf{V} = \mathbf{O}$ terá parâmetros livres, portanto, infinitas soluções.

Definição 5.16

Se $\mathbf{v}_g$ satisfaz a equação $A\mathbf{V} = \mathbf{O}$, isto é, $A\mathbf{V}_g = \mathbf{O}$, então $\mathbf{V}_g$ é uma solução, chamada de *solução geral* do sistema homogêneo.

Exemplo 5.41

Dado o sistema linear homogêneo $A\mathbf{V} = \mathbf{O}$:

$$\begin{cases} 2x + 3y = 0 \\ 4x - 3y = 0 \end{cases},$$

utilize o posto de A para analisar o número de soluções e, em seguida, encontre a solução.

Solução: Aplicando a eliminação de Gauss na matriz aumentada:

$$\left(\begin{array}{cc|c} 2 & 3 & 0 \\ 4 & -3 & 0 \end{array}\right)$$

obtemos a matriz escalonada:

$$\left(\begin{array}{cc|c} 2 & 3 & 0 \\ 0 & -9 & 0 \end{array}\right).$$

A matriz ecalonada possui duas linhas não nulas, logo $posto(A) = 2$. Como o número de incógnitas também é igual a 2, o sistema $A\mathbf{V} = \mathbf{O}$ possui apenas a solução trivial. Logo, a solução geral é $\mathbf{V}_g = \mathbf{O}$.

■

Exemplo 5.42

Dado o sistema linear homogêneo $A\mathbf{V} = \mathbf{O}$:

$$\begin{cases} 2x & + & 3y & = & 0 \\ 4x & + & 6y & = & 0 \end{cases},$$

utilize o posto de A para analisar o número de soluções e, em seguida, encontre a solução.

Solução: Aplicando a eliminação de Gauss na matriz aumentada:

$$\begin{pmatrix} 2 & 3 & | & 0 \\ 4 & -3 & | & 0 \end{pmatrix}$$

obtemos a matriz escalonada:

$$\begin{pmatrix} 2 & 3 & | & 0 \\ 0 & 0 & | & 0 \end{pmatrix}.$$

A matriz dos coeficientes escalonada possui uma linha não nula, $posto(A) = 1$. Como existem duas incógnitas, $posto(A) < 2$ e, dessa forma, o sistema linear homogêneo $A\mathbf{V} = \mathbf{O}$ terá infinitas soluções.

Para obter a solução, basta resolver o sistema correspondente à matriz escalonada, levando em consideração a incógnita livre y:

$$\begin{cases} 2x & + & 3y & = & 0 \\ & & y & = & 2t \end{cases} \Rightarrow \begin{cases} x & = & -\dfrac{3y}{2} \\ y & = & 2t \end{cases} \Rightarrow \begin{cases} x & = & -3t \\ y & = & 2t \end{cases}.$$

Achamos mais interessante considerar $y = 2t$, $t \in \mathbb{R}$ ao invés de $y = t$. As duas escolhas estão corretas, porém $y = 2t$ é mais interessante, pois elimina a fração na incógnita .

Logo, a solução geral do sistema é:

$$\mathbf{V}_g = (-3t \;\; 2t)^T, \; t \in \mathbb{R}$$

ou

$$\mathbf{V}_g = t(-3 \;\; 2)^T, \; t \in \mathbb{R}.$$

Observe que a solução geral contém a solução trivial $\mathbf{V} = \mathbf{O}$, a qual é obtida considerando $t = 0$.

■

Exemplo 5.43

Encontre os valores de $a \in \mathbb{R}$ para os quais o sistema linear homogêneo $A\mathbf{V} = \mathbf{O}$, definido por:

$$\begin{cases} -4x + 10y - 4z &= 0 \\ ax + 4z &= 0 \\ x + y + z &= 0 \end{cases},$$

tenha solução distinta da trivial.

Solução: Vamos responder a questão utilizando a análise do posto. Para isto, escalonaremos a matriz aumentada $(\hat{A}\ \mathbf{O})$, obtida realizando uma mudança útil na ordem das incógnitas. Faremos isso com o objetivo de evitar contratempos com o coeficiente a, uma vez que não sabemos se o mesmo é nulo ou não (se $a = 0$ não podemos efetuar divisões por a). Definiremos $\hat{A}$ colocando os coeficientes de y na primeira coluna, os coeficientes de z na segunda coluna e, finalmente, os coeficientes de x na terceira coluna. Dessa forma, temos a matriz aumentada:

$$(\hat{A}\ \mathbf{O}) = \left(\begin{array}{ccc|c} 10 & -4 & -4 & 0 \\ 0 & 4 & a & 0 \\ 1 & 1 & 1 & 0 \end{array}\right). \tag{5.99}$$

Aplicando a operação elementar $L_1 \leftrightarrow L_3$ em (5.99), temos:

$$\left(\begin{array}{ccc|c} 1 & 1 & 1 & 0 \\ 0 & 4 & a & 0 \\ 10 & -4 & -4 & 0 \end{array}\right). \tag{5.100}$$

Aplicando a operação elementar $L_3 \to L_3 - 10L_1$ em (5.100), temos:

$$\left(\begin{array}{ccc|c} 1 & 1 & 1 & 0 \\ 0 & 4 & a & 0 \\ 0 & -14 & -14 & 0 \end{array}\right). \tag{5.101}$$

Aplicando a operação elementar $L_3 \to -\frac{1}{14}L_3$ em (5.102), temos:

$$\left(\begin{array}{ccc|c} 1 & 1 & 1 & 0 \\ 0 & 4 & a & 0 \\ 0 & 1 & 1 & 0 \end{array}\right). \tag{5.102}$$

Para concluir, aplicando a operação elementar $L_3 \to L_3 - \frac{1}{4}L_2$ em (5.102), temos:

$$\begin{pmatrix} 1 & 1 & 1 & | & 0 \\ 0 & 4 & a & | & 0 \\ 0 & 0 & 1-\frac{a}{4} & | & 0 \end{pmatrix}. \tag{5.103}$$

Como o sistema $\hat{A}\mathbf{V} = \mathbf{O}$ tem 3 incógnitas, para que ele tenha soluções distintas da trivial devemos ter $posto(A) < 3$.

Observe que as duas primeiras linhas da matriz escalonada (5.103) possuem pivôs que não dependem de a e, por isso, essas linhas nunca serão nulas. Já o pivô da terceira linha, dado por $1 - \frac{a}{4}$, depende de a e temos as seguintes possibilidades:

◇ Se $1 - \frac{a}{4} \neq 0$, então $a \neq 4$ e $A\mathbf{V} = \mathbf{O}$ terá apenas a solução trivial, pois teremos $posto(A) = 3$.

◇ Se $1 - \frac{a}{4} = 0$, então $a = 4$ e $A\mathbf{V} = \mathbf{O}$ terá infinitas soluções, ou seja, terá soluções distintas da trivial, pois teremos $posto(A) < 3$.

Considerando $a = 4$ em (5.103), temos a matriz escalonada:

$$\begin{pmatrix} 1 & 1 & 1 & | & 0 \\ 0 & 4 & 4 & | & 0 \\ 0 & 0 & 0 & | & 0 \end{pmatrix}. \tag{5.104}$$

Resolvendo o sistema correspondente à matriz escalonada (5.104), temos:

$$\left\{ \begin{array}{rcl} y+z+x & = & 0 \\ 4z+4x & = & 0 \\ x & = & t \end{array} \right. \Leftrightarrow \left\{ \begin{array}{rcl} y & = & -z-x \\ z & = & -x \\ x & = & t \end{array} \right. \Leftrightarrow \left\{ \begin{array}{rcl} y & = & 0 \\ z & = & -t \\ x & = & t \end{array} \right. .$$

Logo, a solução geral do sistema linear homogêneo $A\mathbf{V} = \mathbf{O}$, considerando $a = 4$, é:

$$\mathbf{V}_g = (t \;\; 0 \;\; -t)^T, \; t \in \mathbb{R}$$

ou

$$\mathbf{V}_g = t(1 \;\; 0 \;\; -1)^T, \; t \in \mathbb{R}.$$

Como temos uma solução para cada valor do parâmetro t, fica evidente que o sistema tem infinitas soluções e, portanto, existem soluções diferentes da trivial. Observe que $\mathbf{O}$ também é solução do sistema, basta considerar $t = 0$.

Então, respondendo a questão, para $a = 4$ o sistema linear homogêneo $A\mathbf{V} = \mathbf{O}$ tem solução distinta da trivial.

∎

Exemplo 5.44

Dado o sistema linear homogêneo $A\mathbf{V} = \mathbf{O}$:

$$\begin{cases} x - y & = 0 \\ 2x + z & = 0 \\ 3x - y + z & = 0 \end{cases}, \tag{5.105}$$

utilize o posto de A para analisar o número de soluções e, em seguida, encontre a solução.

Solução: Aplicando a eliminação de Gauss na matriz aumentada:

$$\left(\begin{array}{ccc|c} 1 & -1 & 0 & 0 \\ 2 & 0 & 1 & 0 \\ 3 & -1 & 1 & 0 \end{array}\right),$$

obtemos a matriz escalonada:

$$\left(\begin{array}{ccc|c} 1 & -1 & 0 & 0 \\ 0 & 2 & 1 & 0 \\ 0 & 0 & 0 & 0 \end{array}\right).$$

De acordo com a matriz escalonada, $posto(A) = 2$ e como sistema possui 3 incógnitas, $posto(A) < 3$. Dessa forma, o sistema linear homogêneo $A\mathbf{V} = \mathbf{O}$ possui infinitas soluções.

Para obter a solução geral do sistema, observe que a coluna de coeficientes da matriz escalonada correspondente à incógnita z não possui pivô e, portanto, z é uma incógnita livre. Consideraremos $z = -2t$ ao invés de $z = t$, por acharmos uma escolha mais interessante, pois com ela obtemos uma solução sem frações.

Resolvendo o sistema correspondente à matriz escalonada, temos:

$$\begin{cases} x - y & = 0 \\ 2y + z & = 0 \\ z & = -2t \end{cases} \Rightarrow \begin{cases} x & = y \\ y & = -\frac{z}{2} \\ z & = -2t \end{cases} \Rightarrow \begin{cases} x & = t \\ y & = t \\ z & = -2t \end{cases}.$$

Logo, a solução geral do sistema é:

$$\mathbf{V}_g = (t \;\; t \;\; -2t)^T, \; t \in \mathbb{R}$$

ou

$$\mathbf{V}_g = t(1 \;\; 1 \;\; -2)^T, \; t \in \mathbb{R},$$

corresponde à reta de equação vetorial $(x, y, z) = P_0 + t \vec{u}$ esboçada na Figura 5.9, que passa pelo ponto $P_0 = (0, 0, 0)$ e tem direção do vetor $\vec{u} = (1, 1, -2)$.

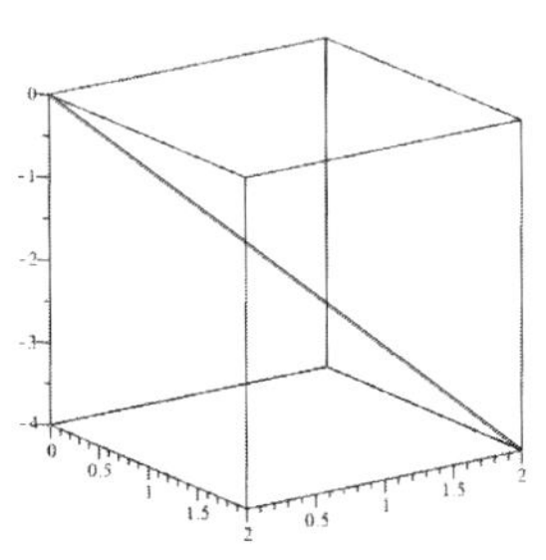

Figura 5.9: Solução do sistema (5.105).

Exemplo 5.45

Resolva o sistema linear não homogêneo $A\mathbf{V} = \mathbf{B}$, dado por:

$$\begin{cases} x - y & = & 2 \\ 2x + z & = & 1 \\ 3x - y + z & = & 3 \end{cases}, \tag{5.106}$$

Qual é a relação existente entre as soluções dos sistemas (5.105) e (5.106)?

Solução: Aplicando a eliminação de Gauss na matriz aumentada:

$$\begin{pmatrix} 1 & -1 & 0 & | & 2 \\ 2 & 0 & 1 & | & 1 \\ 3 & -1 & 1 & | & 3 \end{pmatrix},$$

obtemos a matriz escalonada:

$$\begin{pmatrix} 1 & -1 & 0 & | & 2 \\ 0 & 2 & 1 & | & -3 \\ 0 & 0 & 0 & | & 0 \end{pmatrix}.$$

Como a matriz de coeficientes escalonada possui duas linhas não nulas, $posto(A) = 2$ e, como existem 3 incógnitas, $posto(A) < 3$. Logo, o sistema possui infinitas soluções com uma incógnita livre.

Como a coluna de coeficientes da matriz escalonada correspondente à incógnita z não possui pivô, esta incógnita é livre. Considerando $z = -2t$ para resolver o sistema correspondente à matriz escalonada, temos:

$$\left\{\begin{array}{rcl} x - y &=& 2 \\ 2y + z &=& -3 \\ z &=& -2t \end{array}\right. \Rightarrow \left\{\begin{array}{rcl} x &=& 2 + y \\ y &=& -\dfrac{3}{2} - \dfrac{z}{2} \\ z &=& -2t \end{array}\right. \Rightarrow \left\{\begin{array}{rcl} x &=& \dfrac{1}{2} + t \\ y &=& -\dfrac{3}{2} + t \\ z &=& -2t \end{array}\right. .$$

Logo, a solução geral do sistema é:

$$(x \quad y \quad z)^T = \begin{pmatrix} \dfrac{1}{2} + & -\dfrac{3}{2} + t & -2t \end{pmatrix}^T, \; t \in \mathbb{R}$$

que também pode ser escrita na forma:

$$(x \quad y \quad z)^T = \begin{pmatrix} \dfrac{1}{2} & -\dfrac{3}{2} & 0 \end{pmatrix}^T + t(1 \quad 1 \quad -2)^T, \; t \in \mathbb{R}.$$

A solução do sistema corresponde à reta de equação vetorial:

$$(x, y, z) = P_0 + t\,\vec{v}$$

que passa pelo ponto $P_0 = \left(\dfrac{1}{2}, -\dfrac{3}{2}, 0\right)$ e tem direção do vetor $\vec{v} = (1, 1, -2)$.

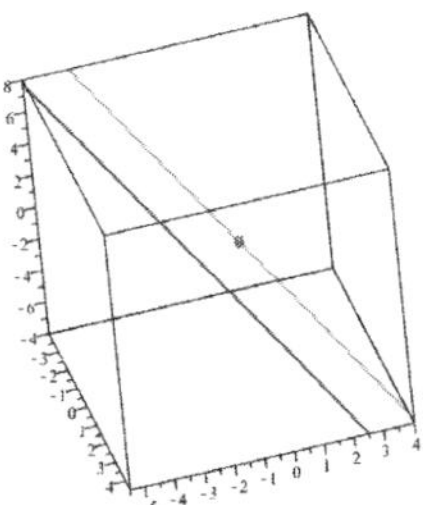

Figura 5.10: Soluções dos sistemas (5.105) e (5.106).

Na Figura 5.10 temos duas retas paralelas, a localizada mais a esquerda é a solução do sistema não homogêneo (5.106) e a da direita, que passa pela origem, é a solução do sistema homogêneo (5.105).

■

Observando os Exemplos 5.41 e 5.42, podemos concluir que:

◇ Os sistemas (5.105) e (5.106) possuem os mesmos coeficientes, sendo que o primeiro é homogêneo e o segundo não homogêneo.

◇ Os sistemas (5.105) e (5.106) possuem infinitas soluções que correspondem às equações das seguintes retas paralelas: $(x, y, z) = t(1, 1, -2)$ e $(x, y, z) = \left(\frac{1}{2}, -\frac{3}{2}, 0\right) + t(1, 1, -2)$. Essas retas possuem o mesmo vetor direcional $\vec{v} = (1, 1, -2)$, mas que passam por pontos distintos do espaço.

◇ Na Figura 5.10, a reta mais a esquerda é uma solução do sistema (5.106). Esta reta não contém a origem, portanto o sistema $\mathbf{V} = \mathbf{O}$ não é solução do sistema (5.106). Já a reta mais a direita é a solução do sistema (5.105). Esta reta passa pela origem representada pela matriz nula $\mathbf{O}$ (representada com o ponto na figura) como era de se esperar, pois o sistema (5.105) admite como resposta a solução trivial.

◇ A equação $(x \quad y \quad z)^T = \begin{pmatrix} \frac{1}{2} & -\frac{3}{2} & 0 \end{pmatrix}^T + t(1 \quad 1 \quad -2)^T$ é a *solução geral* do sistema não homogêneo (5.106) e o ponto representado pela matriz coluna $(x \quad y \quad z)^T = \begin{pmatrix} \frac{1}{2} & -\frac{3}{2} & 0 \end{pmatrix}^T$ é uma *solução particular* que pode ser obtida considerando $t = 0$. Já a equação $(x \quad y \quad z)^T = t(1 \quad 1 \quad -2)^T$ é a *solução geral* do sistema homogêneo (5.105).

◇ A solução geral do sistema não homogêneo (5.106) é a soma de uma de suas soluções particulares com a solução geral do sistema homogêneo (5.105). Esta conclusão será generalizada no teorema a seguir.

Teorema 5.3

Seja $A\mathbf{V} = \mathbf{B}$ um sistema linear geral com $\mathbf{B} \neq \mathbf{O}$. Se $\mathbf{V}_p$ é uma solução particular de $A\mathbf{V} = \mathbf{B}$ e $\mathbf{V}_g$ é solução do sistema linear homogêneo $A\mathbf{V} = \mathbf{O}$, então $\mathbf{V}_G = \mathbf{V}_p + \mathbf{V}_g$ é solução geral do sistema $A\mathbf{V} = \mathbf{B}$.

Demonstração: Como $\mathbf{V}_p$ é uma solução particular do sistema linear $A\mathbf{V} = \mathbf{B}$, a equação $A\mathbf{V}_p = \mathbf{B}$ é válida. Além disso, como $\mathbf{V}_g$ é solução do sistema linear homogêneo $A\mathbf{V} = \mathbf{O}$, podemos escrever $A\mathbf{V}_g = \mathbf{O}$. Afirmamos que $\mathbf{v}_p + \mathbf{V}_g$ é solução do sistema $A\mathbf{V} = \mathbf{B}$. De fato,

$$A(\mathbf{V}_p + \mathbf{V}_g) = A\mathbf{V}_p + A\mathbf{V}_g = \mathbf{O} + \mathbf{B} = \mathbf{B},$$

ou seja, $\mathbf{V}_p + \mathbf{V}_g$ é solução do sistema $A\mathbf{V} = \mathbf{B}$, a qual será denotada por $\mathbf{V}_G = \mathbf{V}_p + \mathbf{V}_g$ e chamada de solução geral do sistema linear $A\mathbf{V} = \mathbf{B}$.

■

5.10 Exercícios

1. Seja $A\mathbf{V} = \mathbf{B}$ o sistema linear dado por:

$$\begin{cases} y + 2x + z &= 2 \\ y + x - 2z &= -3 \\ 4y + 6z &= -6 \end{cases}.$$

   (a) Obtenha a solução geral do sistema $A\mathbf{V} = \mathbf{B}$.

   (b) Obtenha a solução geral do sistema $A\mathbf{V} = \mathbf{O}$ e verifique se a solução trivial é a única solução.

2. Resolva os sistemas lineares homogêneos $A\mathbf{V} = \mathbf{O}$ e informe se suas soluções são: a origem $\mathbf{O} = [0 \ \ 0 \ \ 0]^T$, retas pela origem ou planos pela origem.

   (a) $\begin{cases} -x + y + z &= 0 \\ 2x + z &= 0 \\ x - 3y - 4z &= 0 \end{cases}.$

   (b) $\begin{cases} x + 2y - 6z &= 0 \\ 2y + 10z &= 0 \\ 2x + 8y + 12z &= 0 \end{cases}.$

   (c) $\begin{cases} x - 3y + z &= 0 \\ 2x - 6y + 2z &= 0 \end{cases}.$

3. Seja $A\mathbf{V} = \mathbf{O}$ dado por $\begin{cases} x + 2y + z &= 0 \\ x + y - 2z &= 0 \\ 4x + (a+1)z &= 0 \end{cases}$. Determine o valor de a para que o sistema tenha:

   (a) Uma única solução.

   (b) Infinitas soluções.

5.11 Solução por matriz inversa

Nos casos em que $A \in M_{n\times n}$ é uma matriz quadrada e inversível (não singular), podemos utilizar a matriz inversa A^{-1} para obter a solução do sistema linear $A\mathbf{X} = \mathbf{B}$.

Teorema 5.4

Seja $A \in M_{n\times n}$. Se A é inversível, então $A\mathbf{X} = \mathbf{B}$ é consistente e tem apenas a solução $\mathbf{X} = A^{-1}\mathbf{B}$.

Demonstração: Seja $A \in M_{n\times n}$ uma matriz inversível. Por definição, existe uma única matriz $A^{-1} \in M_{n\times n}$ que satisfaz $A^{-1}A = I_n$. Dessa forma, temos:

$$\begin{aligned} & A\mathbf{X} = \mathbf{B} \\ \Rightarrow\ & A^{-1}A\mathbf{X} = A^{-1}\mathbf{B} \\ \Rightarrow\ & I_n\mathbf{X} = A^{-1}\mathbf{B} \\ \Rightarrow\ & \mathbf{X} = A^{-1}\mathbf{B}. \end{aligned}$$

■

Se a matriz $A \in M_{n\times n}$ for singular, isto é, não possuir inversa, o Teorema 5.4 não se aplica. Nesse caso, devemos adotar um outro método para resolver o sistema linear $A\mathbf{X} = \mathbf{B}$, como a eliminação de Gauss. O fato de A ser singular não quer dizer que o sistema linear $A\mathbf{X} = \mathbf{B}$ será inconsistente, apenas não podemos tirar conclusões prévias, ou seja, o sistema poderá ou não ter solução e devemos resolvê-lo para descobrirmos. Veja as alternativas (c) e (d) do Exercício 1, da Seção 5.12.

Exemplo 5.46

Resolva do sistema linear $A\mathbf{X} = \mathbf{B}$, definido por:

$$\begin{cases} -x_2 + x_3 = 2 \\ -x_1 + 3x_2 = 5 \\ 2x_1 + 6x_3 = 20, \end{cases}$$

usando o método da matriz inversa.

Solução: A matriz de coeficientes e de termos independentes do sistema linear $A\mathbf{X} = \mathbf{B}$, são:

$$A = \begin{pmatrix} 0 & -1 & 1 \\ -1 & 3 & 0 \\ 2 & 0 & 6 \end{pmatrix} \text{ e } \vec{b} = \begin{pmatrix} 2 \\ 5 \\ 20 \end{pmatrix}.$$

Como A é uma matriz inversível e

$$A^{-1} = \begin{pmatrix} -\frac{3}{2} & -\frac{1}{2} & \frac{1}{4} \\ -\frac{1}{2} & \frac{1}{6} & \frac{1}{12} \\ \frac{1}{2} & \frac{1}{6} & \frac{1}{12} \end{pmatrix},$$

pelo Teorema 5.4, a solução do sistema linear (5.107) é:

$$\mathbf{X} = A^{-1}\mathbf{B} = \begin{pmatrix} -\frac{3}{2} & -\frac{1}{2} & \frac{1}{4} \\ -\frac{1}{2} & \frac{1}{6} & \frac{1}{12} \\ \frac{1}{2} & \frac{1}{6} & \frac{1}{12} \end{pmatrix} \begin{pmatrix} 2 \\ 5 \\ 20 \end{pmatrix} = \begin{pmatrix} -\frac{1}{2} \\ \frac{3}{2} \\ \frac{7}{2} \end{pmatrix}$$

que também pode ser expressa na notação

$$\mathbf{X} = \begin{pmatrix} -\frac{1}{2} & \frac{3}{2} & \frac{7}{2} \end{pmatrix}^T.$$

■

Exemplo 5.47

Utilize a matriz inversa para resolver o sistema linear $A\mathbf{X} = \mathbf{B}$, definido por:

$$\begin{cases} x_3 = 1 \\ x_2 = 2 \\ x_1 + 3x_2 = 3 \end{cases}.$$

Solução: A matriz de coeficientes e matriz de termos independentes do sistema linear $A\mathbf{X} = \mathbf{B}$ são:

$$A = \begin{pmatrix} 0 & 0 & 1 \\ 0 & 1 & 3 \\ 3 & 0 & 0 \end{pmatrix} \text{ e } \mathbf{B} = \begin{pmatrix} 1 \\ 2 \\ 3 \end{pmatrix},$$

onde

$$det \begin{pmatrix} 0 & 0 & 1 \\ 0 & 1 & 3 \\ 3 & 0 & 0 \end{pmatrix} = -3.$$

Do Exemplo 3.4, A é uma matriz inversível e

$$A^{-1} = \begin{pmatrix} 0 & -3 & 1 \\ 0 & 1 & 0 \\ \frac{1}{3} & 0 & 0 \end{pmatrix}.$$

Logo, pelo Teorema 5.4, a solução do sistema linear (5.107) é:

$$\mathbf{X} = A^{-1}\mathbf{B} = \begin{pmatrix} 0 & -3 & 1 \\ 0 & 1 & 0 \\ \frac{1}{3} & 0 & 0 \end{pmatrix} \begin{pmatrix} 1 \\ 2 \\ 3 \end{pmatrix} = \begin{pmatrix} 6 \\ -1 \\ 1 \end{pmatrix},$$

que também pode ser expressa na notação

$$\mathbf{X} = (6 \quad -1 \quad 1)^T.$$

■

Quando o sistema linear for homogêneo e tiver matriz de coeficientes quadrada e inversível, ele será consistente e terá apenas a solução trivial.

Corolário 5.1

Seja $A \in M_{n \times n}$. Se A é inversível, então o sistema linear homogêneo $A\mathbf{X} = \mathbf{O}$ é consistente e tem apenas a solução trivial.

Demonstração: Se $A \in M_{n \times n}$ é inversível então, pelo Teorema 5.4, o sistema linear $A\mathbf{X} = \mathbf{B}$ é consistente e $\mathbf{X} = A^{-1}\mathbf{B}$ é sua única solução. Considerando $\mathbf{B} = \mathbf{O}$, temos:

$$A\mathbf{X} = \mathbf{O} \Rightarrow \mathbf{X} = A^{-1}\mathbf{O} \Rightarrow \mathbf{X} = \mathbf{O}.$$

■

Exemplo 5.48

Resolva do sistema linear $A\mathbf{X} = \mathbf{O}$:

$$\begin{cases} -x_2 + x_3 = 0 \\ -x_1 + 3x_2 = 0 \\ 2x_1 + 6x_3 = 0 \end{cases},$$

usando a matriz inversa.

Solução: Do sistema linear $A\mathbf{X} = \mathbf{O}$, temos:

$$A = \begin{pmatrix} 0 & -1 & 1 \\ -1 & 3 & 0 \\ 2 & 0 & 6 \end{pmatrix} \text{ e } \mathbf{B} = \begin{pmatrix} 0 \\ 0 \\ 0 \end{pmatrix}.$$

No Exemplo 5.43 vimos que A é inversível, assim, pelo Corolário 5.1, o sistema linear $A\mathbf{X} = \mathbf{O}$ é consistente e $\mathbf{X} = (0\ \ 0\ \ 0)^T$ é sua única solução.

■

Pela lógica de primeira ordem, como a negação da tese consequentemente implica na negação da hipótese[1] e o Corolário 5.1 afirma que:

"$A \in M_{n\times n}$ é inversível $\Rightarrow A\mathbf{X} = \mathbf{O}$ é consistente e $\mathbf{X} = \mathbf{O}$ é a única solução"

podemos concluir o seguinte:

"$A\mathbf{X} = \mathbf{O}$ é consistente e $\mathbf{X} = \mathbf{O}$ não é a única solução $\Rightarrow A \in M_{n\times n}$ é singular ."

Usaremos esta conclusão para demonstrar o próximo teorema.

Teorema 5.5

Seja $A \in M_{n\times n}$. O sistema linear homogêneo $A\mathbf{X} = \mathbf{O}$ tem solução não trivial se, e somente se, $A\mathbf{x} = \mathbf{O}$ tem infinitas soluções.

Demonstração: Se o sistema linear $A\mathbf{X} = \mathbf{O}$ tem solução não trivial, pela negação da tese do Corolário 5.11, $A \in M_{n\times n}$ deve ser não inversível. Logo, pelo Teorema 3.4, $A \in M_{n\times n}$ não é linha equivalente com a matriz identidade I_n, isto é, no escalonamento da matriz aumentada $(A\ \mathbf{O})$ existe pelo menos uma linha nula. Dessa forma, $posto(A) < n$ e, pelo Teorema 5.2, $A\mathbf{X} = \mathbf{O}$ tem infinitas soluções.

Por outro lado, se o sistema linear $A\mathbf{X} = \mathbf{O}$ tem infinitas soluções, consequentemente ele terá soluções diferentes da solução trivial $\mathbf{X} = \mathbf{O}$.

■

O resultado abaixo estabelece uma relação entre os Teoremas 3.4, 5.2, 5.5 e Corolário 5.1.

[1] $P \Rightarrow Q$ então $\not{Q} \Rightarrow \not{P}$.

Teorema 5.6

Seja $A \in M_{n\times n}$. As seguintes afirmações são equivalentes:

(i) A é inversível.

(ii) $A\mathbf{X} = \mathbf{O}$ tem apenas a solução trivial.

(iii) A é equivalente por linhas com I_n.

Como as afirmações do Teorema 5.6 são equivalentes, a negação de uma delas implica na negação das demais.

Exemplo 5.49

Mostre que o sistema linear $A\mathbf{X} = \mathbf{O}$:

$$\begin{cases} x - y &= 0 \\ 2x + z &= 0 \\ 3x - y + z &= 0 \end{cases} \tag{5.107}$$

tem solução não trivial.

Solução: Aplicando a eliminação de Gauss na matriz de coeficientes:

$$A = \begin{pmatrix} 1 & -1 & 0 \\ 2 & 0 & 1 \\ 3 & -1 & 1 \end{pmatrix},$$

obtemos a matriz escalonada:

$$B = \begin{pmatrix} 1 & -1 & 0 \\ 0 & 2 & 1 \\ 0 & 0 & 0 \end{pmatrix}.$$

Como a matriz escalonada B é diferente da matriz identidade I_3, isto é, a matriz dos coeficientes $A \in M_{n\times n}$ não é equivalente por linhas à matriz identidade I_3, podemos afirmar que $A \in M_{n\times n}$ é singular e, dessa forma, $A\mathbf{X} = \mathbf{O}$ possui solução não trivial.

■

Finalizaremos esta seção apresentando a demonstração da recíproca do Teorema 3.4 enunciado na Seção 3.1.

Teorema

Se $A \in M_{n\times n}$ é inversível, então A é equivalente por linhas à matriz identidade I_n.

Demonstração. Se A é inversível, então o sistema $A\mathbf{X} = \mathbf{B}$ tem uma única solução dada por $\mathbf{X} = A^{-1}\mathbf{B}$, para qualquer $\mathbf{B} \in M_{n\times 1}$.

Se U é uma matriz escalonada reduzida de ordem $n \times n$, equivalente por linhas à matriz A, com posto igual a n, então U será a própria matriz identidade I_n.

Suponha por contradição que U seja uma matriz escalonada reduzida de ordem $n\times n$, equivalente por linhas à matriz A, com posto menor que n. Nesse caso, $posto(A) < n$. Suponha que a última linha de U seja nula, ou seja, $U_{(n)}$ é nula.

Considerando a matriz coluna $\mathbf{E}_1 = (0\ 0\ \cdots\ 1)^T$ (poderia ser qualquer matriz coluna com o último elemento não nulo), o sistema $U\mathbf{X} = \mathbf{E}_1$ não terá solução. Se considerarmos as operações elementares que levaram A em U e aplicarmos na ordem inversa as correspondentes operações reversas na matriz aumentada $(U\ \mathbf{E}_1)$, obteremos $(A\ \mathbf{B}')$, para algum $\mathbf{B}'$. Como $U\mathbf{X} = \mathbf{E}_1$ não tem solução, concluiremos que o sistema $A\mathbf{X} = \mathbf{B}'$ também não tem solução e isso contradiz o fato de $A\mathbf{X} = \mathbf{B}$ ter solução para qualquer $\mathbf{B} \in \mathbb{R}^n$. Logo, o posto da matriz escalonada reduzida U deve ser n, ou seja $U = I_n$ e A é equivalente por linhas à matriz identidade.

□

5.12 Exercícios

1. Verifique se a matriz de coeficientes dos sistemas lineares abaixo são inversíveis e, em caso afirmativo, utilize-a para obter a solução. Quando a matriz de coeficientes for singular, encontre a solução do sistema linear usando a eliminação de Gauss.

(a) $$\begin{cases} x_1 - 2x_2 + x_3 = 0 \\ 2x_2 - 8x_3 = 8 \\ -4x_1 + 5x_2 + 9x_3 = -9 \end{cases}.$$

(b) $$\begin{cases} x_1 - 2x_2 + 3x_3 = 0 \\ 3x_1 + 6x_2 - 3x_3 = 0 \\ 6x_1 + 6x_2 + 3x_3 = 0 \end{cases}.$$

(c) $$\begin{cases} x_2 - 4x_3 = 8 \\ 2x_1 - 3x_2 + 2x_3 = 1 \\ 5x_1 - 8x_2 + 7x_3 = 1 \end{cases}.$$

(d) $\begin{cases} x_2 - 4x_3 = 8 \\ 2x_1 - 3x_2 + 2x_3 = 2 \\ 5x_1 - 8x_2 + 7x_3 = 1 \end{cases}$.

5.13 Solução por determinante

Quando a matriz de coeficientes de um sistema linear é quadrada, podemos tirar conclusões sobre a existência e o número de soluções utilizando seu determinante.

Teorema 5.7

Seja $A \in M_{n \times n}$.

(i) Se $det(A) \neq 0$, então o sistema linear $A\mathbf{X} = \mathbf{O}$ tem apenas a solução trivial $\mathbf{X} = \mathbf{O}$.

(ii) Se $det(A) = 0$, então o sistema linear $A\mathbf{X} = \mathbf{O}$ tem infinitas soluções.

(iii) Se $det(A) \neq 0$, então o sistema linear $A\mathbf{X} = \mathbf{B}$ tem apenas a solução $\mathbf{X} = A^{-1}\mathbf{B}$.

Demonstração:

(i) Por hipótese, $det(A) \neq 0$. Logo, pelo Teorema 4.15, existe $A^{-1} \in M_{n \times n}$. Assim, multiplicando ambos os membros da equação $A\mathbf{X} = \mathbf{O}$ por A^{-1}, temos:

$$A^{-1}A\mathbf{X} = A^{-1}\mathbf{O} \Rightarrow I_n\mathbf{X} = \mathbf{O} \Rightarrow \mathbf{X} = \mathbf{O}.$$

(ii) Por hipótese, $det(A) = 0$. Logo, pelo Teorema 4.15, $A \in M_{n \times n}$ não pode ser inversível e, pelo Teorema 3.4, $A \in M_{n \times n}$ não é equivalente por linhas à matriz identidade I_n. Dessa forma, $A \in M_{n \times n}$ é equivalente por linhas a uma matriz que tem pelo menos uma linha nula. Como os termos independentes do sistema $A\mathbf{X} = \mathbf{O}$ são todos nulos, não há possibilidade de inconsistência e, como $A \in M_{n \times n}$ é uma matriz quadrada, podemos afirmar que pelo menos uma das incógnitas do sistema linear é livre, isto é, existirão infinitas soluções.

(iii) Por hipótese, $det(A) \neq 0$. Logo, pelo Teorema 4.15, existe $A^{-1} \in M_{n \times n}$. Assim, multiplicando ambos os membros da equação $A\mathbf{X} = \mathbf{B}$ por A^{-1}, temos:

$$A^{-1}A\mathbf{X} = A^{-1}\mathbf{B} \Rightarrow I\mathbf{X} = A^{-1}\mathbf{B} \Rightarrow \mathbf{X} = A^{-1}\mathbf{B}.$$

■

Exemplo 5.50

Utilize o determinante para encontrar os valores de $a \in \mathbb{R}$ para que o sistema linear $A\mathbf{X} = \mathbf{B}$, definido por:

$$\begin{cases} x_1 - x_3 &= 0 \\ 3x_1 + 3x_2 &= 1 \\ ax_2 - 6x_3 &= 2 \end{cases}$$

tenha uma única solução.

Solução: Pelo Teorema 5.7, o sistema linear $A\mathbf{X} = \mathbf{B}$ terá uma única solução quando $det(A) \neq 0$.

Como

$$det(A) = det \begin{pmatrix} 1 & 0 & -1 \\ 3 & 3 & 0 \\ 0 & a & -6 \end{pmatrix} = -3a - 18,$$

devemos ter:

$$-3a - 18 \neq 0 \Rightarrow 3a \neq -18 \Rightarrow a \neq -6.$$

■

Exemplo 5.51

Utilize o determinante para encontrar os valores de $a \in \mathbb{R}$ para que o sistema linear homogêneo $A\mathbf{X} = \mathbf{O}$, definido por:

$$\begin{cases} x_1 - x_3 &= 0 \\ 3x_1 + 3x_2 &= 0 \\ ax_2 - 6x_3 &= 0 \end{cases}$$

tenha infinitas soluções.

Solução: Pelo Teorema 5.7, o sistema linear homogêneo $A\mathbf{X} = \mathbf{O}$ terá infinitas soluções quando $det(A) = 0$.

Como $det(A) = -3a - 18$, concluímos que:

$$-3a - 18 = 0 \Rightarrow 3a = -18 \Rightarrow a = -6.$$

■

Exemplo 5.52

Utilize o determinante para encontrar os valores de $a \in \mathbb{R}$ para os quais o sistema linear homogêneo $A\mathbf{X} = \mathbf{O}$, definido por:

$$\begin{cases} -4x_1 + 10x_2 - 4x_3 &= 0 \\ ax_1 + 4x_3 &= 0 \\ x_1 + x_2 + x_3 &= 0 \end{cases}$$

tenha apenas a solução trivial.

Solução: Pelo Teorema 5.7, o sistema linear homogêneo $A\mathbf{X} = \mathbf{O}$ terá apenas a solução trivial quando $det(A) \neq 0$.

Como

$$det(A) = det \begin{pmatrix} -4 & 10 & -4 \\ a & 0 & 4 \\ 1 & 1 & 1 \end{pmatrix} = -14a + 56,$$

concluímos que:

$$-14a + 56 \neq 0 \Rightarrow a \neq 4.$$

■

Para concluir, usaremos o determinante para definir a solução de um sistema linear $A\mathbf{X} = \mathbf{B}$ que tem matriz de coeficientes $A \in M_{n \times n}$ quadrada com determinante diferente de zero.

O método de resolução que iremos apresentar é conhecido como *regra de Cramer* e apesar de ser teoricamente interessante, ele não é muito prático computacionalmente, pois demanda muitos cálculos de determinante.

A *regra de Cramer* será demonstrada com o auxílio de resultados que utilizam os *cofatores* da matriz $A \in M_{n \times n}$. Mais especificamente, utilizaremos a inversa de $A \in M_{n \times n}$ definida na Seção 4.13 a partir da matriz *adjunta* de $A \in M_{n \times n}$.

Teorema 5.8: Regra de Cramer

Sejam $A \in M_{n \times n}$ e $A\mathbf{X} = \mathbf{B}$ um sistema linear. Se $det(A) \neq 0$, então $A\mathbf{X} = \mathbf{B}$ possui uma única solução cujas coordenadas são definidas por:

$$x_j = \frac{det(A^{[j]})}{det(A)}, \text{ para } j = 1, \ldots, n,$$

onde $A^{[j]}$ é a matriz obtida de $A \in M_{n \times n}$ substituindo a coluna de coeficientes $A^{(j)}$ pela matriz de termos independentes $\mathbf{B}$.

Demonstração: Como $det(A) \neq 0$, pelo Teorema 4.15, $A \in M_{n\times n}$ é inversível e, dessa forma, $A\mathbf{X} = \mathbf{B}$ é consistente e possui apenas a solução $\mathbf{X} = A^{-1}\mathbf{B}$.

Utilizando a matriz inversa $A^{-1} = \dfrac{1}{det(A)}adj(A)$, definida no Corolário 4.2, a solução $\mathbf{X}$ do sistema linear $A\mathbf{X} = \mathbf{B}$ pode ser escrita na forma:

$$\mathbf{X} = \frac{1}{det(A)}adj(A)\mathbf{B}. \tag{5.108}$$

Substituindo

$$\mathbf{B} = \begin{pmatrix} b_1 \\ b_2 \\ \vdots \\ b_n \end{pmatrix} \text{ e } adj(A) = \begin{pmatrix} C_{11} & C_{21} & \dots & C_{n1} \\ C_{12} & C_{22} & \dots & C_{n2} \\ \vdots & \vdots & & \vdots \\ C_{1n} & C_{2n} & \dots & C_{nn} \end{pmatrix}$$

em (5.108), temos:

$$\mathbf{X} = \frac{1}{det(A)}\begin{pmatrix} C_{11} & C_{21} & \dots & C_{n1} \\ C_{12} & C_{22} & \dots & C_{n2} \\ \vdots & \vdots & & \vdots \\ C_{1n} & C_{2n} & \dots & C_{nn} \end{pmatrix}\begin{pmatrix} b_1 \\ b_2 \\ \vdots \\ b_n \end{pmatrix} = \frac{1}{det(A)}\begin{pmatrix} b_1C_{11} + b_2C_{21} + \ldots + b_nC_{n1} \\ b_1C_{12} + b_2C_{22} + \ldots + b_nC_{n2} \\ \vdots \\ b_1C_{1n} + b_2C_{2n} + \ldots + b_nC_{nn} \end{pmatrix}.$$

Assim, a j-ésima coordenada da solução $\mathbf{X}$ é:

$$x_j = \frac{1}{det(A)}(b_1C_{1j} + b_2C_{2j} + \ldots + b_nC_{nj})$$

ou, de uma forma mais completa, temos:

$$x_j = \frac{1}{det(A)}(b_1C_{1j}(A) + b_2C_{2j}(A) + \ldots + b_nC_{nj}(A)) \tag{5.109}$$

Agora, defina a matriz $A^{[j]}$ utilizando as mesmas colunas de A, exceto na coluna j, que ao invés de usar a j-ésima coluna de A, utilizaremos a matriz de termos independentes $\mathbf{B}$:

$$A^{[j]} = \begin{pmatrix} a_{11} & \dots & a_{1(j-1)} & b_1 & a_{1(j+1)} \cdots & a_{1n} \\ a_{21} & \dots & a_{2(j-1)} & b_2 & a_{2(j+1)} \cdots & a_{2n} \\ \vdots & & \vdots & \vdots & \vdots & \vdots \\ a_{n1} & \dots & a_{n(j-1)} & b_n & a_{n(j+1)} \cdots & a_{nn} \end{pmatrix}. \tag{5.110}$$

As matrizes A e $A^{[j]}$ se diferem apenas na coluna j. Dessa forma, os cofatores de A

e de $A^{[j]}$ são iguais na j-ésima coluna, pois os cálculos desses cofatores acabam eliminando a j-ésima coluna, que são exatamente os valores que diferenciam as matrizes A e $A^{[j]}$.

O determinante de $A^{[j]}$, por expansão em cofatores ao longo da j-ésima coluna, é:

$$\begin{aligned} det(A^{[j]}) &= b_1 C_{1j}(A^{[j]}) + b_2 C_{2j}(A^{[j]}) + \ldots + b_n C_{nj}(A^{[j]}) \\ &= b_1 C_{1j}(A) + b_2 C_{2j}(A) + \ldots + b_n C_{nj}(A) \end{aligned} \tag{5.111}$$

Substituindo (5.111) em (5.109), concluímos que as coordenadas da solução $\mathbf{X}$ do sistema linear $A\mathbf{X} = \mathbf{B}$ são da forma:

$$x_j = \frac{1}{det(A)} adj(A).$$

■

Exemplo 5.53

Resolva o sistema linear $A\mathbf{X} = \mathbf{B}$, definido por:

$$\begin{cases} x_1 + x_2 + x_3 = 10 \\ 2x_1 + x_2 + 4x_3 = 20 \\ 2x_1 + 3x_2 + 5x_3 = 25 \end{cases},$$

usando a regra de Cramer.

Solução: A matriz dos coeficientes do sistema linear $A\mathbf{X} = \mathbf{B}$ é:

$$A = \begin{pmatrix} 1 & 1 & 1 \\ 2 & 1 & 4 \\ 2 & 3 & 5 \end{pmatrix}.$$

Como $det(A) = -5 \neq 0$, podemos obter a solução do sistema linear $A\mathbf{X} = \mathbf{B}$ pela regra de Cramer. Para isso, considere:

$\diamond$ $A^{[1]} = \begin{pmatrix} \mathbf{10} & 1 & 1 \\ \mathbf{20} & 1 & 4 \\ \mathbf{25} & 3 & 5 \end{pmatrix} \Rightarrow det(A^{[1]}) = -35.$

$\diamond$ $A^{[2]} = \begin{pmatrix} 1 & \mathbf{10} & 1 \\ 2 & \mathbf{20} & 4 \\ 2 & \mathbf{25} & 5 \end{pmatrix} \Rightarrow det(A^{[2]}) = -10.$

$\diamondsuit$ $A^{[3]} = \begin{pmatrix} 1 & 1 & \mathbf{10} \\ 2 & 1 & \mathbf{20} \\ 2 & 3 & \mathbf{25} \end{pmatrix} \Rightarrow det(A^{[2]}) = -5.$

Dessa forma, as coordenadas da solução $\mathbf{X}$, são:

$\diamondsuit$ $x_1 = \dfrac{det(A^{[1]})}{det(A)} = \dfrac{-35}{-5} = 7$

$\diamondsuit$ $x_2 = \dfrac{det(A^{[2]})}{det(A)} = \dfrac{-10}{-5} = 2$

$\diamondsuit$ $x_3 = \dfrac{det(A^{[3]})}{det(A)} = \dfrac{-5}{-5} = 1$

Logo, a solução $\mathbf{X}$ do sistema linear $A\mathbf{X} = \mathbf{B}$ é:

$$\mathbf{X} = (7 \;\; 2 \;\; 1)^T.$$

■

O sistema linear $A\mathbf{X} = \mathbf{B}$ resolvido no exemplo acima é o mesmo sistema linear resolvido no Exemplo 5.20 a partir de uma matriz escalonada equivalente por linhas à matriz aumentada $(A \; \mathbf{B})$.

5.14 Exercícios

1. Seja $A = \begin{pmatrix} 1 & a & a \\ a & 1 & a \\ a & a & 1 \end{pmatrix}$. Use o determinante para encontrar o valor de a que faz com que o sistema linear $A\mathbf{X} = \mathbf{O}$ tenha infinitas soluções.

2. Seja $A = \begin{pmatrix} 1 & 0 & -1 \\ a & 1 & 3 \\ 1 & a & 3 \end{pmatrix}$. Use o determinante para encontrar os valores de a que fazem com que o sistema linear $A\mathbf{X} = \mathbf{O}$ tenha uma única solução.

3. Resolva os sistemas lineares abaixo usando a regra de Cramer:

   (a) $\begin{cases} x_2 + 2x_3 = 1 \\ x_1 + 3x_3 = -1 \\ -x_1 + 2x_2 + 5x_3 = 1 \end{cases}$

   (b) $\begin{cases} x_1 + 2x_2 = 2 \\ 3x_2 + 3x_3 = 1 \\ -x_2 + x_3 = 0 \end{cases}$

CAPÍTULO 6

APLICAÇÕES

6.1 Translação Rígida

Podemos representar os pontos $P(x, y)$ do plano bidimensional $\mathbb{R}^2$ utilizando matrizes de ordem 2×1, isto é:

$$P = \begin{pmatrix} x \\ y \end{pmatrix}.$$

Dessa forma, muitas transformações aplicadas em um ponto ou em um conjunto de pontos podem ser obtidas utilizando as operações com matrizes.

Por exemplo, o ponto P' obtido com a translação do ponto $P(x, y)$ em h unidades na coordenada x e k unidades na coordenada y pode ser obtido da seguinte forma:

$$P' = \begin{pmatrix} x \\ y \end{pmatrix} + \begin{pmatrix} h \\ k \end{pmatrix}.$$

Exemplo 6.1

Sejam $A(2, 1), B(4, 4)$ e $C(5, 2)$ vértices do triângulo da Figura 6.1. Obtenha as coordenadas dos vértices A', B' e C' após ser realizada uma translação rígida de 2 unidades para direita e uma unidade para baixo.

Solução: Representando os pontos matricialmente, temos:

$$A = \begin{pmatrix} 2 \\ 1 \end{pmatrix}, \quad B = \begin{pmatrix} 4 \\ 4 \end{pmatrix}, \quad C = \begin{pmatrix} 5 \\ 2 \end{pmatrix}.$$

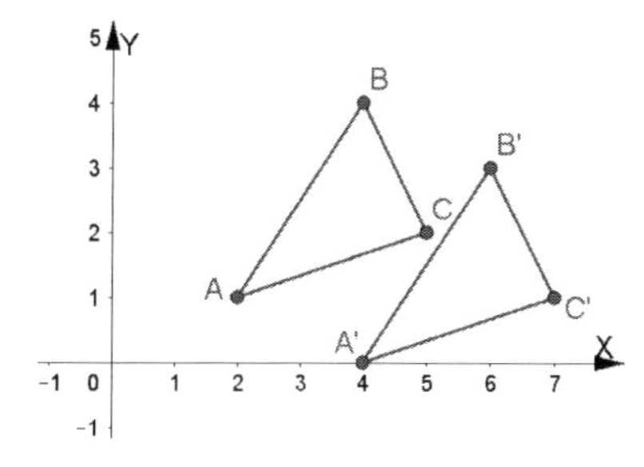

Figura 6.1: Translação rígida do triângulo ABC de 2 unidades para a direita e 1 unidade para baixo.

A translação dos pontos A, B e C de 2 unidades no eixo X e -1 unidade no eixo Y dá origem aos pontos A', B' e C':

$$A' = \begin{pmatrix} 2 \\ 1 \end{pmatrix} + \begin{pmatrix} 2 \\ -1 \end{pmatrix} = \begin{pmatrix} 2 \\ 0 \end{pmatrix}$$

$$B' = \begin{pmatrix} 4 \\ 4 \end{pmatrix} + \begin{pmatrix} 2 \\ -1 \end{pmatrix} = \begin{pmatrix} 6 \\ 3 \end{pmatrix}$$

$$C' = \begin{pmatrix} 5 \\ 2 \end{pmatrix} + \begin{pmatrix} 2 \\ -1 \end{pmatrix} = \begin{pmatrix} 7 \\ 1 \end{pmatrix}.$$

Na translação rígida, todos os pontos da figura sofrem a mesma transformação ocorrida nos pontos dos vértices. Dessa forma, A', B' e C' são vértices de um triângulo semelhante ao primeiro, cujos segmentos $A'B'$, $B'C'$ e $C'A'$ correspondem aos lados AB, BC e CA transladados duas unidades para a direita e uma unidade para baixo.

■

Exemplo 6.2

Sejam $A(3,4), B(2,3)$, $C(3,2)$ e $D(3,0)$ pontos da curva esboçada na Figura 6.2. Encontre as coordenadas dos pontos A', B', C' e D' localizados sobre a curva após ser realizada uma translação rígida de 4 unidades para a direita.

Solução: Representando os pontos matricialmente, temos:

$$A = \begin{pmatrix} 3 \\ 4 \end{pmatrix}, \quad B = \begin{pmatrix} 2 \\ 3 \end{pmatrix}, \quad C = \begin{pmatrix} 3 \\ 2 \end{pmatrix}, \quad D = \begin{pmatrix} 3 \\ 0 \end{pmatrix}.$$

A translação rígida da curva de 4 unidades para a direita sobre os pontos A, B, C

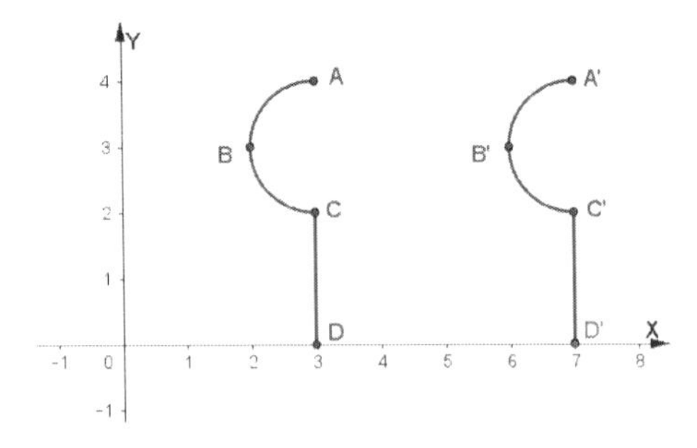

Figura 6.2: Translação rígida da curva que contém os pontos A, B, C e D de 4 unidades para a direita.

e D dá origem aos novos pontos A', B', C' e D':

$$A' = \begin{pmatrix} 3 \\ 4 \end{pmatrix} + \begin{pmatrix} 4 \\ 0 \end{pmatrix} = \begin{pmatrix} 7 \\ 4 \end{pmatrix}$$

$$B' = \begin{pmatrix} 2 \\ 3 \end{pmatrix} + \begin{pmatrix} 4 \\ 0 \end{pmatrix} = \begin{pmatrix} 6 \\ 3 \end{pmatrix}$$

$$C' = \begin{pmatrix} 3 \\ 2 \end{pmatrix} + \begin{pmatrix} 4 \\ 0 \end{pmatrix} = \begin{pmatrix} 7 \\ 2 \end{pmatrix}$$

$$D' = \begin{pmatrix} 3 \\ 0 \end{pmatrix} + \begin{pmatrix} 4 \\ 0 \end{pmatrix} = \begin{pmatrix} 7 \\ 0 \end{pmatrix}.$$

Todos os pontos da curva sofrem a mesma transformação ocorrida nos pontos A, B, C e D, isto é, são todos deslocados 4 unidades no eixo X, de tal forma que podemos afirmar que a curva da direita mostrada na Figura 6.2 é uma cópia da curva da esquerda.

■

6.2 Cálculo de custos

As matrizes são excelentes ferramentas usadas para organizar lista de objetos, de valores, de quantidades, etc. Organizando adequadamente as informações de uma produção em matrizes é possível estimar facilmente os custos, como no exemplo a seguir.

Exemplo 6.3

Uma instituição de ensino deseja mobiliar uma sala de aula, um laboratório e um escritório, conforme a Tabela 6.1. Qual será o valor gasto para mobiliar cada ambiente levando em consideração o orçamento da Tabela 6.2?

Tabela 6.1: Número de objetos em cada ambientes a ser mobiliados.

Ambiente	Nº cadeiras	Nº mesas	Nº computador	Nº armário
Escritório	5	2	2	2
Laboratório	10	1	10	2
Sala de aula	30	1	1	2

Tabela 6.2: Valor dos objetos por unidade.

Objeto	R$
Cadeira	500
Mesa	1200
Computador	2000
Armário	900

Solução: Defina a matriz A com o número de objetos a serem colocados em cada um dos três ambientes e a matriz B com os valores de uma unidade de cada objeto. Assim, temos:

$$A = \begin{pmatrix} 5 & 2 & 2 & 2 \\ 10 & 1 & 10 & 2 \\ 30 & 1 & 1 & 2 \end{pmatrix} \text{ e } B = \begin{pmatrix} 500 \\ 1200 \\ 2000 \\ 500 \end{pmatrix}.$$

Para saber o valor gasto em cada ambiente, basta multiplicar as matrizes A e B:

$$AB = \begin{pmatrix} 5 & 2 & 2 & 2 \\ 10 & 1 & 10 & 2 \\ 30 & 1 & 1 & 2 \end{pmatrix} \begin{pmatrix} 500 \\ 1200 \\ 2000 \\ 500 \end{pmatrix} = \begin{pmatrix} 9900 \\ 27200 \\ 19200 \end{pmatrix}.$$

Logo, para mobiliar o escritório, o laboratório e a sala de aula, serão gastos $R\$9.900,00$, $R\$27.200,00$ e $R\$19.200,00$, respectivamente.

∎

6.3 Criptografia

O termo criptografia surgiu da fusão das palavras gregas *kryptós* e *gráphien*, que significam "oculto" e "escrever", respectivamente. Para criptografar uma informação utiliza-se um conjunto de conceitos e técnicas que visam codificar a informação de forma que somente o emissor e o receptor possam acessá-la, evitando que um intruso consiga interpretá-la.

No processo de criptografia as letras da mensagem são convertidas em números

Tabela 6.3: Regras do jogo.

A ou Ã	B	C ou Ç	D	E	F	G	H	I	J
2	3	4	5	6	7	8	9	10	11
K	L	M	N	O ou Õ	P	Q	R	S	T
12	13	14	15	16	17	18	19	20	21
U	V	W	X	Y	Z	.	,	$\diamondsuit$	?
22	23	24	25	26	27	28	29	30	31

através de um certo padrão preestabelecido, como o da Tabela 6.3 e, em seguida, esses números são organizados em uma matriz de m linhas e n colunas.

Como exemplo, suponha que a mensagem a ser transmitida e codificada seja:

POSITIVO, CHEGOU AGORA

Com a regra estabelecida na Tabela 6.3, onde usaremos o caracter $\diamondsuit$ para separar as palavras, a mensagem é a seguinte sequência numérica:

17,16,20,10,23,16,29,30,4,9,6,8,16,22,30,2,8,16,19,2

Optamos por organizar os números da sequência em uma matriz de 3 linhas e 7 colunas e, para isso, acrescentamos ao final da sequência o número 30 para que todos os elementos da matriz fossem preenchidos:

$$M = \begin{pmatrix} 17 & 16 & 20 & 10 & 23 & 16 & 29 \\ 30 & 4 & 9 & 6 & 8 & 16 & 22 \\ 30 & 2 & 8 & 16 & 19 & 2 & 30 \end{pmatrix}.$$

Para codificar a mensagem M e torná-la secreta devemos escolhemos uma chave de codificação, que nada mais é que uma matriz inversível. Supondo que a chave de codificação seja a matriz A, a mensagem codificada será $C = AM$.

O remetente recebe a mensagem C e a chave de codificação A. Utilizando a decodificação $A^{-1}C = A^{-1}AM = M$ ele terá acesso à mensagem numérica que poderá ser decifrada usando os códigos da Tabela 6.3.

Supondo que a chave de codificação seja

$$A = \begin{pmatrix} 1 & 0 & 0 \\ 1 & 1 & 0 \\ 1 & 1 & 1 \end{pmatrix},$$

a mensagem codificada enviada ao remetente será:

$$C = AM = \begin{pmatrix} 17 & 16 & 29 & 10 & 23 & 16 & 29 \\ 47 & 20 & 29 & 16 & 31 & 32 & 51 \\ 77 & 22 & 37 & 32 & 50 & 34 & 81 \end{pmatrix}.$$

Assim, utilizando a matriz inversa

$$A^{-1} = \begin{pmatrix} 1 & 0 & 0 \\ -1 & 1 & 0 \\ 0 & -1 & 1 \end{pmatrix},$$

o remetente consegue a mensagem numérica:

$$M = A^{-1}C = \begin{pmatrix} 17 & 16 & 29 & 10 & 23 & 16 & 29 \\ 47 & 20 & 29 & 16 & 31 & 32 & 51 \\ 77 & 22 & 37 & 32 & 50 & 34 & 81 \end{pmatrix}$$

e, em seguida, usando os códigos da Tabela 6.3, irá concluir que a mensagem é:

POSITIVO, CHEGOU AGORA

■

6.4 Equação da reta no plano $\mathbb{R}^2$

Considere os pontos particulares $A(x_1, y_1)$ e $B(x_2, y_2)$ e o ponto arbitrário $P(x, y)$ no plano $\mathbb{R}^2$. Supondo que A, B e P são pontos de uma mesma reta r, pela geometria analítica, os vetores PA e PB devem ser paralelos, ou seja:

$$PA = kPB. \tag{6.1}$$

Desenvolvendo a equação (6.1), temos:

$$A - P = k(B - P) \Rightarrow (x_1 - x, y_1 - y) = (k(x_2 - x), k(y_2 - y)).$$

Igualando as coordenadas correspondentes aos dois membros da equação, temos:

$$\begin{cases} x_1 - x = k(x_2 - x) \\ y_1 - y = k(y_2 - y) \end{cases} \Rightarrow \begin{cases} k = \dfrac{x_1 - x}{x_2 - x} \\ k = \dfrac{y_1 - y}{y_2 - y} \end{cases},$$

isto é:

$$\frac{x_1 - x}{x_2 - x} = \frac{y_1 - y}{y_2 - y}. \tag{6.2}$$

Multiplicando meios e extremos da equação (6.2), temos:

$$\begin{aligned}
&(x_1 - x)(y_2 - y) = (x_2 - x)(y_1 - y) \Rightarrow \\
&x_1y_2 - x_1y - xy_2 + xy = x_2y_1 - x_2y - xy_1 + xy \Rightarrow \\
&x_1y_2 - x_1y - xy_2 + xy - x_2y_1 + x_2y + xy_1 - xy = 0 \Rightarrow \\
&x_1(y_2 - y) - x_2(y_1 - y) + x(y_1 - y_2) + \cancelto{0}{(xy - xy)} = 0 \Rightarrow \\
&x_1(y_2(1) - y(1)) - x_2(y_1(1) - y(1)) + x(y_1(1) - y_2(1)) = 0 \qquad (6.3)
\end{aligned}$$

Por outro lado, o cálculo do determinante da matriz

$$\begin{pmatrix} x_1 & y_1 & 1 \\ x_2 & y_2 & 1 \\ x & y & 1 \end{pmatrix}$$

por expansão em cofatores ao longo da primeira coluna, coincide com o primeiro membro da equação (6.3).

Logo, para que os pontos $A(x_1, y_1)$, $B(x_2, y_2)$ e $P(x, y)$ pertençam à mesma reta, basta que se tenha:

$$det\begin{pmatrix} x_1 & y_1 & 1 \\ x_2 & y_2 & 1 \\ x & y & 1 \end{pmatrix} = 0.$$

Exemplo 6.4

Encontre a equação da reta do $\mathbb{R}^2$ que contém os pontos $A(-3, 2)$ e $B(4, -3)$.

Solução: Seja $P(x, y)$ um ponto arbitrário da reta. Como os pontos $A(-3, 2)$, $B(4, -3)$ e $P(x, y)$ estão todos na mesma reta, devemos ter:

$$det\begin{pmatrix} -3 & 2 & 1 \\ 4 & -3 & 1 \\ x & y & 1 \end{pmatrix} = 0 \Rightarrow 5x + 7y + 1 = 0.$$

Logo, $5x + 7y + 1 = 0$ ou $y = -\frac{5}{7}x - \frac{1}{7}$ é a equação da reta que contém os pontos A e B.

■

6.5 Equação do plano no $\mathbb{R}^3$

Considere os pontos particulares $A_1(x_1, y_1, z_1)$, $A_2(x_2, y_2, z_2)$ e $A_3(x_3, y_3, z_3)$ no espaço tridimensional $\mathbb{R}^3$ e seja $P(x, y, z)$ um ponto arbitrário, com os quais podemos definir os seguintes vetores:

$$\overrightarrow{PA_1} = P - A = (x_1 - x, y_1 - y, z_1 - z),$$

$$\overrightarrow{PA_2} = P - A = (x_2 - x, y_2 - y, z_2 - z)$$

e

$$\overrightarrow{PA_3} = P - A = (x_3 - x, y_3 - y, z_3 - z)$$

Para que os pontos A_1, A_2, A_3 e P estejam no mesmo plano, o produto misto[1] dos vetores $\overrightarrow{PA_1}$, $\overrightarrow{PA_2}$ e $\overrightarrow{PA_3}$ deve ser nulo, isto é:

$$det \begin{pmatrix} x_1 - x & y_1 - y & z_1 - z \\ x_2 - x & y_2 - y & z_2 - z \\ x_3 - x & y_3 - y & z_3 - z \end{pmatrix} = 0 \tag{6.4}$$

Aplicando a propriedade de linearidade do determinante, podemos reescrever a equação (6.4) da seguinte forma:

$$det \begin{pmatrix} x_1 & y_1 & z_1 \\ x_2 - x & y_2 - y & z_2 - z \\ x_3 - x & y_3 - y & z_3 - z \end{pmatrix} - det \begin{pmatrix} x & y & z \\ x_2 - x & y_2 - y & z_2 - z \\ x_3 - x & y_3 - y & z_3 - z \end{pmatrix} = 0$$

Aplicando novamente a propriedade da linearidade nos dois determinantes, teremos:

$$det \begin{pmatrix} x_1 & y_1 & z_1 \\ x_2 & y_2 & z_2 \\ x_3 - x & y_3 - y & z_3 - z \end{pmatrix} - det \begin{pmatrix} x_1 & y_1 & z_1 \\ x & y & z \\ x_3 - x & y_3 - y & z_3 - z \end{pmatrix} -$$

$$det \begin{pmatrix} x & y & z \\ x_2 & y_2 & z_2 \\ x_3 - x & y_3 - y & z_3 - z \end{pmatrix} + \underbrace{det \begin{pmatrix} x & y & z \\ x & y & z \\ x_3 - x & y_3 - y & z_3 - z \end{pmatrix}}_{0} = 0$$

Por fim, aplicando mais uma vez a propriedade de linearidade nos três determi-

[1] O módulo do produto misto dos três vetores corresponde ao volume do paralelepípedo definido por eles.

nantes, obtemos:

$$det\begin{pmatrix} x_1 & y_1 & z_1 \\ x_2 & y_2 & z_2 \\ x_3 & y_3 & z_3 \end{pmatrix} - det\begin{pmatrix} x_1 & y_1 & z_1 \\ x_2 & y_2 & z_2 \\ x & y & z \end{pmatrix} - det\begin{pmatrix} x_1 & y_1 & z_1 \\ x & y & z \\ x_3 & y_3 & z_3 \end{pmatrix} +$$

$$\cancelto{0}{det\begin{pmatrix} x_1 & y_1 & z_1 \\ x & y & z \\ x & y & z \end{pmatrix}} - det\begin{pmatrix} x & y & z \\ x_2 & y_2 & z_2 \\ x_3 & y_3 & z_3 \end{pmatrix} + \cancelto{0}{det\begin{pmatrix} x & y & z \\ x_2 & y_2 & z_2 \\ x & y & z \end{pmatrix}} = 0$$

Logo, a equação do plano que contém os pontos $A_1(x_1, y_1, z_1)$, $A_2(x_2, y_2, z_2)$ e $A_3(x_3, y_3, z_3)$ é obtida desenvolvendo a seguinte equação:

$$det\begin{pmatrix} x_1 & y_1 & z_1 \\ x_2 & y_2 & z_2 \\ x & y & z \end{pmatrix} + det\begin{pmatrix} x_1 & y_1 & z_1 \\ x & y & z \\ x_3 & y_3 & z_3 \end{pmatrix} + det\begin{pmatrix} x & y & z \\ x_2 & y_2 & z_2 \\ x_3 & y_3 & z_3 \end{pmatrix} = det\begin{pmatrix} x_1 & y_1 & z_1 \\ x_2 & y_2 & z_2 \\ x_3 & y_3 & z_3 \end{pmatrix} \quad (6.5)$$

Exemplo 6.5

Obtenha a equação do plano que passa pelos pontos $A_1(4, 0, 0)$, $A_2(0, 3, 0)$ e $A_3(0, 0, 6)$.

Solução: Substituindo os pontos dados na equação (6.5), temos:

$$det\begin{pmatrix} 4 & 0 & 0 \\ 0 & 3 & 0 \\ x & y & z \end{pmatrix} + det\begin{pmatrix} 4 & 0 & 0 \\ x & y & z \\ 0 & 0 & 6 \end{pmatrix} + det\begin{pmatrix} x & y & z \\ 0 & 3 & 0 \\ 0 & 0 & 6 \end{pmatrix} = det\begin{pmatrix} 4 & 0 & 0 \\ 0 & 3 & 0 \\ 0 & 0 & 6 \end{pmatrix}$$

Calculando os determinantes e fazendo as possíveis simplificações, concluiremos que a equação do plano que contém os pontos A_1, A_2 e A_3 é:

$$3x + 4y + 2z - 12 = 0.$$

6.6 Trajetória de asteroide

Enquanto o cometa é uma bola de gases congelados, o asteroide é uma grande rocha espacial com formato irregular. A maioria dos asteroides tem cerca de 1 km de diâmetro, mas alguns podem chegar a centenas de quilômetros.

Comparando as dimensões do Sol com as de um asteroide, podemos considerar o asteroide como uma partícula pontual. Logo, podemos aplicar com boa aproximação as leis da gravitação universal.

De acordo com as leis da gravitação universal, quando temos duas partículas interagindo gravitacionalmente, das quais uma delas está fixa, a segunda partícula descreve uma trajetória cônica contida num plano.

Observação 6.1: Primeira Lei de Kepler - Caso a trajetória seja fechada

Se um corpo ligado a outro gravitacionalmente gira numa trajetória fechada, esta trajetória (órbita) é elíptica, sendo que o sol ocupa um dos foco da elipse.

A trajetória do asteroide pode ser também aberta como uma parábola ou uma hipérbole, isto dependerá das condições iniciais do movimento do sistema "Sol-asteróide".

A equação geral de uma cônica (elipse, parábola, circunferência, hipérbole) no plano xy tem a seguinte forma:

$$Ax^2 + Bxy + Cy^2 + Dx + Ey + F = 0 \tag{6.6}$$

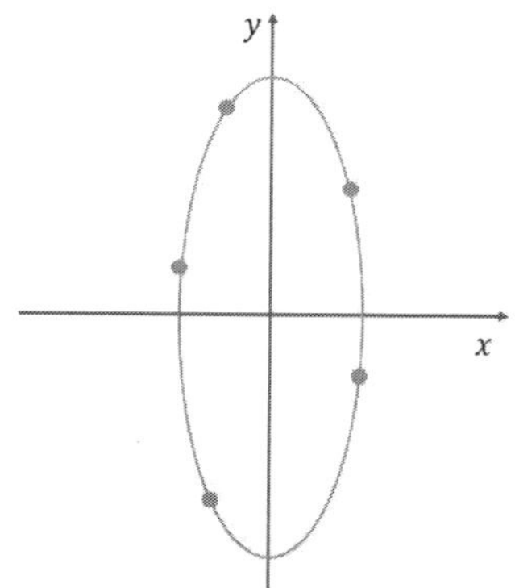

Figura 6.3: Pontos da órbita do asteroide fixando o Sol na origem do sistema de coordenadas.

Exemplo 6.6

Obtenha a equação da trajetória elíptica de um asteroide em torno Sol, que hipoteticamente passa pelos pontos $(-3, 0), (-2, 2), (0, 1), (0, -3)$ e $(1, 0)$.

Solução: Substituindo os pontos na equação:

$$Ax^2 + Bxy + Cy^2 + Dx + Ey + F = 0, \tag{6.7}$$

obtemos o sistema homogêneo $M\mathbf{U} = \mathbf{O}$ dado por:

$$\left\{\begin{array}{ccccccccccccc} 9A & & & & & - & 3D & & & + & F & = & 0 \\ 4A & - & 4B & + & 4C & - & 2D & + & 2E & + & F & = & 0 \\ & & & & C & & & + & E & + & F & = & 0 \\ & & & & 9C & & & - & 3E & + & F & = & 0 \\ A & & & & & + & D & & & + & F & = & 0 \\ x^2A & + & xyB & + & y^2C & + & xD & + & yE & + & F & = & 0 \end{array}\right. \tag{6.8}$$

De acordo com o Teorema 5.7, para o sistema $M\mathbf{U} = \mathbf{O}$ ter solução $\mathbf{U} = (A \ B \ C \ D \ E \ F)^T$ não nula, devemos ter $det(M) = 0$, isto é:

$$det\begin{pmatrix} 9 & 0 & 0 & -3 & 0 & 1 \\ 4 & -4 & 4 & -2 & 2 & 1 \\ 0 & 0 & 1 & 0 & 1 & 1 \\ 0 & 0 & 9 & 0 & -3 & 1 \\ 1 & 0 & 0 & 1 & 0 & 1 \\ x^2 & xy & y^2 & x & y & 1 \end{pmatrix} = 0.$$

Calculando o determinante utilizando a expansão em cofatores ou a redução por linhas, obteremos a equação:

$$192x^2 + 240xy + 192y^2 + 384x + 384y - 576 = 0,$$

a qual representa a órbita elíptica do asteroide ao redor do Sol mostrada na Figura 6.4.

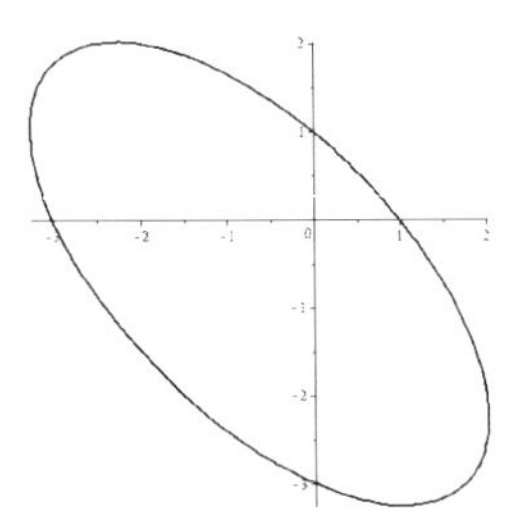

Figura 6.4: Órbita elíptica do asteroide ao redor do Sol.

■

A equação

$$192x^2 + 240xy + 192y^2 + 384x + 384y - 576 = 0,$$

que é um caso particular da forma geral

$$Ax^2 + Bxy + Cy^2 + Dx + Ey + F = 0,$$

é de fato uma elipse, pois cumpre a condição $\frac{1}{4}B^2 - AC < 0$[2] para $A = 192$, $B = 240$ e $C = 192$.

6.7 Circuitos elétricos

Pela eletrodinâmica, sabe-se que ao se estabelecer uma diferença de potencial entre dois pontos distintos de um cabo condutor, uma intensidade de corrente elétrica é gerada (mo-

[2]No volume 2 do livro de Álgebra Linear, dos mesmos autores, serão estudas as curvas chamadas quádricas e será apresentada a condição analítica que permite tornar a equação algébrica (6.7) uma elipse ou parábola ou hipérbole.

vimento dos elétrons livres). Em seguida, pela lei de Ohm (análoga à segunda lei de Newton da Mecânica Clássica), a intensidade de corrente elétrica (I) gerada no cabo condutor é diretamente proporcional à diferença de potencial (V) e inversamente proporcional à resistência elétrica (R) do material condutor, ou seja:

$$I = \frac{V}{R}.$$

Exemplo 6.7

Determine as intensidades das correntes I_1, I_2 e I_3 que circulam pelos três resistores do circuito elétrico com duas fontes apresentado no diagrama abaixo.

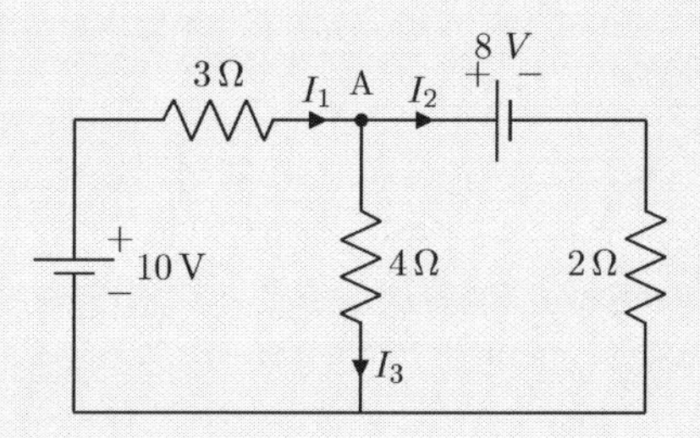

Solução: De acordo as leis de Kirchhoff para circuitos elétricos, as quais podem ser vistas com mais detalhes em [14], temos:

(i) A soma das correntes elétricas que entram em um nó é igual à soma das correntes que saem dele.

(ii) A soma algébrica das diferenças de potencial em um percurso fechado é nula.

Cada malha será percorrida no sentido horário. Considerando que nos resistores se perde potencial elétrico ao atravessar a favor da corrente e que nas fontes se perde potencial elétrico ao atravessar de + para - e se ganha potencial elétrico ao atravessar de - para +, temos:

$$\begin{aligned} I_1 = I_2 + I_3 &\quad \text{(nó em } A\text{)} \\ -3I_1 - 4I_3 + 10 = 0 &\quad \text{(malha esquerda)} \\ -8 - 2I_2 + 4I_3 = 0 &\quad \text{(malha direita)} \end{aligned} \tag{6.9}$$

O sistema e matriz aumentada correspondente às equações (6.9) são:

$$\begin{cases} I_1 - I_2 - I_3 &= 0 \\ 3I_1 + 4I_3 &= 10 \\ 2I_2 - 4I_3 &= -8 \end{cases} \Leftrightarrow \left(\begin{array}{ccc|c} 1 & -1 & -1 & 0 \\ 3 & 0 & 4 & 10 \\ 0 & 2 & -4 & -8 \end{array}\right). \tag{6.10}$$

Aplicando a eliminação de Gauss na matriz (6.10), temos a seguinte matriz escalonada:

$$\begin{pmatrix} 1 & -1 & -1 & | & 0 \\ 0 & 1 & \frac{7}{3} & | & \frac{10}{3} \\ 0 & 0 & 1 & | & \frac{22}{13} \end{pmatrix}, \tag{6.11}$$

com a qual obtemos a solução:

$$(I_1 \ \ I_2 \ \ I_3)^T = \frac{1}{13}(14 \ \ -8 \ \ 2)^T.$$

■

Um estudo mais detalhado de problemas envolvendo circuitos elétricos solucionados por sistemas lineares pode ser feito na Seção 2.4 de [6].

Outra referência interessante para se aprofundar um pouco mais em circuitos elétricos é [2]. O exemplo que apresentamos a seguir é o exercício 7 da seção 1.8 desta referência bibliográfica.

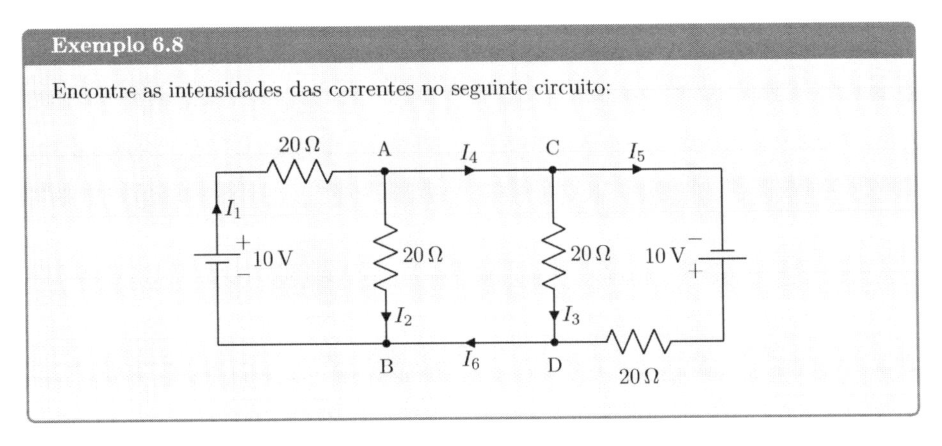

Solução: Como no exemplo anterior e de acordo as leis de Kirchhoff para circuitos elétricos, temos:

(i) Em um nó, a soma das correntes elétricas que entram é igual à soma das correntes que saem.

(ii) A soma algébrica das diferenças de potencial em um percurso fechado é nula.

Cada malha será percorrida no sentido horário. Considerando que nos resistores se perde potencial elétrico ao atravessar a favor da corrente e que nas fontes se perde potencial elétrico ao atravessar de + para - e se ganha potencial elétrico ao atravessar de - para +, temos:

$$\begin{aligned} I_2 + I_4 &= I_1 \quad \text{(nó em } A\text{)} \\ I_5 + I_3 &= I_4 \quad \text{(nó em } C\text{)} \\ I_3 + I_5 &= I_6 \quad \text{(nó em } D\text{)} \\ -20I_2 - 20I_1 + 10 &= 0 \quad \text{(malha esquerda)} \\ -20I_3 + 20I_2 &= 0 \quad \text{(malha central)} \\ 10 - 20I_5 + 20I_3 &= 0 \quad \text{(malha direita)} \end{aligned} \tag{6.12}$$

Por simples observação $I_3 = I_2$. Adotando o vetor de incógnitas sendo $I = (I_1\ I_6\ I_5\ I_4\ I_2)^T$, o sistema correspondente às equações (6.12) é:

$$\begin{cases} I_1 - I_4 - I_2 = 0 \\ I_5 - I_4 + I_2 = 0 \\ I_6 - I_5 - I_2 = 0 \\ 2I_1 + 2I_2 = 1 \\ 2I_5 - 2I_2 = 1 \end{cases} \tag{6.13}$$

que corresponde à seguinte matriz aumentada:

$$\left(\begin{array}{ccccc|c} 1 & 0 & 0 & -1 & -1 & 0 \\ 0 & 0 & 1 & -1 & 1 & 0 \\ 0 & 1 & -1 & 0 & -1 & 0 \\ 2 & 0 & 0 & 0 & 2 & 1 \\ 0 & 0 & 2 & 0 & -2 & 1 \end{array}\right). \tag{6.14}$$

Realizando a operação elementar $L_2 \leftrightarrow L_4$, a matriz equivalente por linhas à matriz (6.14) é:

$$\left(\begin{array}{ccccc|c} 1 & 0 & 0 & -1 & -1 & 0 \\ 2 & 0 & 0 & 0 & 2 & 1 \\ 0 & 1 & -1 & 0 & -1 & 0 \\ 0 & 0 & 1 & -1 & 1 & 0 \\ 0 & 0 & 2 & 0 & -2 & 1 \end{array}\right). \tag{6.15}$$

Realizando a operação elementar $L_2 \leftrightarrow L_2 - 2L_1$, a matriz equivalente por linhas à matriz (6.15) é:

$$\left(\begin{array}{ccccc|c} 1 & 0 & 0 & -1 & -1 & 0 \\ 0 & 0 & 0 & 2 & 4 & 1 \\ 0 & 1 & -1 & 0 & -1 & 0 \\ 0 & 0 & 1 & -1 & 1 & 0 \\ 0 & 0 & 2 & 0 & -2 & 1 \end{array}\right). \tag{6.16}$$

Realizando a operação elementar $L_2 \leftrightarrow L_3$, a matriz equivalente por linhas à matriz

(6.16) é:

$$\begin{pmatrix} 1 & 0 & 0 & -1 & -1 & | & 0 \\ 0 & 1 & -1 & 0 & -1 & | & 0 \\ 0 & 0 & 0 & 2 & 4 & | & 1 \\ 0 & 0 & 1 & -1 & 1 & | & 0 \\ 0 & 0 & 2 & 0 & -2 & | & 1 \end{pmatrix}. \tag{6.17}$$

Realizando a operação elementar $L_3 \leftrightarrow L_4$, a matriz equivalente por linhas à matriz (6.17) é:

$$\begin{pmatrix} 1 & 0 & 0 & -1 & -1 & | & 0 \\ 0 & 1 & -1 & 0 & -1 & | & 0 \\ 0 & 0 & 1 & -1 & 1 & | & 0 \\ 0 & 0 & 0 & 2 & 4 & | & 1 \\ 0 & 0 & 2 & 0 & -2 & | & 1 \end{pmatrix}. \tag{6.18}$$

Realizando a operação elementar $L_5 \to L_5 - 2L_3$, a matriz equivalente por linhas à matriz (6.18) é:

$$\begin{pmatrix} 1 & 0 & 0 & -1 & -1 & | & 0 \\ 0 & 1 & -1 & 0 & -1 & | & 0 \\ 0 & 0 & 1 & -1 & 1 & | & 0 \\ 0 & 0 & 0 & 2 & 4 & | & 1 \\ 0 & 0 & 0 & 2 & -4 & | & 1 \end{pmatrix}. \tag{6.19}$$

Realizando a operação elementar $L_5 \to L_5 - L_4$, a matriz equivalente por linhas à matriz (6.18) é:

$$\begin{pmatrix} 1 & 0 & 0 & -1 & -1 & | & 0 \\ 0 & 1 & -1 & 0 & -1 & | & 0 \\ 0 & 0 & 1 & -1 & 1 & | & 0 \\ 0 & 0 & 0 & 2 & 4 & | & 1 \\ 0 & 0 & 0 & 0 & -8 & | & 0 \end{pmatrix} \tag{6.20}$$

a qual corresponde ao sistema:

$$\left\{ \begin{array}{rcl} I_1 - I_4 - I_2 & = & 0 \\ I_6 - I_4 & = & 0 \\ I_5 - I_4 + I_2 & = & 0 \\ 2I_4 + 4I_2 & = & 1 \\ -8I_2 & = & 0 \end{array} \right. \Rightarrow \left\{ \begin{array}{lcl} I_1 & = & I_4 + I_2 \\ I_6 & = & I_4 \\ I_5 & = & I_4 - I_2 \\ 2I_4 & = & 1 - 4I_2 \\ I_2 & = & 0 \end{array} \right. . \tag{6.21}$$

Usando a retrosubstituição no sistema (6.21) e considerando $I_3 = I_2$, as intensidades das correntes são:

$$I_1 = I_4 = I_5 = I_6 = \frac{1}{2} \quad \text{e} \quad I_2 = I_3 = 0.$$

■

6.8 Análise de fluxo de tráfego

Para evitar congestionamento em uma região com inúmeras ruas entrelaçadas, devemos considerar que num período de tempo o número de carros que entram nos cruzamentos é igual ao número de carros que saem deles.

Exemplo 6.9

Qual deve ser o fluxo de veículos nas ruas da região representada no circuito abaixo, para que não haja congestionamento?

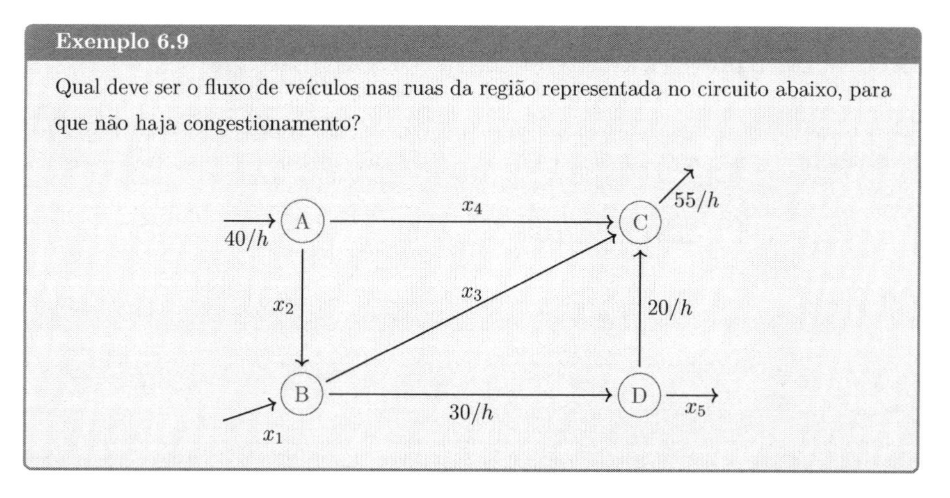

Solução: Sejam x_1, x_2, x_3, x_4 e x_5 o fluxo de veículos nas ruas que passam pelos cruzamentos A, B, C e D. Como o fluxo de veículos que entram e que saem dos cruzamentos deve ser igual, devemos ter:

$$\begin{aligned} x_2 + x_4 &= 40 \\ x_2 + x_1 &= x_3 + 30 \\ x_4 + x_3 + 20 &= 55 \\ 30 &= 20 + x_5 \end{aligned} . \tag{6.22}$$

O sistema e matriz aumentada correspondente às equações (6.22) são:

$$\begin{cases} x_2 + x_4 = 40 \\ x_1 + x_2 - x_3 = 30 \\ x_3 + x_4 = 35 \\ x_5 = 10 \end{cases} \Leftrightarrow \left(\begin{array}{ccccc|c} 0 & 1 & 0 & 1 & 0 & 40 \\ 1 & 1 & -1 & 0 & 0 & 30 \\ 0 & 0 & 1 & 1 & 0 & 35 \\ 0 & 0 & 0 & 0 & 1 & 10 \end{array}\right).$$

Aplicando a eliminação de Gauss na matriz aumentada acima, temos a seguinte matriz escalonada:

$$\left(\begin{array}{ccccc|c} 1 & 1 & -1 & 0 & 0 & 30 \\ 0 & 1 & 0 & 1 & 0 & 40 \\ 0 & 0 & 1 & 1 & 0 & 35 \\ 0 & 0 & 0 & 0 & 1 & 10 \end{array}\right), \tag{6.23}$$

com a qual obtemos a solução:

$$(x_1\ x_2\ x_3\ x_4\ x_5)^T = (25\ \ 40 - x_4\ \ 35 - x_4\ \ x_4\ \ 10)^T.$$

■

6.9 Balanceamento de equações químicas

Em uma reação química, moléculas (reagentes) se combinam para dar origem a novas moléculas (produtos) e esse processo é usualmente descrito por uma equação com os reagentes do lado esquerdo, os produtos do lado direito e uma seta no lugar da igualdade, a qual separa os dois membros da equação. Por exemplo

$$2H_2 + O_2 \longrightarrow 2H_2O \tag{6.24}$$

é uma equação química que mostra que quatro átomos de hidrogênio combinados a dois átomos de oxigênio dão origem a duas moléculas de água.

Observação 6.2: Lei de Lavoisier

De acordo com a Lei de Lavoisier, a soma das massas dos reagentes é igual à soma das massas dos produtos resultantes. Dessa forma, quando a quantidade de átomos dos elementos químicos presentes em ambos os membros da equação são iguais, dizemos que a equação química está balanceada.

A equação (6.24) está balanceada, pois temos quatro átomos de hidrogênio e dois de oxigênio em ambos os membros da equação.

Para balancear uma equação basta atribuir incógnitas às moléculas do reagente e produto e determiná-las usando o fato de que a quantidade de átomos de cada elemento químico deve ser igual nos dois membros da equação. Esse processo resultará em um sistema linear homogêneo, que por sua vez, tem infinitas soluções.

Exemplo 6.10

Obtenha a quantidade de átomos dos elementos químicos presentes na equação química:

$$NH_4NO_3 \rightarrow N_2 + O_2 + H_2O. \tag{6.25}$$

Solução: Sejam x, y, z e w coeficientes inteiros que balanceiam a equação (6.25), isto é:

$$x\,NH_4\,NO_3 \rightarrow y\,N_2 + z\,O_2 + w\,H_2O. \tag{6.26}$$

De acordo com a Lei de Lavoisier, devemos ter:

$$\begin{aligned} N &: 2x = 2y \\ H &: 4x = 2w \\ O &: 3x = 2z + w \end{aligned} \tag{6.27}$$

O sistema e matriz aumentada correspondente às equações (6.27) são:

$$\begin{cases} 2x - 2y &= 0 \\ 4x - 2w &= 0 \\ 3x - 2z - w &= 0, \end{cases} \Leftrightarrow \left(\begin{array}{cccc|c} 2 & -2 & 0 & 0 & 0 \\ 4 & 0 & 0 & -2 & 0 \\ 3 & 0 & -2 & -1 & 0 \end{array}\right).$$

Aplicando a eliminação de Gauss na matriz aumentada acima, obtemos a seguinte matriz escalonada:

$$\left(\begin{array}{cccc|c} 1 & -1 & 0 & 0 & 0 \\ 0 & 1 & 0 & -\frac{1}{2} & 0 \\ 0 & 0 & 1 & -\frac{1}{4} & 0 \end{array}\right), \tag{6.28}$$

com a qual temos a solução:

$$(x \;\; y \;\; z \;\; w)^T = t\left(\frac{1}{2} \;\; \frac{1}{2} \;\; \frac{1}{4} \;\; 1\right)^T, \; t \in \mathbb{N}.$$

Do ponto de vista matemático, o parâmetro t correspondente à incógnita livre z é um número real arbitrário. Porém, nesse exemplo as incógnitas x, y, z, w devem assumir valores naturais, pois correspondem a quantidade de átomos. Por exemplo, considerando $t = 4$, uma solução particular para o problema é $(x \;\; y \;\; z \;\; w)^T = (2 \;\; 2 \;\; 1 \;\; 4)^T$.

Uma forma mais interessante de expressar a solução geral pode ser obtida considerando $w = 4t$ e, dessa forma, temos:

$$(x \;\; y \;\; z \;\; w)^T = t(2 \;\; 2 \;\; 1 \;\; 4)^T, \; t \in \mathbb{N}.$$

■

6.10 Exercícios

1. Determine as intensidades das correntes I_1, I_2 e I_3 no circuito elétrico abaixo.

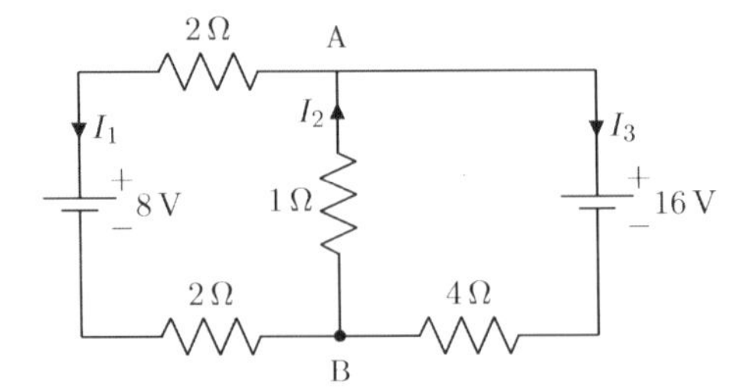

2. Determine as intensidades das correntes I_1, I_2 e I_3 no circuito elétrico abaixo.

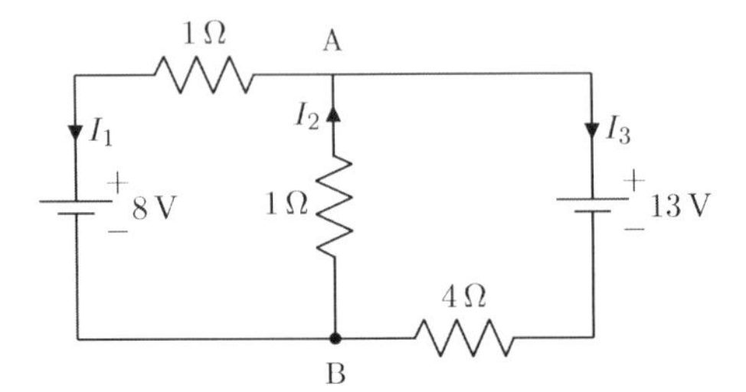

3. Faça o balanceamento das reações:

   (a) N_2O_5 + calor $\longrightarrow NO_2 + O_2$ (Decomposição térmica de N_2O_5).

   (b) $HF + SiO_2 \longrightarrow SiF_4 + H_2O$ (Dissolução do vidro em HF).

   (c) $C_5H_{11}OH + O_2 \longrightarrow H_2O + CO_2$ (Combustão do álcool amílico).

4. O diagrama da Figura 6.5 representa o fluxo de tráfego ao redor de um quarteirão. Determine as quantidades de veículos representadas por x_1, x_2, x_3, x_4 para que não hajam congestionamentos.

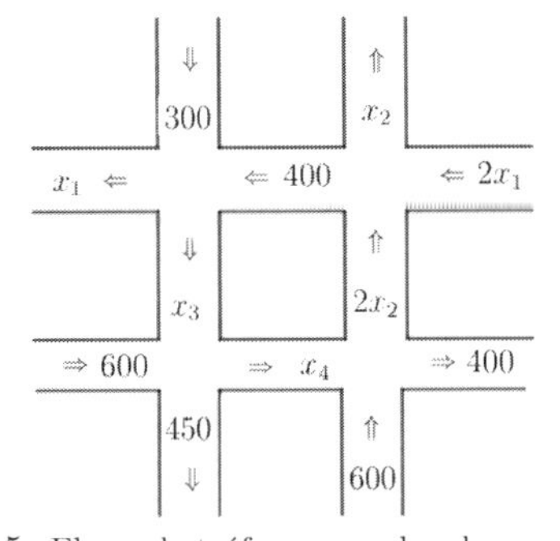

Figura 6.5: Fluxo de tráfego ao redor de um quarteirão.

5. Realize o balanceamento das reações químicas e obtenha a quantidade de átomos de cada elemento químico.

(a) $x\, C_2H_6O + y\, O_2 \longrightarrow z\, CO_2 + w\, H_2O$.

(b) $x\, HI + y\, H_2SO_4 \longrightarrow z\, H_2S + w\, H_2O + t I_2$.

(c) $x\, Al_2O_3 + y\, HCl \longrightarrow z\, AlCl_3 + w\, H_2O$.

6.11 Exponencial de matrizes

Com o objetivo de despertar o interesse por esse tema, apresentamos abaixo duas situações nas quais a exponencial de matrizes aparece de alguma forma .

A primeira delas é nas *soluções de sistema de equações diferenciais ordinárias matriciais (E.D.O.) e homogêneas* definidas por $X'(t) = AX(t)$, em que $A \in M_{n\times n}$ é uma matriz quadrada e $X(t) \in M_{n\times n}$ é a matriz solução cujos elementos são $x_{ij}(t)$. A solução $X(t)$ é constituída por uma série de potências de matrizes, a qual receberá o nome de exponencial matricial. Este assunto pode ser visto de forma introdutória e didática na referência [19].

A segunda situação em que a exponencial de matriz aparece é no *equilíbrio de misturas salinas entre dois tanques com diferentes concentrações de sal.* Para ficar mais claro, considere o seguinte problema: Dois tanques A e B, como os da Figura 6.6, contém cada um 100 litros de uma mistura. Suponha que o tanque A contém 40 gramas de sal, enquanto o tanque B contém 20 gramas de sal e que o líquido é bombeado para dentro e para fora dos tanques, determine a quantidade de sal que deve ter em cada tanque em um instante t e a concentração final em cada tanque no estado estacionário.

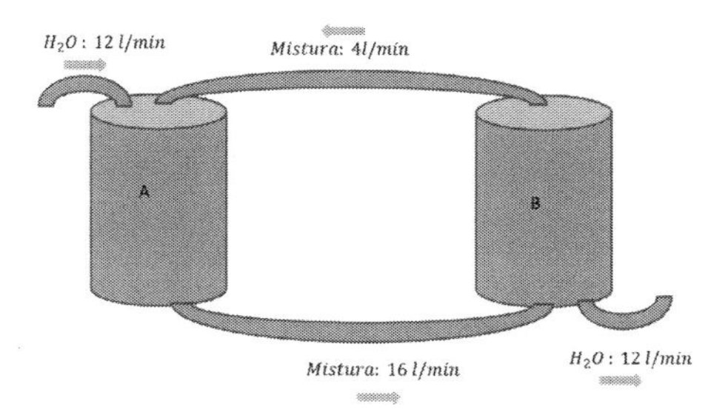

Figura 6.6: Equilíbrio de misturas salinas.

Podemos dizer que este problema das misturas é um problema industrial e para solucioná-lo é preciso implementar, via conservação da massa, em ambos tanques, um par de equações diferenciais ordinárias que definirão uma $E.D.O.$ matricial de primeira ordem $X'(t) = AX(t)$, voltando assim na primeira situação que apresentamos acima.

A solução necessária da E.D.O $X'(t) = AX(t)$ é um vetor $X(t) = \begin{pmatrix} x(t) \\ y(t) \end{pmatrix}$, em que $x(t)$ e $y(t)$ constituem as concentrações de sal em cada tanque, para cada instante do tempo t.

Resumidamente, a dedução desta solução é feita considerando a seguinte conbinação linear:

$$X = ae^{tA}v_1 + be^{tA}v_2,$$

em que, a e b são constantes numéricas, t representa o tempo, A é uma matriz com elementos constantes que codifica a informação física do problema, e^{tA} é uma matriz exponencial e v_1 e v_2 são autovetores de A. A forma detalhada de como chegar nessa solução será trabalhada no volume 2 desta coleção, a ser publicado pelos mesmos autores.

A exponencial de matrizes é definida a partir da série de Taylor da função analítica $f(x) = e^x$ em torno do ponto $x = 0$. Antes de apresentarmos formalmente sua definição, vamos definir função analítica e mostrar alguns exemplos.

Definição 6.1

Seja $f : I \subseteq \mathbb{R} \to \mathbb{R}$ uma função infinitamente derivável no intervalo aberto $I \subseteq \mathbb{R}$. Dizemos que f é uma *função analítica* se para cada ponto $a \in I$, existir uma vizinhança V de a, tal que para todo $x \in V$, f pode ser escrita na forma:

$$f(x) = \sum_{n=0}^{\infty} \frac{f^{(n)}(a)}{n!}(x-a)^n. \tag{6.29}$$

A expressão do lado direito da equação (6.29) é chamada de *série de Taylor* da função f em torno de $x = a$.

Em particular, se a função f é analítica, sua expansão em série de Taylor em torno da origem $x = 0$ é:

$$f(x) = \sum_{n=0}^{n=\infty} \frac{f^n(0)}{n!}x^n.$$

Exemplo 6.11

Alguns exemplos de funções a valores reais, analíticas em torno de $x = 0$, são:

(a) $e^x = \sum_{n=0}^{n=\infty} \frac{1}{n!}x^n = 1 + \frac{x}{1!} + \frac{x^2}{2!} + \frac{x^3}{3!} + \cdots + \frac{x^n}{n!} + \cdots$, onde e é a base do logaritmo neperiano.

(b) $\sin(x) = \sum_{n=0}^{n=\infty} (-1)^n \frac{1}{(2n+1)!}x^{2n+1} = x - \frac{x^3}{3!} + \frac{x^5}{5!} - \frac{x^7}{7!} + \cdots$

(c) $\cos(x) = \sum_{n=0}^{n=\infty} (-1)^n \frac{1}{(2n)!}x^{2n} = 1 - \frac{x^2}{2!} + \frac{x^4}{4!} - \frac{x^6}{6!} + \cdots$

■

A exponencial de matriz é definida considerando $x = tA$ na equação:

$$e^x = \sum_{n=0}^{n=\infty} \frac{1}{n!}x^n = 1 + \frac{x}{1!} + \frac{x^2}{2!} + \frac{x^3}{3!} + \cdots + \frac{x^n}{n!} + \cdots,$$

definida acima com a base do logaritmo neperiano.

Definição 6.2

Seja $A \in M_{n\times n}$ e $t \in \mathbb{R}$. A exponencial da matriz A é uma função matricial definida por:

$$e^{tA} = \sum_{n=0}^{n=\infty} \frac{1}{n!}(tA)^n = I + \frac{tA}{1!} + \frac{(tA)^2}{2!} + \frac{(tA)^3}{3!} + \cdots + \frac{(tA)^n}{n!} + \cdots, \qquad (6.30)$$

onde $e^O = I$, onde O e I são respectivamente a matriz nula e identidade.

Um esboço da demonstração da convergência da função matricial e^{tA} (para uma matriz A real e arbitrária), como um problema de séries de potência de matrizes, é apresentado na referência [20].

Pode-se estender facilmente a Definição 6.2 para matrizes complexas $A \in M_{n\times n}(\mathbb{C})$.

Exemplo 6.12

Calcule a função matricial e^A para $A = \begin{pmatrix} 2 & 0 \\ -1 & 0 \end{pmatrix}$.

Solução:

$$\begin{aligned}
A^2 &= \begin{pmatrix} 2 & 0 \\ -1 & 0 \end{pmatrix} . \begin{pmatrix} 2 & 0 \\ -1 & 0 \end{pmatrix} = \begin{pmatrix} 2^2 & 0 \\ -2^1 & 0 \end{pmatrix} \\
A^3 &= A^2.A = \begin{pmatrix} 2^2 & 0 \\ -2^1 & 0 \end{pmatrix} . \begin{pmatrix} 2 & 0 \\ -1 & 0 \end{pmatrix} = \begin{pmatrix} 2^3 & 0 \\ -2^2 & 0 \end{pmatrix} \\
&\vdots \\
A^n &= \begin{pmatrix} 2^n & 0 \\ -2^{n-1} & 0 \end{pmatrix} \qquad (6.31)
\end{aligned}$$

A equação (6.31) pode ser facilmente obtida por meio do princípio da indução matemática.

Substituindo as potência de A na equação (6.30), temos:

$$e^A = \begin{pmatrix} 1 & 0 \\ 0 & 1 \end{pmatrix} + \frac{\begin{pmatrix} 2 & 0 \\ -1 & 0 \end{pmatrix}}{1!} + \frac{\begin{pmatrix} 2^2 & 0 \\ -2^1 & 0 \end{pmatrix}}{2!} + \frac{\begin{pmatrix} 2^3 & 0 \\ -2^2 & 0 \end{pmatrix}}{3!} + \cdots + \frac{\begin{pmatrix} 2^n & 0 \\ -2^{n-1} & 0 \end{pmatrix}}{n!} + \cdots$$

Somando os termos correspondentes das matrizes, temos:

$$e^A = \begin{pmatrix} a_{11} & a_{12} \\ a_{21} & a_{22} \end{pmatrix},$$

onde:

$$\begin{aligned} a_{11} &= 1 + \frac{2}{1!} + \frac{2^2}{2!} + \frac{2^3}{3!} + \cdots \frac{2^n}{n!} + \cdots \\ &= e^2 \end{aligned}$$

$$a_{12} = 0$$

$$\begin{aligned} a_{21} &= -(1 + \frac{2}{2!} + \frac{2^2}{3!} + \frac{2^3}{4!} + \cdots + \frac{2^{n-1}}{n!} + \cdots) \\ &= -\frac{1}{2}(-1+1 + \frac{2^1}{1!} + \frac{2}{2!} + \frac{2^2}{2!} + \frac{2^3}{3!} + \ldots \frac{2^n}{n!} + ..) \\ &= -\frac{1}{2}(e^2 - 1) \end{aligned}$$

e

$$a_{22} = 1$$

Logo, concluímos que:

$$e^A = \begin{pmatrix} e^2 & 0 \\ -\frac{1}{2}(e^2 - 1) & 1 \end{pmatrix}.$$

∎

A seguir, vamos apresentar algumas propriedades interessantes da exponencial de matrizes.

Proposição 6.1

Seja $A \in M_{n \times n}$ uma matriz com elementos constantes (reais ou complexos). A derivada da função matricial $f(t) = e^{tA}$ é $\frac{d}{dt}\left(e^{tA}\right) = Ae^{tA}$.

Demonstração:

$$\begin{aligned} \frac{d(e^{tA})}{dt} &= \frac{d}{dt}(I + \frac{tA}{1!} + \frac{(tA)^2}{2!} + \frac{(tA)^3}{3!} + \cdots + \frac{(tA)^n}{n!} + \cdots) \\ &= \frac{A}{1!} + 2t\frac{A^2}{2!} + 3t^2\frac{A^3}{3!} + \ldots + nt^{n-1}\frac{A^n}{n!} + \cdots \\ &= = A(1 + \frac{tA}{1!} + \frac{(tA)^2}{2!} + \cdots + \frac{(tA)^n}{n!} + \cdots) \\ &= Ae^{tA}. \end{aligned}$$

∎

Podemos concluir pela Proposição 6.1 que $X = e^{tA}$ é solução da E.D.O. matricial $X'(t) = AX$.

Proposição 6.2

Seja $A \in M_{n\times n}$ uma matriz com elementos constantes e complexos. Considerando o operador conjugado transposto (hermitiano), temos $(e^A)^\dagger = e^{A^\dagger}$.

A demonstração da Proposição 6.2 é feita considerando $(A^n)^\dagger = (A^\dagger)^n, \forall\, n \in \mathbb{N}$ em cada termo da expansão em séries de potência.

Proposição 6.3

Seja $A \in M_{n\times n}$ uma matriz com elementos constantes e complexos. Considerando o operador conjugado transposto (hermitiano), temos:

(a) Se $A = A^\dagger$ (A é hermitiano ou autoadjunto) então e^A também é hermitiano ou autoadjunto, isto é, $(e^A)^\dagger = e^A$.

(b) Se $A = -A^\dagger$ (A é anti-hermitiano) então e^A também é anti-hermitiano, isto é, $(e^A)^\dagger = e^{-A}$.

A demonstração da Proposição 6.3 é uma consequência imediata da Proposição 6.2. Em particular, se A é simétrico, e^A também é simétrico. Se A é antissimétrico, e^A também é antissimétrico.

Exemplo 6.13

Seja $B = e^{t\sigma_y}$. Determine $B^\dagger$, sendo $\sigma_y = \begin{pmatrix} 0 & -\imath \\ \imath & 0 \end{pmatrix}$.

Solução: Como a matriz de Pauli σ_y é hermitiana, isto é, $\sigma_y^\dagger = \sigma_y$ e pela Proposição 6.3

$$B^\dagger = (e^{t\sigma_y})^\dagger = e^{t\sigma_y}.$$

Realizando expansão em série de potências, temos:

$$e^{t\sigma_y} = I + \frac{t\sigma_y}{1!} + \frac{(t\sigma_y)^2}{2!} + \frac{(t\sigma_y)^3}{3!} + \cdots \frac{(t\sigma_y)^n}{n!} + \cdots \tag{6.32}$$

Não é difícil provar que:

$$(\sigma_y)^n = \begin{cases} I, & n \text{ par;} \\ \sigma_y, & n \text{ impar.} \end{cases} \tag{6.33}$$

Substituindo (6.33) em (6.32), temos:

$$
\begin{aligned}
e^{t\sigma_y} &= \begin{pmatrix} 1 & 0 \\ 0 & 1 \end{pmatrix} + \frac{t\begin{pmatrix} 0 & -\imath \\ \imath & 0 \end{pmatrix}}{1!} + \frac{t^2\begin{pmatrix} 1 & 0 \\ 0 & 1 \end{pmatrix}}{2!} + \frac{t^3\begin{pmatrix} 0 & -\imath \\ \imath & 0 \end{pmatrix}}{3!} \\
&+ \frac{t^4\begin{pmatrix} 1 & 0 \\ 0 & 1 \end{pmatrix}}{4!} + \cdots
\end{aligned}
$$

Somando os termos correspondentes das matrizes da equação (6.34), temos:

$$
e^{t\sigma_y} = \begin{pmatrix} b_{11} & b_{12} \\ b_{21} & b_{22} \end{pmatrix},
$$

onde:

$$
\begin{aligned}
b_{11} &= 1 + \frac{t^2}{2!} + \frac{t^4}{4!} + \cdots + \frac{t^{2n}}{(2n)!} + \cdots \\
&= \cosh(t)
\end{aligned}
$$

$$
\begin{aligned}
b_{12} &= -\imath(t + \frac{t^3}{3!} + \frac{t^5}{5!} + \cdots + \frac{t^{2n+1}}{(2n+1)!} + \cdots) \\
&= -\imath(t)
\end{aligned}
$$

$$
\begin{aligned}
b_{21} &= \imath(t + \frac{t^3}{3!} + \frac{t^5}{5!} + \cdots + \frac{t^{2n+1}}{(2n+1)!} + \cdots) \\
&= \imath(t)
\end{aligned}
$$

$$
\begin{aligned}
b_{22} &= 1 + \frac{t^2}{2!} + \frac{t^4}{4!} + \cdots + \frac{t^{2n}}{(2n)!} + \cdots \\
&= \cosh(t)
\end{aligned}
$$

Logo, concluímos que:

$$
e^{t\sigma_y} = \begin{pmatrix} \cosh(t) & -\imath senh(t) \\ \imath senh(t) & \cosh(t) \end{pmatrix} = \cosh(t)\, I + senh(t)\, \sigma_y.
$$

■

Proposição 6.4: Fórmula de Baker-Campbell-Hausdorff

Sejam $A, B \in M_{n\times n}$. Considerando o comutador $[A, B] = AB - BA$, temos:

$$e^A e^B = e^W, \tag{6.34}$$

onde

$$W = A + B + \frac{1}{2}[A, B] + \frac{1}{12}\{[A, [A, B]] + [B, [B, A]]\} + \cdots$$

Uma demonstração para a Proposição 6.4 pode ser vista em [21].

Exemplo 6.14

Sejam $A, B \in M_{2\times 2}$ matrizes constantes arbitrárias e $O \in M_{n\times n}$ a matriz nula. Se $[A, B] = O$, então $e^A e^B = e^{A+B}$.

Solução: Utilizando a equação (6.34), como todos os comutadores do lado direito da igualdade se anulam, concluiremos que $e^A e^B = e^{A+B}$.

■

Exemplo 6.15

Se $A \in M_{n\times n}$ é uma matriz constante arbitrária, mostre que $(e^A)^{-1} = e^{-A}$.

Solução: Considerando o comutador $[A, -A] = O$, do Exemplo 6.11, temos que:

$$e^A e^{-A} = e^{A+(-A)} = e^0 = I,$$

isto é, e^{-A} é a matriz inversa de e^A.

■

Exemplo 6.16

Dada a matriz $A = \begin{pmatrix} a & 0 \\ 0 & b \end{pmatrix}$, onde $a, b \in \mathbb{R}$, é fácil verificar que $e^A = \begin{pmatrix} e^a & 0 \\ 0 & e^b \end{pmatrix}$. Para isso, basta expandir a exponencial matricial em série de potências e fazer algumas simplificações.

■

Existe uma outra forma mais simples para calcular a exponencial matricial e^A, a qual utiliza os autovalores e autovetores de A. Iremos explorar essa abordagem no volume 2 desta coleção a ser publicado pelos mesmos autores.

Definição 6.3: Operador evolução

Na mecânica quântica o estado de uma partícula pode ser descrito por uma função complexa a valores reais, denominada função de onda, a qual é usualmente denotada por $\Psi(x,t)$. Sendo $H(t)$ a hamiltoniana (hermitiana) da partícula, a evolução do seu estado é descrito pela matriz unitária $U(t) = e^{\frac{-\imath}{\hbar}H(t)}$, denominada operador de evolução temporal, e a seguinte relação é satisfeita:

$$\Psi(x,0) \to U(t)\Psi(x,0) = \Psi(x,t),$$

onde a matriz U para ser unitária deve obedecer $U^{\dagger}U = I$.

Exemplo 6.17

Verifique que $U = e^{\frac{-\imath}{\hbar}H(t)}$ satisfaz $U^{\dagger}U = I$.

Solução: Se $A = \frac{-\imath}{\hbar}H(t)$, então $A^{\dagger} = \left(\frac{-\imath}{\hbar}H(t)\right)^{\dagger} = \frac{\imath}{\hbar}H(t)^{\dagger} = \frac{\imath}{\hbar}H(t) = -A$, pois $H(t)$ é hermitiana. Pela Proposição (6.11), segue que $U^{\dagger} = (e^{A})^{\dagger} = e^{-A}$.

Assim,

$$U^{\dagger}U = e^{-A}e^{A},$$

e pela Proposição 6.4, concluiremos que:

$$e^{-A}e^{A} = e^{-A+A} = e^{O} = I.$$

∎

Exemplo 6.18

O matemático Húngaro John Von Neumann define a entropia de um estado quântico pela fórmula $S(\rho) = -\text{Traço}(\rho\, log_2(\rho))$, em que ρ é a chamada matriz densidade de estados, associado ao estado quântico. Se $\rho = \begin{pmatrix} a & 0 \\ 0 & b \end{pmatrix}$ para $0 < a < 1, 0 < b < 1$, mostre que:

$$S(\rho) = -\frac{\ln(a^a b^b)}{\ln(2)}.$$

Solução: Considerando a expansão em série de potências:

$$\ln(x) = \sum_{n=1}^{\infty}(-1)^{n-1}\frac{(x-1)^n}{n},$$

em que $0 < x < 1$, de forma similar, a expansão em série de potências da função matricial $\ln(\rho)$

é:

$$l(\rho) = \sum_{n=1}^{\infty}(-1)^{n-1}\frac{(\rho - I)^n}{n}.$$

Para fazer a demonstração, em primeiro lugar escrevemos a série de potências de $\log_2(x)$:

$$\log_2(x) = \frac{\ln(x)}{\ln(2)} = \frac{\sum_{n=1}^{\infty}(-1)^{n-1}\frac{(x-1)^n}{n}}{\ln 2}, \forall 0 < x < 1.$$

Em seguida, a versão matricial é:

$$\log_2(\rho) = \frac{\ln(\rho)}{\ln(2)} = \frac{\sum_{n=1}^{\infty}(-1)^{n-1}\frac{(\rho-1)^n}{n}}{\ln(2)}.$$

ou

$$\log_2(\rho) = \frac{1}{\ln(2)}\left((\rho - I) - \frac{(\rho - I)^2}{2} + \frac{(\rho - I)^3}{3} + \cdots + \frac{(-1)^{n-1}(\rho - I)^n}{n} + \cdots\right).$$

Como $\rho - I = \begin{pmatrix} a & 0 \\ 0 & b \end{pmatrix} - \begin{pmatrix} 1 & 0 \\ 0 & 1 \end{pmatrix} = \begin{pmatrix} a-1 & 0 \\ 0 & b-1 \end{pmatrix}$,

$$\log_2(\rho) = \frac{1}{\ln(2)}\left\{\begin{pmatrix} a-1 & 0 \\ 0 & b-1 \end{pmatrix} - \frac{\begin{pmatrix} (a-1)^2 & 0 \\ 0 & (b-1)^2 \end{pmatrix}}{2} + \frac{\begin{pmatrix} (a-1)^3 & 0 \\ 0 & (b-1)^3 \end{pmatrix}}{3} - \cdots + \cdots\right\},$$

$$\log_2(\rho) = \frac{1}{\ln(2)}\begin{pmatrix} (a-1) - \frac{(a-1)^2}{2} + \frac{(a-1)^3}{3} - \frac{(a-1)^4}{4} + \cdots & 0 \\ 0 & (b-1) - \frac{(b-1)^2}{2} + \frac{(b-1)^3}{3} - \frac{(b-1)^4}{4} + \cdots \end{pmatrix},$$

assim,

$$\log_2(\rho) = \frac{1}{\ln(2)}\begin{pmatrix} \ln(a) & 0 \\ 0 & \ln(b) \end{pmatrix}.$$

Como $0 < a < 1, 0 < b < 1$, os elementos da matriz anterior estão bem definidos.

Substituindo na fórmula da entropia

$$S(\rho) = -\text{Traço}\left(\begin{pmatrix} a & 0 \\ 0 & b \end{pmatrix}\frac{1}{\ln(2)}\begin{pmatrix} \ln(a) & 0 \\ 0 & \ln(b) \end{pmatrix}\right)$$

$$S(\rho) = -\text{Traço}\left(\frac{1}{\ln(2)}\begin{pmatrix} a\ln(a) & 0 \\ 0 & b\ln(b) \end{pmatrix}\right) = -\left(\frac{a\ln(a)}{\ln(2)} + \frac{b\ln(b)}{\ln(2)}\right),$$

finalmente, concluímos que:

$$S(\rho) = -\frac{\ln(a^a\, b^b)}{\ln(2)} = \log_2(a^a\, b^b).$$

■

6.12 Exercícios

1. Seja $e^A = \begin{pmatrix} e^2 & 0 \\ -\frac{1}{2}(e^2-1) & 1 \end{pmatrix}$. Mostre que $e^{-A} = \begin{pmatrix} e^{-2} & 0 \\ \frac{1}{2}(-e^{-2}+1) & 1 \end{pmatrix}$.

2. Seja $A = \begin{pmatrix} a & b \\ 0 & 0 \end{pmatrix}$. Calcule a matriz e^A e verifique que $e^A = \begin{pmatrix} e^a & \frac{b}{a}(-1+e^a) \\ 0 & 0 \end{pmatrix}$, $a \neq 0$.

3. Mostre que $e^A = \begin{pmatrix} \cos(a) & sen(a) \\ -sen(a) & \cos(a) \end{pmatrix}$, para $A = \begin{pmatrix} 0 & a \\ -a & 0 \end{pmatrix}$.

4. Mostre que $e^A = \begin{pmatrix} \cosh(a) & senh(a) \\ senh(a) & \cosh(a) \end{pmatrix}$, para $A = \begin{pmatrix} 0 & a \\ a & 0 \end{pmatrix}$.

5. Prove que $e^A = \begin{pmatrix} e^{a_1} & 0 & \cdots & 0 & 0 \\ 0 & e^{a_2} & \cdots & 0 & 0 \\ \vdots & \vdots & & \vdots & \vdots \\ 0 & 0 & \cdots & 0 & e^{a_n} \end{pmatrix}$, para $A = \begin{pmatrix} a_1 & 0 & \cdots & 0 & 0 \\ 0 & a_2 & \cdots & 0 & 0 \\ \vdots & \vdots & & \vdots & \vdots \\ 0 & 0 & \cdots & 0 & a_n \end{pmatrix}$.

6. Seja $A = \begin{pmatrix} a & 0 \\ 0 & -b \end{pmatrix}$, onde a e b são números reais arbitrários.

   (a) Utilize a equação $\cos(A) = \sum_{n=0}^{\infty} (-1)^n \frac{1}{(2n)!} A^{2n}$, dada em fórmula de Taylor, e mostre que $cos(A) = \begin{pmatrix} cos(a) & 0 \\ 0 & cos(b) \end{pmatrix}$.

   (b) Verifique que: $\cos \begin{pmatrix} 0 & 0 \\ 0 & 0 \end{pmatrix} = \begin{pmatrix} 1 & 0 \\ 0 & 1 \end{pmatrix} = I$.

7. Seja $J = \begin{pmatrix} 0 & -1 \\ 1 & 0 \end{pmatrix}$. Prove que:

$$e^{tJ} = \cos(t\,I) + sen(t\,J),$$

   onde $t \in \mathbb{R}$ e I a matriz identidade de ordem 2×2.

8. Seja $J = \begin{pmatrix} 0 & -1 \\ -1 & 0 \end{pmatrix}$. Prove que:

$$e^{tJ} = \cosh(t\,I) + senh(t\,J),$$

onde $t \in \mathbb{R}$ e I a matriz identidade de ordem 2×2.

9. Seja $H = \begin{pmatrix} 0 & a \\ a & 0 \end{pmatrix}$. Prove que:

$$e^{\left(\frac{-\imath}{h} H\right)} = \cos\left(\frac{a}{h}\right) I - \imath sen \left(\frac{a}{h}\right) H,$$

onde $a, h \in \mathbb{R}$, I a matriz identidade de ordem 2×2 e $\imath$ a unidade imaginária.

6.13 Grafos

Para introduzirmos a ideia de grafos, imagine uma sociedade moderna em que seus indivíduos estão conectados a outros que compartilham algo em comum, como o local de trabalho ou estudo, etc. Nesse caso, dizemos que indivíduos do mesmo conjunto estão conectados. Além desse tipo de conexão, também devemos considerar as conexões que não guardam características marcantes em comum, como grupo familiar, rede de amigos, etc. Neste último caso, dizemos que indivíduos de conjuntos diferentes se conectam.

Conforme destacado em [22], a teoria de grafos é responsável por estudar as relações entre elementos de um mesmo conjunto, bem como as relações entre elementos de conjuntos diferentes. Este ramo da matemática encontra aplicação em diversas áreas, tais como:

- ◇ Relações de um digital influencer numa rede social.
- ◇ Determinar o menor caminho numa rede de aviação civil, entre duas cidades distintas.
- ◇ Mecanismos de propagação de vírus por migração de aves.
- ◇ Algoritmo de ranqueamento em páginas de busca.
- ◇ Resolução ao problema de Euler denominado "As Sete Pontes de Königsberg". O problema surgiu na cidade Prússia de Königsberg (atual Kaliningrado-Russia), cortada pelo rio Prególia, sobre a possibilidade de encontrar um caminho de cruzar cada uma das sete pontes que atravessam o rio, mas sem passar por nenhuma ponte mais de uma vez.
- ◇ Teorema das quatro cores.
- ◇ Teoria de jogos, topologia, etc.

Definição 6.4: Definição de Grafo

Seja V um conjunto finito e não vazio de elementos denominados vértices e A o conjunto das conexões de pares de vértices, as quais são denominadas arestas. O *grafo* de V é definido pelo par de conjuntos V e A e será denotado por $G = (V, A)$.

Estabeleceremos as seguintes definições:

Aresta: A aresta cujas extremidades são os vértices V_j e V_k será denotada por V_{jk}. Quando as arestas possuírem um vértice em comum, elas são chamadas de arestas adjacentes.

Vértices adjacentes: Dois vértices são ditos adjacentes quando existe uma aresta que incide sobre ambos.

Laço: As arestas que incidem sobre o mesmo vértice são chamadas de laço.

Observando o grafo do conjunto $V = \{V_1, V_2, V_3, V_4, V_5, V_6, V_7\}$, representado na Figura 6.7, podemos concluir que:

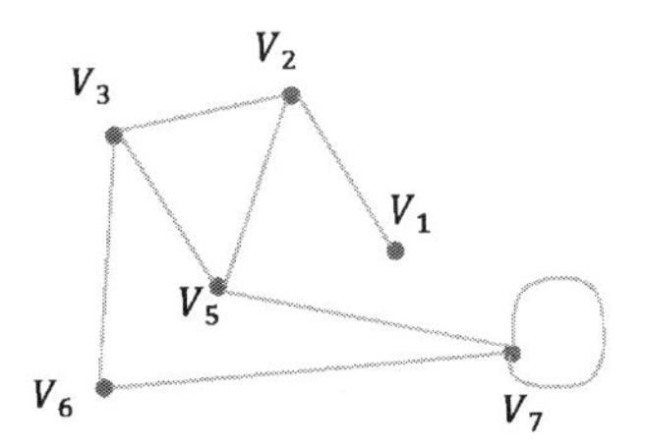

Figura 6.7: Grafo.

- ◇ Vértices: $V_1, V_2, V_3, V_4, V_5, V_6, V_7$.
- ◇ Arestas: $V_{12}, V_{23}, V_{25}, V_{35}, V_{36}, V_{67}, V_{57}$.
- ◇ Vértices adjacentes: V_1 e V_2, V_3 e V_5, V_2 e V_5, $\cdots$
- ◇ Laços: V_{77}
- ◇ Vértices não adjacentes: V_1, V_5.

Definição 6.5

Seja $G = (V, A)$ o grafo do conjunto V. Se existirem pelo menos dois vértices de V sobre os quais incidem mais de uma aresta, dizemos que o grafo é um *multigrafo*.

Na Figura 6.8 temos um multigrafo do conjunto $V = \{V_1, V_2, V_3, V_4, V_5, V_6, V_7\}$, no qual os vértices V_6 e V_7 estão conectados por duas arestas e o mesmo acontece com os vértices V_1 e V_2.

Definição 6.6

Seja $G = (V, A)$ o grafo do conjunto V. Se existirem apenas uma aresta conectando os vértices de V e não existirem laços, dizemos que se trata de um *grafo simples*.

Na Figura 6.9 temos um grafo simples do conjunto $V = \{V_1, V_2, V_3, V_4, V_5, V_6\}$.

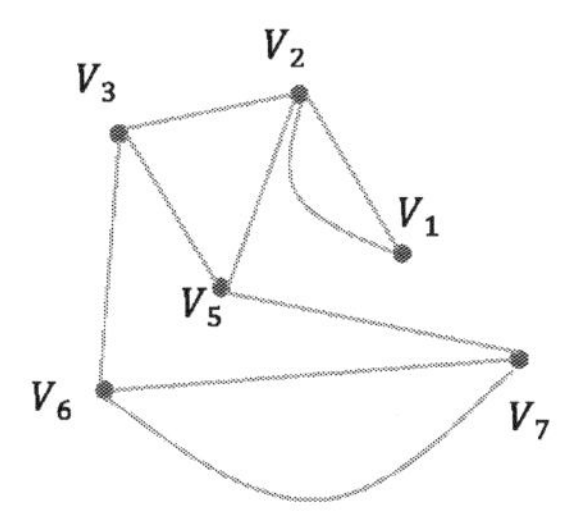

Figura 6.8: Multigrafo.

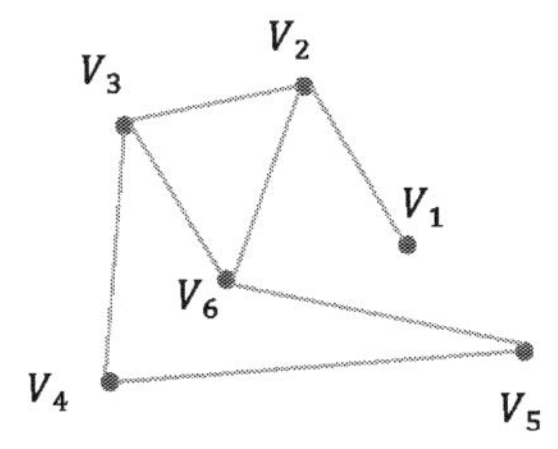

Figura 6.9: Grafo simples.

Definição 6.7

Seja $G = (V, A)$ o grafo do conjunto $V = \{V_1, V_2, \cdots, V_n\}$. A matriz $A(G)$ de ordem $n \times n$ definida pelos elementos:

$$a_{ij} = \begin{cases} 1, & \text{se existe aresta com extremidades } V_i \text{ e } V_j \\ 0, & \text{caso contrário} \end{cases}$$

é chamada de *matriz de adjacência* associada ao grafo $G = (V, A)$.

Como exemplo, a matriz de adjacência do grafo representado na Figura 6.9, é:

$$A(G) = \begin{pmatrix} 0 & 1 & 0 & 0 & 0 & 0 \\ 1 & 0 & 1 & 0 & 0 & 1 \\ 0 & 1 & 0 & 1 & 0 & 1 \\ 0 & 0 & 1 & 0 & 1 & 0 \\ 0 & 0 & 0 & 1 & 0 & 1 \\ 0 & 1 & 1 & 0 & 1 & 0 \end{pmatrix}$$

Considerando o grafo $G = (V, A)$ e sua matriz de adjacência $A(G)$, temos:

(a) Os elementos da diagonal principal da matriz $A(G)$ são todos nulos se o grafo não possuir laços.

(b) Se existir algum laço no vértice V_i, então o elemento a_{ii} da matriz $A(G)$ será igual a 1.

(c) O elemento da i-ésima linha e j-ésima coluna da matriz $[A(G)]^n$ informa o número de passeios diferentes de comprimento n entre os os vértices V_i e V_j.

(d) A matriz de adjacência $A(G)$ é simétrica, pois o número de arestas entre o vértice V_i e V_j é o mesmo entre os vértices V_j e V_i. Como consequência natural, a matriz de adjacência $[A(G)]^n$ também é simétrica.

Exemplo 6.19

Considerando o grafo representado na Figura 6.9, temos:

$$B = [A(G)]^2 = \begin{pmatrix} 1 & 0 & 1 & 0 & 0 & 1 \\ 0 & 3 & 1 & 1 & 1 & 1 \\ 1 & 1 & 3 & 0 & 2 & 1 \\ 0 & 1 & 0 & 2 & 0 & 2 \\ 0 & 1 & 2 & 0 & 2 & 0 \\ 1 & 1 & 1 & 2 & 0 & 3 \end{pmatrix}$$

e podemos concluir que:

(a) É impossível passar do vértice 1 ao vértice 5 utilizando apenas dois passeios, pois $b_{15} = 0$.

(b) Existem dois caminhos possíveis para viajar do vértice 6 ao vértice 4, pois $b_{64} = 2$. Os possíveis caminhos são:

$$V_{63} \cup V_{34} \quad \text{e} \quad V_{65} \cup V_{54}.$$

■

Exemplo 6.20

Considerando o grafo representado na Figura 6.9, temos:

$$C = [A(G)]^3 = \begin{pmatrix} 0 & 3 & 1 & 1 & 1 & 1 \\ 3 & 2 & 5 & 2 & 2 & 5 \\ 1 & 5 & 2 & 5 & 1 & 6 \\ 1 & 2 & 5 & 0 & 4 & 1 \\ 1 & 2 & 1 & 4 & 0 & 5 \\ 1 & 5 & 6 & 1 & 5 & 2 \end{pmatrix}$$

e podemos concluir que:

(a) Com pelo menos três passeios sembre será possível passar de um vértice a outro, pois $c_{ij} \neq 0$ para $i \neq j$.

(b) Existem dois caminhos possíveis para viajar do vértice 2 ao vértice 4, pois $c_{24} = 2$, os quais são:

$$V_{26} \cup V_{63} \cup V_{34} \quad \text{e} \quad V_{26} \cup V_{65} \cup V_{54}.$$

■

Algumas situações práticas que podem ser modeladas por grafos, tem como particularidade a necessidade de se estabelecer um sentido para o percurso das arestas. Como exemplo, podemos citar:

- ◇ O estudo de vias de circulação automotiva de uma cidade composta por vias de mão dupla e outras de mão única.
- ◇ Redes elétricas.
- ◇ Fluxograma de programas computacionais em que os vértices do grafo representam instruções e suas arestas representam a sequência de execução.
- ◇ Redes de distribuição de gás levando em consideração a existência de válvulas nos encanamentos.

Definição 6.8

Considere um grafo $G = (V, A)$ do conjunto não vazio e finito V. Dizemos que G é um grafo orientado, dirigido ou dígrafo se suas arestas possuem uma direção fixada, isto é, a aresta V_{ij} informa que o percurso deve ser feito do vértice V_i para o vértice V_j e isto pode ser representado com a notação $V_i \to V_j$.

Veja na Figura 6.10 um exemplo de um grafo orientado do conjunto $V = \{V_1, V_2, V_3, V_4, V_5\}$.

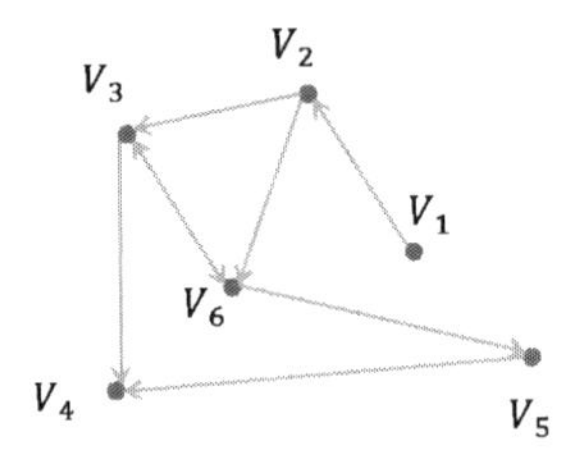

Figura 6.10: Grafo orientado.

Definição 6.9

Seja $G = (V, A)$ um grafo orientado do conjunto $V = \{V_1, V_2, \cdots, V_n\}$. A matriz M de ordem $n \times n$ definida pelos elementos:

$$m_{ij} = \begin{cases} 1, & \text{se } V_i \to V_j \\ 0, & \text{em outros casos} \end{cases}$$

é chamada de *matriz de vértices* associada ao grafo $G = (V, A)$.

Exemplo 6.21

A matriz de vértices do grafo orientado representado na Figura 6.10 é:

$$M = \begin{pmatrix} 0 & 1 & 0 & 0 & 0 & 0 \\ 0 & 0 & 1 & 0 & 0 & 1 \\ 0 & 0 & 0 & 1 & 0 & 1 \\ 0 & 0 & 0 & 0 & 0 & 0 \\ 0 & 0 & 0 & 1 & 0 & 0 \\ 0 & 0 & 1 & 0 & 1 & 0 \end{pmatrix}.$$

■

Exemplo 6.22

Considerando o grafo orientado representado na Figura 6.10, temos:

$$D = M^2 = \begin{pmatrix} 0 & 0 & 1 & 0 & 0 & 1 \\ 0 & 0 & 1 & 1 & 1 & 1 \\ 0 & 0 & 1 & 0 & 1 & 0 \\ 0 & 0 & 0 & 0 & 0 & 0 \\ 0 & 0 & 0 & 0 & 0 & 0 \\ 0 & 0 & 0 & 2 & 0 & 1 \end{pmatrix}$$

e podemos concluir que:

(a) É impossível passar do vértice 3 ao vértice 2 com 2 passeios, pois $d_{32} = 0$. Na verdade, é impossível passar do vértice 3 ao vértice 2, pois o grafo é dirigido.

(b) Existem dois caminhos possíveis para viajar do vértice 6 ao vértice 4 com 2 passeios, pois $d_{64} = 2$. Os possíveis caminhos são:

$$V_6 \to V_3 \cup V_3 \to V_4 \ ou \ V_6 \to V_5 \cup V_5 \to V_4$$

■

Exemplo 6.23

Considerando o grafo orientado representado na Figura 6.10, temos:

$$E = M^3 = \begin{pmatrix} 0 & 0 & 1 & 1 & 1 & 1 \\ 0 & 0 & 1 & 2 & 1 & 1 \\ 0 & 0 & 0 & 2 & 0 & 1 \\ 0 & 0 & 0 & 0 & 0 & 0 \\ 0 & 0 & 0 & 0 & 0 & 0 \\ 0 & 0 & 1 & 0 & 1 & 0 \end{pmatrix}$$

e concluímos que:

(a) É impossível passar do vértice 4 ao vértice 2 com 3 passeios, pois $e_{42} = 0$. Na verdade, é impossível passar do vértice 4 ao vértice 2, pois o grafo é dirigido.

(b) Existem dois caminhos possíveis para viajar do vértice 2 ao vértice 4 com 3 passeios, pois $e_{24} = 2$, os quais são:

$$V_2 \to V_6 \cup V_6 \to V_5 \cup V_5 \to V_4 \ ou \ V_2 \to V_6 \cup V_6 \to V_3 \cup V_3 \to V_4$$

■

Matriz de vértices num tabuleiro de xadrez: Torre

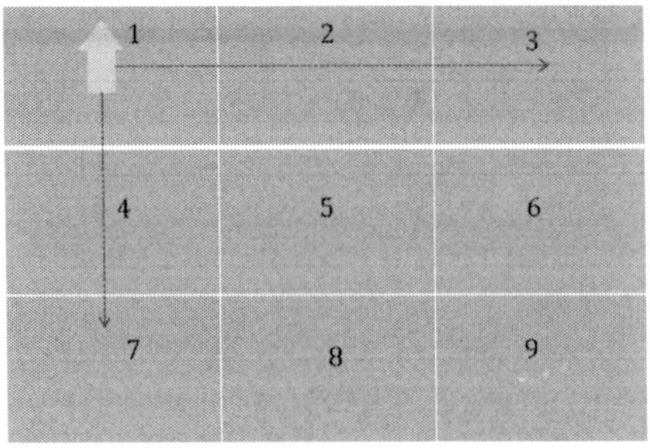

Figura 6.11

Considere a torre no tabuleiro de xadrez e queremos saber quais são os movimentos possíveis desta peça numa jogada num tabuleiro de 9 casas. Considerando que ela avança em linha reta, seja horizontalmente ou verticalmente, e não importando as casas para atravessar, então temos um grafo orientado ao indicar os caminhos possíveis da torre numa jogada.

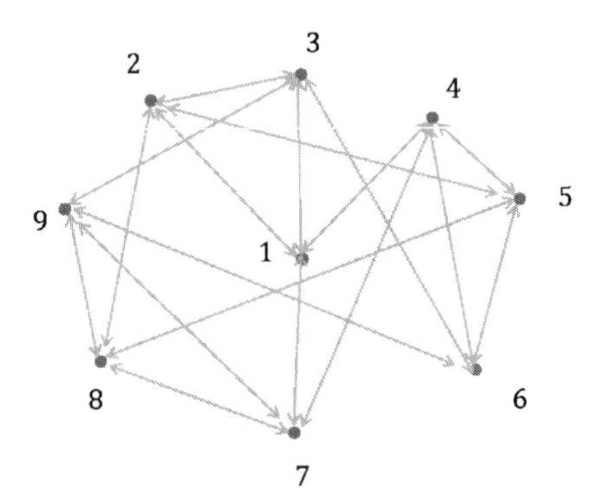

Figura 6.12: Grafo dos deslocamento da torre no tabuleiro 3×3

Baseado no grafo da Figura 6.12, podemos construir a seguinte matriz de vértices:

$$M = \begin{pmatrix} 0 & 1 & 1 & 1 & 0 & 0 & 1 & 0 & 0 \\ 1 & 0 & 1 & 0 & 1 & 0 & 0 & 1 & 0 \\ 1 & 1 & 0 & 0 & 0 & 1 & 0 & 0 & 1 \\ 1 & 0 & 0 & 0 & 1 & 1 & 1 & 0 & 0 \\ 0 & 1 & 0 & 1 & 0 & 1 & 0 & 1 & 0 \\ 0 & 0 & 1 & 1 & 1 & 0 & 0 & 0 & 1 \\ 1 & 0 & 0 & 1 & 0 & 0 & 0 & 1 & 1 \\ 0 & 1 & 0 & 0 & 1 & 0 & 1 & 0 & 1 \\ 0 & 0 & 1 & 0 & 0 & 1 & 1 & 1 & 0 \end{pmatrix}$$

Observando a matriz de vértices, como $m_{15} = 0$, podemos concluir que a torre não pode passar da posição 1 para a posição 5 com apenas uma jogada. Além disso, observando o grafo, podemos verificar que os seguintes movimentos $1 \leftrightarrow 6$, $1 \leftrightarrow 8$, $1 \leftrightarrow 9$ são impossíveis.

As potências de uma matriz de vértices informam o número de passos necessários para ir de um vértice a outro e a seguir apresentamos um teorema que estabelece as regras de como isso é feito. Mais detalhes pode ser visto em [2].

Teorema 6.1

Seja M a matriz de vértices de um grafo dirigido $G = (V, A)$ em que $(m_{ij})^k$ é o elemento da matriz M^k localizado na i-ésima linha e j-ésima coluna. Nessas condições, $(m_{ij})^k$ é o número de conexões entre os vértice V_i e V_j em k passos.

No caso do tabuleiro de xadrez, em que estamos considerando os possíveis movimentos da torre, podemos concluir que:

$$F = M^2 = \begin{pmatrix} 4 & 1 & 1 & 1 & 2 & 2 & 1 & 2 & 2 \\ 1 & 4 & 1 & 2 & 1 & 2 & 2 & 1 & 2 \\ 1 & 1 & 4 & 2 & 2 & 1 & 2 & 2 & 1 \\ 1 & 2 & 2 & 4 & 1 & 1 & 1 & 2 & 2 \\ 2 & 1 & 2 & 1 & 4 & 1 & 2 & 1 & 2 \\ 2 & 2 & 1 & 1 & 1 & 4 & 2 & 2 & 1 \\ 1 & 2 & 2 & 1 & 2 & 2 & 4 & 1 & 1 \\ 2 & 1 & 2 & 2 & 1 & 2 & 1 & 4 & 1 \\ 2 & 2 & 1 & 2 & 2 & 1 & 1 & 1 & 4 \end{pmatrix}$$

Fazendo uma análise dos elementos da matriz F, podemos dizer que a torre passa da casa 1 para a casa 5 com dois movimentos, pois $f_{15} = 2$, os quais podem ser:

$$1 \to 4 \cup 4 \to 5 \quad \text{ou} \quad 1 \to 2 \cup 2 \to 5.$$

6.13.1 Redes sociais e grafos

Atualmente, as redes sociais representam um fenômeno social global, onde indivíduos de diversas partes do mundo e culturas diferentes se conectam de forma virtual. Essas plataformas permitem a interação entre pessoas que compartilham interesses em comum, como música, cultura e estilo de vida. Alguns dos exemplos mais populares de redes sociais incluem o Facebook, Instagram e YouTube.

Normalmente, quando alguém tem uma conta em uma rede social como o Facebook ou Instagram, é comum receber indicações de novos amigos ou conexões virtuais sugeridas pela própria plataforma. Esses novos contatos podem ser antigos amigos ou conhecidos de eventos passados que você participou. Isso muitas vezes nos faz questionar como a rede social descobriu essa possível conexão de amizade.

Para resolver esses questionamentos, a teoria de grafos pode oferecer duas soluções importantes:

- Problema 1: Como determinar se duas pessoas estão "conectadas" através de uma sequência de relacionamentos?
- Problema 2: Qual é o menor caminho entre duas pessoas?

O Facebook tem algoritmos eficientes para responder a essas perguntas e identificar as conexões entre os usuários da plataforma.

De acordo com a rede de amigos representada na Figura 6.13, podemos afirmar que Raíssa e Daiana estão conectadas?

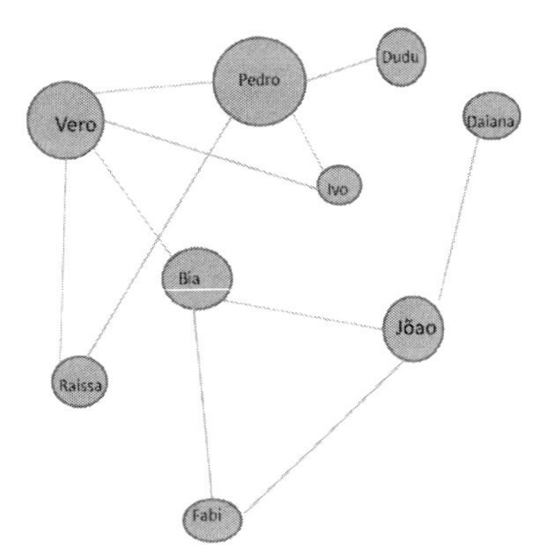

Figura 6.13

Construindo a rede de grafos, podemos afirmar que Raíssa e Daiana estão sim conectadas. Ainda podemos afirmar que o menor caminho entre elas requer apenas 4 conexões. Percebe-se também que sem a presença de Vero, Raíssa e Daiana nunca iriam se encontrar nessa rede social.

No mesmo grafo, é evidente que Vero e Pedro possuem mais conexões de amigos do que os demais. Caso a rede social identifique uma pessoa com muitas conexões (na casa dos milhares), ela se torna um influenciador nessa rede e pode, eventualmente, disseminar ideias, produtos, comportamentos que sejam considerados importantes para os objetivos políticos e/ou lucrativos ou outros da rede social.

O grafo da rede social anterior pode ser utilizado para resolver um problema mais importante, que é a construção de uma rede de caminhos por terra em um determinado país. Dois problemas essenciais nesse contexto são:

- Problema 1: Como identificar se duas cidades estão "conectadas" por estradas?
- Problema 2: Qual é o caminho mais curto (melhor) entre duas cidades?

O Google Maps é uma ferramenta que resolve esses problemas ao determinar o melhor roteiro entre duas cidades antes de apresentar a rota ao usuário.

Uma novidade neste último exemplo de estradas é a presença de um fator de influência entre as cidades: a quilometragem dos caminhos. Na linguagem dos grafos, cada aresta é ponderada com um peso correspondente à distância em quilômetros.

Por fim, os mesmos problemas e soluções podem ser aplicados em uma malha aérea de aviação civil.

RESPOSTAS

Seção 1.2

1. (a) $A = \begin{pmatrix} 1 & -1 \\ -1 & 1 \end{pmatrix}$.

   (b) $A = \begin{pmatrix} 0 & 1 & 2 \\ -3 & 0 & 1 \end{pmatrix}$.

   (c) $A = \begin{pmatrix} -1 & -1 \\ -1 & -1 \\ 1 & -1 \end{pmatrix}$.

2. (a) $x_1 = -6, x_2 = 13, x_3 = 15, x_4 = -6$.

   (b) $x_1 = -\frac{2}{5}, x_2 = \frac{1}{5}, x_3 = 1, x_4 = -\frac{3}{5}$.

   (c) $x_1 = -1, x_2 = \frac{7}{2}, x_3 = \frac{11}{2}, x_4 = 6$.

Seção 1.4

1. Simétrica

2. Antissimétrica

3. (a) V.

   (b) F.

   (c) V.

   (d) V.

   (e) F.

   (f) F.

4. $a = 6, b = -10, c = -8$.

5. $x = 7,\ y = -14,\ z = 6$

Seção 1.6

1. (a) V.

   (b) F.

   (c) F.

   (d) V.

   (e) F.

   (f) V.

2. $X = \begin{pmatrix} \frac{10}{21} & -\frac{2}{21} \\ -\frac{2}{21} & \frac{10}{21} \end{pmatrix}$.

3. $k_1 = -2, k_2 = 5, k_3 = 3$.

4. $[D(A - 2B)]C = 12$.

5. $k = 4$.

6. Use multiplicação de matrizes.

7. $a = 5,\ b = \pm 2$.

8. $a = b = -1$ e $c \in \mathbb{R}$.

9. Mostre que $A^3 = I$.

10. Substitua a matriz na equação e use propriedades.

11. Use indução em $n \in \mathbb{N}^*$.

12. (a) Mostre que $c_{ij} = -c_{ji}$ para $C = AB - BA$. (b) Mostre que $c_{ij} = c_{ji}$ para $C = AB + BA$. (c) Mostre que $\sum_{i=1}^{n} c_{ii} = 0$, para $C = AB - BA$.

13. (a) Use multiplicação de matrizes e indução em $n \in \mathbb{N}^*$. (b) Mostre que $D^2 = I$, onde I é matriz identidade. (c) Mostre que exite $k \in \mathbb{N}$ satisfazendo $D^k = O$, onde O é matriz nula.

14. traço(A)=0.

15. Usar teoria.

16. Usar teoria.

17. Usar teoria.

18. Usar teoria.

Seção 1.8

1. Usar teoria.

2. Usar teoria.

3. Usar teoria.

4. Usar teoria.

5. Usar teoria.

6. Utilize o resultado do Exemplo 1.38 e o fato de $a_{11} = -a_{22}$ se o traço é nulo.

Seção 2.3

1. B

2. (a) $\begin{pmatrix} 1 & -2 & 1 & 0 \\ 0 & 2 & -8 & 8 \\ 0 & 0 & 1 & 3 \end{pmatrix}$

   (b) $\begin{pmatrix} 2 & -3 & 2 & 1 \\ 0 & 1 & -4 & 8 \\ 0 & 0 & 0 & \frac{5}{2} \end{pmatrix}$

   (c) $\begin{pmatrix} 1 & -2 & 3 & 0 \\ 0 & 12 & -12 & 0 \\ 0 & 0 & -6 & 0 \end{pmatrix}$

   (d) $\begin{pmatrix} 1 & 2 & 3 & 9 \\ 0 & -5 & -5 & -10 \\ 0 & 0 & -4 & -12 \end{pmatrix}$

   (e) $\begin{pmatrix} 1 & 1 & 2 & -5 & 3 \\ 0 & -4 & 0 & 12 & -8 \\ 0 & 0 & 0 & 0 & 0 \\ 0 & 0 & 0 & 0 & 0 \end{pmatrix}$

   (f) $\begin{pmatrix} 1 & 1 & 1 & 1 & 0 \\ 0 & -1 & -1 & 0 & 0 \\ 0 & 0 & -1 & -1 & 0 \end{pmatrix}$

Seção 2.5

1. (a) Escalonada (b) Nenhuma (c) Ambas (d) Ambas (e) Escalonada (f) Nenhuma (g) Escalonada (h) Nenhuma

2. A, C.

3. (a) $\begin{pmatrix} 1 & 0 & -1 & 0 \\ 0 & 1 & 1 & \frac{1}{3} \\ 0 & 0 & 1 & -\frac{2}{3} \end{pmatrix}$

   (b) $\begin{pmatrix} 1 & 2 & 1 & -1 \\ 0 & 0 & 1 & -\frac{4}{5} \\ 0 & 0 & 0 & 1 \end{pmatrix}$

   (c) $\begin{pmatrix} 1 & 1 & -1 & 10 \\ 0 & 0 & 1 & -3 \\ 0 & 0 & 0 & 0 \end{pmatrix}$

4. (a) V (b) F (c) F (d) V.

5. (a) $\begin{pmatrix} 1 & 0 & 0 \\ 0 & 1 & 0 \\ 0 & 0 & 1 \end{pmatrix}$

   (b) $\begin{pmatrix} 1 & 0 & 0 & 1 \\ 0 & 1 & 0 & -1 \\ 0 & 0 & 1 & 1 \end{pmatrix}$

   (c) $\begin{pmatrix} 1 & 0 & -5 & 0 \\ 0 & 1 & -4 & 0 \\ 0 & 0 & 0 & 1 \end{pmatrix}$

Seção 2.7

1. (a) $e_1 : L_3 \to L_3 + 2L_1$, $e_2 : L_1 \to (-1)L_1$

   (b) $E_1 = \begin{pmatrix} 1 & 0 & 0 \\ 0 & 1 & 0 \\ 2 & 0 & 1 \end{pmatrix}$

   $E_2 = \begin{pmatrix} -1 & 0 & 0 \\ 0 & 1 & 0 \\ 0 & 0 & 1 \end{pmatrix}$

   (c) Efetue a multiplicação $E_2E_1I_3$

2. (a) $B = \begin{pmatrix} 0 & 4 & 8 \\ -1 & 3 & 2 \\ -1 & 6 & 7 \end{pmatrix}$

   (b) $E_1 = \begin{pmatrix} 1 & 2 & 0 \\ 0 & 1 & 0 \\ 0 & 0 & 1 \end{pmatrix}$

   $E_2 = \begin{pmatrix} 1 & 0 & 0 \\ 0 & 0 & 1 \\ 0 & 0 & 2 \end{pmatrix}$

   $E_3 = \begin{pmatrix} 0 & 0 & 1 \\ 0 & 1 & 0 \\ 1 & 0 & 0 \end{pmatrix}$

   (c) Efetue a multiplicação $E_3E_2E_1A$

3. $E_1 = \begin{pmatrix} 1 & \beta & 0 & 0 \\ 0 & 1 & 0 & 0 \\ 0 & 0 & 1 & 0 \\ 0 & 0 & 0 & 1 \end{pmatrix}$

   $E_2 = \begin{pmatrix} 1 & -\beta & 0 & 0 \\ 0 & 1 & 0 & 0 \\ 0 & 0 & 1 & 0 \\ 0 & 0 & 0 & 1 \end{pmatrix}$

Seção 3.2

1. Suponha que $A^{-1} = \begin{pmatrix} x & y \\ z & w \end{pmatrix}$ e encontre x, y, z e w resolvendo a equação $AA^{-1} = I$.

2. $A^{-1} = \begin{pmatrix} cos\theta & -sen\theta \\ sen\theta & cos\theta \end{pmatrix}$.

3. $(A^{-1})^2 = \frac{1}{49}\begin{pmatrix} 17 & -6 \\ -6 & 5 \end{pmatrix}$.

4. $(2AA^T)^{-1} = \frac{1}{2}(A^{-1})^T A^{-1}$.

5. (a) $A^{-1} = \begin{pmatrix} 1 & 0 \\ 0 & -1 \end{pmatrix}$.

   (b) $B^{-1} = \frac{1}{6}\begin{pmatrix} 6 & 0 & 0 \\ 0 & -3 & 0 \\ 0 & 0 & -2 \end{pmatrix}$.

   (c) $C^{-1} = \frac{1}{4}\begin{pmatrix} 4 & 0 & -8 \\ 0 & 1 & 0 \\ 0 & -2 & 4 \end{pmatrix}$.

6. (a) $A^{-1} = \frac{1}{32}\begin{pmatrix} -28 & 12 & 10 \\ 12 & 4 & -2 \\ 10 & -2 & 1 \end{pmatrix}$.

   (b) B^{-1} não existe.

   (c) $C^{-1} = \frac{1}{5}\begin{pmatrix} 1 & 2 & 0 & 0 \\ 2 & -1 & 0 & 0 \\ 0 & 0 & 0 & -5 \\ 0 & 0 & 5 & 0 \end{pmatrix}$.

7. $B^{-1} = B^T = \begin{pmatrix} 1 & 0 & 0 \\ 0 & \cos(\theta) & sen(\theta) \\ 0 & -sen(\theta) & \cos(\theta) \end{pmatrix}$.

8. A matriz A não é equivalente por linhas à matriz identidade I_3.

9. Mostre que o produto de A^{-1} por A é igual à matriz identidade.

10. Mostre que o produto de AB por $B^{-1}A^{-1}$ é igual à matriz identidade.

11. Use indução sobre n. Observe que $(ABA^{-1})^1 = ABA^{-1}$. Suponha que $(ABA^{-1})^n = AB^nA^{-1}$. Mostre que $(ABA^{-1})^{n+1} = AB^{n+1}A^{-1}$.

12. Cosidere $S = I + X + X^2 + \cdots + X^n$ e obtenha SX. Calcule $SX - X$ e use o fato de $(X - I)$ ser inversível para isolar S.

13. Se A é simétrica, então $A = A^T$. Para mostrar que A^{-1} é simétrica, mostre que $A^{-1} = (A^{-1})^T$. Use o fato de $(A^{-1})^T$ ser igual a $(A^T)^{-1}$.

14. Use indução em n.

15. Mostre que o produto de αA por $\alpha^{-1}A^{-1}$ é igual a matriz identidade.

16. Cosidere $S = I + A + A^2 + \cdots + A^n$ e obtenha SA. Calcule $A - SA$ e use o fato de $(I - A)$ ser inversível para isolar S.

Seção 4.4

1. (a) 11/10
   (b) 14/5
   (c) -7/9
   (d) 13/8

2. (a) 9/10
   (b) -9/2
   (c) -13/3
   (d) -25/18
   (e) -36
   (f) 5/3

3. (a) 0
   (b) -1
   (c) -6
   (d) -12
   (e) -6
   (f) -2

4. $det(BB^T) = 0$

5. $det(-B) = 0$

6. $det(X) = -\frac{15}{4}$

Seção 4.6

1. $det(A) = 1$.

2. $det(A) = 0$.

3. (a) F
   (b) V
   (c) V
   (d) V
   (e) V

4. Use operações elementares para obter uma linha nula e em seguida conclua o determinante por expansão em cofatores ao longo desta linha.

5. Análoga à demonstração do Teorema 4.10.

6. (a) $det(A) = 15$
   (b) $det(B) = 15$
   (c) $det(C) = 5$
   (d) $det(D) = 5$

7. As colunas $A^{(1)}$ e $A^{(2)}$ são múltiplas.

Seção 4.8

1. (a) -12
   (b) 39
   (c) 6
   (d) -2
   (e) 3
   (f) -6

2. Utilize operações elementares.

Seção 4.10

1. (a) $det(A) = -12$

   (b) $det(B) = -6$

2. $x = -2$, $x = 0$

Seção 4.12

1. $m \neq \pm 5$

2. Use $AA^{-1} = I_n$ e o Teorema 4.16

3. $det(4(3A^T)^{-1}) = 1$

4. (a) F

   (b) F

   (c) V

5. (a) $det(B^2A) = -4$

   (b) $det(2A^TB^{-1}) = -4$

   (c) $det((AB)^T) = -2$

   (d) $det((ABA^{-1})^{-1}) = \frac{1}{2}$

6. $det(AA^T) = 0$

7. $det(A^{-1}) = \frac{1}{5}$

Seção 4.14

1. (a) $A^{-1} = \begin{pmatrix} 1 & 0 \\ 0 & -1 \end{pmatrix}$.

   (b) $B^{-1} = \begin{pmatrix} 1 & 0 & 0 \\ 0 & -1/2 & 0 \\ 0 & 0 & -1/3 \end{pmatrix}$.

   (c) $C^{-1} = \begin{pmatrix} 1 & 0 & -2 \\ 0 & 1/4 & 0 \\ 0 & -1/2 & 1 \end{pmatrix}$.

Seção 5.2

1. (a) $\mathbf{V} = \begin{pmatrix} \frac{8}{5} & \frac{3}{5} \end{pmatrix}^T$.

   (b) Não existe solução.

   (c) $\mathbf{V} = \begin{pmatrix} \frac{1}{3} - \frac{2}{3}t & t \end{pmatrix}^T$, $t \in \mathbb{R}$.

2. (a) $\mathbf{V} = (0 \;\; 0)^T = \mathbf{O}$.

   (b) $\mathbf{V} = t\begin{pmatrix} -\frac{2}{3} & 1 \end{pmatrix}^T$, $t \in \mathbb{R}$.

Seção 5.4

1. (a) $\left(\begin{array}{ccc|c} 1 & -2 & 1 & 0 \\ 0 & 2 & -8 & 8 \\ -4 & 5 & 9 & -9 \end{array}\right)$.

   (b) $\left(\begin{array}{ccc|c} 0 & 2 & 3 & 1 \\ 3 & 0 & -3 & -2 \\ 2 & 1 & 1 & 3 \end{array}\right)$.

2. (a) $\begin{cases} 2x_1 - x_4 = 2 \\ x_2 + 3x_4 = 1 \\ -4x_1 + x_2 - 2x_3 = -1 \end{cases}$.

   (b) $\begin{cases} x_1 - 4x_3 = 8 \\ -3x_2 + 2x_3 = 1 \\ x_3 = 3 \end{cases}$.

   (c) $\begin{cases} -2x_2 + 3x_3 + x_4 + 4x_6 = 1 \\ 2x_1 - x_2 + x_3 + 3x_5 + x_6 = -2 \end{cases}$.

   (d) $\begin{cases} 3x_1 + x_2 = 0 \\ 2x_1 - x_3 = 3 \\ 3x_2 - x_3 = 3 \end{cases}$.

3. (a) $\mathbf{X} = (29 \;\; 16 \;\; 3)^T$

   (b) Não existe solução.

   (c) $\mathbf{X} = (0 \;\; 0 \;\; 0)^T = \mathbf{O}$

   (d) $\mathbf{X} = (2 \;\; -1 \;\; 3)^T$

   (e) $\mathbf{X} = (1 \;\; 2 \;\; 0 \;\; 0)^T + r(-2 \;\; 0 \;\; 1 \;\; 0)^T + s(2 \;\; 3 \;\; 0 \;\; 1)^T$, $r, s \in \mathbb{R}$

   (f) $\mathbf{X} = t(-1 \;\; 1 \;\; -1 \;\; 1)^T$, $t \in \mathbb{R}$

Seção 5.6

1. A, C.

2. (a) V (b) F (c) F (d) V.

3. (a) $\begin{pmatrix} 1 & 0 & 0 \\ 0 & 1 & 0 \\ 0 & 0 & 1 \end{pmatrix}$

(b) $\begin{pmatrix} 1 & 0 & 0 & 1 & 1 \\ 0 & 1 & 0 & -1 & -3 \\ 0 & 0 & 1 & 1 & 4 \end{pmatrix}$

4. (a) $\mathbf{V} = (2 \quad -1 \quad 3)^T$

   (b) $\mathbf{V} = (1 \quad -3 \quad 4 \quad 0)^T + t(-1 \quad 1 \quad -1 \quad 1)^T$, $t \in \mathbb{R}$

   (c) $\mathbf{V} = \left(\frac{2}{3} \quad \frac{5}{3} \quad -\frac{2}{3}\right)^T$

   (d) $\mathbf{V} = (-1 \quad 1 \quad -1)^T$

   (e) $\mathbf{V} = (1 \quad 0 \quad -2 \quad 6)^T + t(-2 \quad 1 \quad 0 \quad 0)^T$, $t \in \mathbb{R}$

   (f) $\mathbf{V} = s(-2 \quad 1 \quad 0 \quad 0)^T + t(-1 \quad 0 \quad 1 \quad 0)^T$, $t \in \mathbb{R}$

   (g) Não existe solução

   (h) $\mathbf{V} = s(-3 \quad -4 \quad 0 \quad 0 \quad 0)^T + r(2 \quad 4 \quad 1 \quad 0 \quad 0)^T + s(0 \quad 1 \quad 0 \quad 1 \quad 0)^T + t(-2 \quad -5 \quad 0 \quad 0 \quad 1)^T$, $r, s, t \in \mathbb{R}$

Seção 5.8

1. (a) $posto(A) = 2$ e $posto(A \ \mathbf{B}) = 2$. O sistema tem solução pois posto de A é igual ao posto de $(A \ \mathbf{B})$

   (b) $Nulidade(A) = 1$

   (c) Possível e indeterminado, pois é consistente com infinitas soluções.

   (d) $\mathbf{V} = (-1 \quad 1 \quad 0)^T + t(-\frac{1}{4} \quad -\frac{1}{8} \quad 1)^T$ ou $\mathbf{V} = (-1 \quad 1 \quad 0)^T + r(-2 \quad -1 \quad 8)^T$, $r = 8t, t \in \mathbb{R}$

   (e) $\mathbf{V} = (-1 \quad 1 \quad 0)^T$

   (f) As equações do sistema são planos no $\mathbb{R}^3$ e a solução é a reta correspondente à interseção das três retas.

2. Encontre a condição que atenda posto(A)=posto(A $\mathbf{U}$).

3. (a) $k \neq 6$ (b) $\nexists\, k \in \mathbb{R}$ (c) $k = 6$

4. (a) $a = -4$ (b) $k \neq -4, 4$ (c) $a = 4$

5. (a) $a = -3$ (b) $k \neq -3, 3$ (c) $a = 3$

6. (a) Infinitas soluções.

   (b) $\mathbf{O}$ não é solução do sistema, basta verificar que $x = 0, y = 0$ e $z = 0$ não satisfaz as equações.

   (c) $\mathbf{V} = (-1 \quad 1 \quad 0)^T + t\left(-\frac{1}{4} \quad -\frac{1}{8} \quad 1\right)$, $t \in \mathbb{R}$.

   (d) O conjunto solução corresponde à reta que passa pelo ponto $A = (-1, 1, 0)$ e tem a direção do vetor $\left(-\frac{1}{4}, -\frac{1}{8}, 1\right)$ ou de seu múltiplo $(-2, -1, 8)$. Esta reta corresponde à interseção dos planos definidos pelas equações do sistema.

7. (a) $posto(A) = posto(A \ \mathbf{B}) = 2$, logo o sistema $A\mathbf{X} = \mathbf{B}$ tem solução. Como existem 3 incógnitas e $posto(A) < 3$, existem infinitas soluções.

   (b) $\mathbf{X} = (-5 \quad -1 \quad 0)^T + t(3 \quad 1 \quad 1)^T$, $t \in \mathbb{R}$.

8. (a) $a = c$ e $b \in \mathbb{R}$.

   (b) Não existem $a, b, c \in \mathbb{R}$ para que $A\mathbf{V} = \mathbf{B}$ tenha única solução.

   (c) $a \neq c$ e $b \in \mathbb{R}$.

9. (a) $\nexists\, a \in \mathbb{R}$.

   (b) $a \neq \pm\sqrt{2}$.

   (c) $a = \pm\sqrt{2}$

Seção 5.10

1. (a) $\mathbf{V} = (2 \quad -3 \quad 1)^T$

   (b) $\mathbf{V} = (0 \quad 0 \quad 0)^T$ é a única solução.

2. (a) Reta $(x, y, z) = t(-1, -3, 2)$.

   (b) Origem $(x, y, z) = (0, 0, 0)$.

   (c) Plano $(x, y, z) = t_1(3, 1, 0) + t_2(-1, 0, 1)$.

3. (a) $a \neq -21$ (b) $a = -21$.

Seção 5.12

1. (a) $\mathbf{X} = (29 \;\; 16 \;\; 3)^T$.

   (b) $\mathbf{X} = (0 \;\; 0 \;\; 0)^T$.

   (c) Não existe solução.

   (d) $\mathbf{X} = (13 \;\; 8 \;\; 0)^T + t(5 \;\; 4 \;\; 1)^T$.

Seção 5.14

1. $a = -\dfrac{1}{2}$ e $a = 1$

2. $a \neq -4$ e $a \neq 1$.

3. (a) $\mathbf{X} = \begin{pmatrix} \frac{1}{2} & 2 & -\frac{1}{2} \end{pmatrix}^T$.

   (b) $\mathbf{X} = \begin{pmatrix} \frac{5}{3} & \frac{1}{6} & \frac{1}{6} \end{pmatrix}^T$.

Seção 6.10

1. $I_1 = -1$, $I_2 = -4$, $I_3 = -3$.

2. $I_1 = -3$, $I_2 = -5$, $I_3 = -2$.

3. (a) $2N_2O_5 + \text{calor} \longrightarrow 4NO_2 + O_2$.

   (b) $4HF + SiO_2 \longrightarrow SiF_4 + 2H_2O$.

   (c) $2C_5H_{11}OH + 15O_2 \longrightarrow 12H_2O + 10CO_2$.

4. $x_1 = -\dfrac{250}{3}$, $x_2 = \dfrac{1700}{3}$, $x_3 = \dfrac{2350}{3}$ e $x_4 = \dfrac{2800}{3}$.

5. (a) $C_2H_6O + 3O_2 \longrightarrow 2CO_2 + 3H_2O$. Existem 2 átomos de carbono, 6 de hidrogênio e 7 de oxigênio em cada membro da equação.

   (b) $8HI + H_2SO_4 \longrightarrow H_2S + 4H_2O + 4I_2$. Existem 10 átomos de hidrogênio, 8 de iodo, 1 de enxofre e 4 de oxigênio em cada membro da equação.

   (c) $Al_2O_3 + 6HCl \longrightarrow 2AlCl_3 + 3H_2O$. Existem 2 átomos de alumínio, 3 de oxigênio, 6 de hidrogênio e 6 de cloro em cada membro da equação.

REFERÊNCIAS BIBLIOGRÁFICAS

[1] APOSTOL, Tom M. Calculus, vol. 2. Reverté, 1996.

[2] ANTON, Howard; RORRES, Chris. Álgebra linear com aplicações. 10. ed. Porto Alegre: Bookman, 2012.

[3] Astronoo: o universo em todas as suas formas. Disponível em <http://www.astronoo.com/pt/artigos/sistema-solar-carrossel.html>. Acesso em: 31 de ago. de 2022.

[4] HEFEZ, Abramo e FERNANDEZ, Cecília de Souza. Introdução à álgebra linear. Rio de Janeiro: SBM, 2012.

[5] HERNSTEIN, I. N. Tópicos de Álgebra. Tradução de Adalberto P. Bergamasco e L. H. Jacy Monteiro. São Paulo: Editora da Univ. e Polígono, 19070.

[6] KOLMAN, Bernard; HILL, David R. Introdução À Álgebra Linear: com Aplicações. 8a Edição. Rio de Janeiro: Grupo Gen-LTC, 2012.

[7] LAY, David. C. Álgebra Linear e Suas Aplicações. 2a Edição. São Paulo: LTC, 1999.

[8] LEON, Steven J. Álgebra linear com aplicações. Grupo Gen-LTC, 2000.

[9] LIMA, Elon Lages. Geometria analítica e álgebra linear. Rio de Janeiro: IMPA, 2006.

[10] LIPSCHUTZ, Seymour; LIPSON, Marc Lars. Álgebra linear. Tradução de Laurito Miranda Alves. Coleção Schaum. 3ª ed. Porto Alegre: Bookman, 2004.

[11] LYMBEROPOULOS, Alexandre. Aplicações de autovalores e autovetores. <https://www.ime.usp.br/mat/2458/textos/eigenvalues.pdf>

[12] MALTSEV, Antoli I.; VEGA, Carlo. Fundamentos de álgebra lineal. Moscow: Mir, 1976.

[13] MARION, Jerry B. Dinámica clásica de las partículas y sistemas. Reverté, 2014.

[14] NUSSENZVEIG, Herch Moysés. Curso de física básica: Eletromagnetismo (Vol. 3). 2a Edição. São Paulo: Blucher, 2015.

[15] POOLE, David. Linear algebra: A modern introduction. Cengage Learning, 2014.

[16] SANTANA, Fabiana T.; SANTANA, Fágner L. Tópicos de Álgebra Linear, Vol.1. Rio de Janeiro: Autografia, 2021.

[17] SILVA, Heloísa C. Teorema de Frobenius-Perron para operadores positivos. Trabalho de conclusão do curso de Matemática - UFSC, Santa Catarina, 2007.

[18] Wolfram Alpha: computational intelligence. Disponível em <https://www.wolframalpha.com/>. Acesso em: 31 de Agosto de 2022.

[19] <https://www.youtube.com/watch?v=us12_1zcoRg>. Acesso em: 23 de Janeiro de 2024.

[20] <https://youtu.be/us12_1zcoRg>. Acesso em: 23 de Fevereiro de 2024.

[21] <https://webhome.phy.duke.edu/~mehen/760/ProblemSets/BCH.pdf>. Acesso em: 10 de Janeiro de 2024.

[22] <https://www.cos.ufrj.br/~daniel/grafos/> . Acesso em: 19 de Maio de 2024.

ÍNDICE REMISSIVO

Adição de matriz, 18
Adjunta de A, 48

Coluna da matriz, 8
Comutador, 32
Comutativas, 32
Conjugada de A, 47
Conjugada transposta, 48

Desenvolvimento de Laplace, 102
Determinante, 93
Determinante da inversa, 129
Determinante do produto, 126, 128
Determinante pelo método combinado, 122
Determinante por cofatores, 100
Determinante por escalonamento, 118
Determinante por permutações, 95
Determinantes, propriedades, 108
Diagonal principal, 10
Diagonal secundária, 11

Eliminação de Gauss, 60
Eliminação de Gauss-Jordan, 66
Eliminação gaussiana, 60
Equação linear, 137
Equação linear homogênea, 138
Equivalentes por linhas, 56
Expansão em cofatores, 102
Exponencial de matrizes, 227

Funções analíticas, 228
Fórmula de Baker-Campbell-Hausdorff, 233

Grau de liberdade, 168

Hermitiana de A, 48
Hermítica de A, 48
Hiperplano, 143

Igualdade de matriz, 10
Incógnita livre, 153
Inversa (método), 87
Inversão na permutação, 96

Linha da matriz, 8

Matrix complexa, 8
Matriz, 7
Matriz adjunta, 130, 131
Matriz anti-hermitiana, 50
Matriz antissimétrica, 15
Matriz aumentada, 150
Matriz autoadjunta, 48
Matriz coluna, 12
Matriz conjugada, 47
Matriz conjugada transposta, 48
Matriz de cofatores, 130
Matriz densidade, 44
Matriz diagonal, 14
Matriz elementar, 72
Matriz em blocos, 12, 13
Matriz escada, 59

Matriz escalonada, 59
Matriz escalonada reduzida, 65, 161
Matriz estendida, 150
Matriz hermitiana, 47, 48
Matriz hermítica, 48
Matriz identidade, 14
Matriz inversa, 81
Matriz inversa pela adjunta, 133
Matriz involutiva, 33
Matriz linha, 12
Matriz nilpotente, 34
Matriz nula, 11
Matriz não inversível, 81
Matriz não singular, 81
Matriz particionada, 12
Matriz quadrada, 10
Matriz retangular, 10
Matriz simétrica, 15
Matriz singular, 81
Matriz transposta, 35
Matriz triangular, 16
Matriz triangular inferior, 106
Matriz triangular superior, 106
Matriz, notações, 7
Matrizes comutativas, 32
Matrizes de Pauli, 43
Matrizes equivalentes, 56
Matrizes equivalentes por linha, 60
Multiplicação de matriz, 24
Multiplicação de matriz particionada, 28
Multiplicação de matrizes, 128
Multiplicação em blocos, 27
Multiplicação por escalar, 21

Nulidade, 168

Operador evolução, 234
Operações elementares, 55, 143
Operações elementares inversas, 73

Permutações, 95
pivô, 59
Posto, 167
Potência de matriz, 33
Produto elementar, 97
Propriedade de ciclicidade, 42
Propriedades da adição, 19
Propriedades da multiplicação de matrizes, 29
Propriedades da multiplicação por escalar, 23
Propriedades da transposta, 37
Propriedades de traço, 40
Propriedades dos determinantes, 108

Regra de Cramer, 204
Regra de Sarrus, 99

Sistema homogêneo, 142
Sistema impossível, 168
Sistema inconsistente, 168
Sistema linear, 140
Sistema linear homogêneo, 186
Sistema possível e determinado, 168
Sistema possível e indeterminado, 168
Sistema subdeterminado, 178
Solução da equação, 139
Solução de sistema, 142, 143
Solução geral, 187
Solução particular, 153
Solução trivial, 143
solução trivial, 139
Submatriz do elemento a_{ij}, 100

Teorema de Laplace, 102
Teorema de Rouché-Capelli, 167
Teorema do posto, 167
Teorema, relação da inversa com determinante, 127
Trajetória asteroide, 216
Traço, 40

Variável livre, 153

Impresso na Prime Graph
em papel offset 75 g/m²
fonte utilizada adobe caslon pro
junho / 2024